Zur amerikanischen Entwicklung der Stadt

Matthias Hardinghaus

Zur amerikanischen Entwicklung der Stadt

Ein Beitrag zur Kulturgenese des City-Suburb-Phänomens unter besonderer Berücksichtigung protestantisch-calvinistischer Leitbilder

PETER LANG
Frankfurt am Main · Berlin · Bern · Bruxelles · New York · Oxford · Wien

Bibliografische Information Der Deutschen Bibliothek
Die Deutsche Bibliothek verzeichnet diese Publikation in der Deutschen Nationalbibliografie; detaillierte bibliografische Daten sind im Internet über <http://dnb.ddb.de> abrufbar.

Zugl.: Weimar, Univ., Diss., 2003

Umschlagabbildung:
Washington D.C., Anacostia, vernageltes Fenster,
Abbildung der Mall. Foto von Matthias Hardinghaus, 2000.

Gedruckt auf alterungsbeständigem,
säurefreiem Papier.

ISBN 3-631-52529-X

Printed in Germany 1 2 3 4 5 7

www.peterlang.de

INHALT

1. EINLEITUNG

1.1 Fragestellung und Zielsetzung der Arbeit

Das City-Suburb-Phänomen ist ein signifikantes Merkmal der Stadtentwicklung in den USA. Die *City* zeichnet eine zentralisierte Topologie sowie überwiegend ökonomische Nutzungsmuster aus. Dahingegen werden die *Suburbs* durch eine dezentralisierte und disperse Siedlungsentwicklung bestimmt und lassen sich der Tendenz nach durch reine Wohnfunktion charakterisieren. Der Stadtbewohner arbeitet in der zentralisierten *City*. Dort kann er sich ökonomisch behaupten. Wer sich politisch, letztlich gesellschaftlich integrieren möchte, wohnt in den dezentral gelegenen *Suburbs*. In den 1940er Jahren erreicht das beschriebene Muster in den USA seine reinste Ausprägung. Die Innenstädte erreichen ihre höchste bauliche Dichte und präsentieren sich als dominante Wirtschafts- und Arbeitsplatzzentren. Die amerikanische Gesellschaft ist zu diesem Zeitpunkt bereits weitgehend mobil und die Erschließung suburbaner Wohngebiete fortgeschritten.[1] **Fragestellung**

Das City-Suburb-Phänomen stellt keine Zustandsbeschreibung dar. Es lässt sich nur als ein langfristiger Prozess begreifen. Bis etwa 1840 ist es schwer möglich, eine Siedlungsform klar zu bestimmen, die sowohl von ländlicher als auch von städtischer Topologie deutlich getrennt werden kann. Nur 50 Jahre später sind die *Suburbs* eine Siedlungsform, die sich an die zunehmend industrialisierte *City* positioniert hat und zugleich deutlich von ruraler Topologie unterschieden werden kann. Ab etwa 1940 verlieren die amerikanischen Innenstädte nicht nur an baulicher Dichte, sondern auch an Bedeutung als Wirtschafts- und Arbeitsplatzzentren. Um es mit den Worten des amerikanischen Stadtsoziologen Robert Beauregard aus „The unavoidable Incompleteness of the City" (1997) zu sagen, steht die Stadtentwicklung in den USA „as illustration(s) of the long-term tension between decentralization/deconcentration and centralization/agglomeration."[2]

Anhand der Stadtentwicklung lässt sich ein Lebensstil beschreiben, in dem der stereotype weiße und protestantische Amerikaner zum Pendler zwischen *City* und *Suburb* wird. Zugleich könnte man sagen, dass die Stadt selbst als der räumlich-materielle Ausdruck

1 Die Begriffe „USA" und „Amerika" werden nun synonym interpretiert. Das Wort „Amerika" bezieht sich zum einen auf den geographischen Kontext, also auf ein Territorium, das die Vereinigten Staaten von Amerika abbilden sollte. Zum anderen ist damit die Idee einer Neuen Welt gemeint, die eine entscheidende Grundlage im Selbstverständnis der europäischen Siedler und der nachfolgenden amerikanischen Generationen bildet.

2 *R. Beauregard et al.*, The unavoidable Incompleteness of the City, in: American Behavioral Scientist, Bd. 41, Nr. 3, November/Dezember 1997, S. 339.

eines Lebensstils und damit eines dem zu Grunde liegenden Kulturmodells zu betrachten ist. In dieser Perspektive, die diese Arbeit anleiten soll, wäre demnach die Frage nach der kulturellen Bedeutung der städtischen Topologie, insbesondere hinsichtlich ihrer charakteristischen City-Suburb-Struktur, zu stellen.

Noch heute kann der *American Way of Life* einer Studie von Davidson (1995) zufolge im Wesentlichen als Ausdruck protestantischer Ideen verstanden werden.[3] Leitbilder wie der Garten Eden, die moralische Wildnis und die *Frontier* sind dem protestantisch-calvinistischen Puritanismus zueigen.[4] In ihrer Kontinuität und ihrem Wandel können sie im Kontext eines Exzeptionalismus, eines Individualismus und eines Erfolgsmythos interpretiert werden. Sie sind integrale Bestandteile des *American Way of Life*, waren nicht nur bei der sinnlichen Aneignung des neuen Kontinents durch die Siedler von hoher Bedeutung, sondern hatten auch nachhaltigen Einfluss, so meine These, auf die amerikanische Stadtentwicklung.[5] Sie waren und sind wesentlicher Bestandteil der Bezugsrahmen der

3 *J. Davidson et al.*, Persistence and Change in the Protestant Establishment. 1930-1992, in: Social Forces, September 1995, 74 (1), S. 157-175.
Im Jahre 2003 thematisiert der Journalist Christian Jostmann religiöse Einflüsse auf die US-Politik. Schließlich stellt er die These auf, dass der US-Präsident George W. Bush womöglich der so genannten „Christlichen Rechten" seinen Wahlsieg zu verdanken habe; jedenfalls würde dies, so der Autor weiter, zu einem nicht unerheblichen Teil die religiöse Rhetorik des US-Präsidenten erklären. *Ch. Jostmann*, Aus intimer Distanz. Die ‚Christliche Rechte' und ihr Einfluss auf die US-Politik, in: Süddeutsche Zeitung vom 08.04.2003, Jg. 59, Nr. 82, S. 15.

4 Vgl. *K. Krakau*, Critical Reflections upon an old Theme: The Topoi of chosen People and Mission in American History, in: Mission, Myth, Rhetoric, and Politics in American History, Gustav Blanke und Knud Krakau (Hrsg.), Berlin 1992, S. 28.
Jener Autor verweist darauf, dass amerikanische Mythen, wie sie einst aus einer protestantisch-calvinistisch puritanischen Tradition entstanden seien, auf einem „specifically Christian corpus of broadly biblical ideas" beruhten. Eine weitere ganz besondere Grundlegung für den hier vorgelegten Text ist: *M. Weber*, Die protestantische Ethik und der ‚Geist' des Kapitalismus, Klaus Lichtblau und Johannes Weiß (Hrsg.), Weinheim 2000.
Anm.: Insbesondere sei sofort an die Adresse der Planer und der Architekten gerichtet, dass der Begriff „Leitbild" nicht nur als ein fachlich und fachpolitisch definierter Zielrahmen der Stadtentwicklung verstanden wird, sondern hier vielmehr auch in einem sozialwissenschaftlichen Sinne als normative Orientierung, also handlungstheoretisch gesprochen, als wesentlicher Bestandteil der Bezugsrahmen der Handlungsorientierung gesetzt wird (2.1).

5 Diese These kann auch gegen einen technologischen Determinismus gehalten werden, der von einer kausalen Vorbestimmtheit der Siedlungsentwicklung durch technologische, hier insbesondere die Mobilität betreffende, Entwicklungen ausgeht (5.3). Der wohl prominenteste Vertreter dieser Richtung im architekturgeleiteten Diskurs dürfte zweifellos Frank L. Wright sein, der einst das Auto und das Telefon für die Auflösung der traditionellen Stadt verantwortlich zeichnete (4.4).

Handlungsorientierung vieler Amerikaner mithin auch Bestandteil von Lebensstilen. Sie können operativ in den Lebensmodellen des *Common Man*, des *Self-Made Man* und des *Business Man* entdeckt werden.

Kulturgenese

Die kulturgenetische Betrachtungsweise verfolgt nach Hofmeister das Ziel, die Stadtentwicklung vor dem Hintergrund eines „Kulturkreises“[6] zu untersuchen und sie als Ausdruck einer materiellen und immateriellen Kultur zu verstehen.[7] Dabei können unterschiedliche kulturelle Ebenen zur Vertiefung herangezogen werden (Religion, Politik, Wirtschaft etc.). Das „Verwobensein“[8] mit der jeweiligen Kultur bedinge schließlich die Entwicklung einer Stadt.[9] Für einen ähnlichen Gedanken findet der Kultur- und Stadttheoretiker Lewis Mumford in seinem Werk „The Culture of Cities“ (1938) die bekannten Worte: „Mind *takes form* in the city; and in return, urban forms condition mind.“[10]

Die kulturgenetische Perspektive der vorliegenden Arbeit, wie sie sich nunmehr zunächst einmal auch in der Geographie verorten ließe, konzentriert sich vor allem auf die Ebene der Religion und möchte nach der Bedeutung protestantischer Leitbilder für die Besiedlung des neuen Territoriums und die Entwicklung städtischer Räume fragen. Wie bereits angeführt, lässt sich der *American Way of Life* im Allgemeinen als stark durch protestantische Traditionen geprägt verstehen. Dieser Zusammenhang soll im Folgenden an der typisch amerikanischen Siedlungsstruktur im Besonderen nachgeprüft werden.[11]

Theoretischer Bezugsrahmen

So inspirierend der kulturgenetische Ansatz und so viel sagend die Worte Mumfords auch sein mögen, so offen bleibt ihre gesellschaftstheoretische Grundlegung, mithin auch ihr Verständnis vom Raum. Deshalb bedient sich die hier vorliegende Arbeit eines hand-

6 Der Begriff „Kulturkreis“ wird hier weniger territorial, wie bei Hofmeister, als vielmehr im Sinne eines kulturellen Wertekanons ausgelegt (2.1).

7 Siehe hierzu die Standardwerke: *B. Hofmeister*, Stadtgeographie, Braunschweig 1999; *B. Hofmeister*, Die Stadtstrukturen. Ihre Ausprägung in den verschiedenen Kulturräumen der Erde, Darmstadt 1996; *B. Hofmeister*, Stadt und Kulturraum Angloamerika, Braunschweig 1971.

8 *L. Holzner*, Die kultur-genetische Forschungsrichtung in der Stadtgeographie. Eine nicht-positivistische Auffassung, in: Die Erde, Bd. 112, Jg. 1981, S. 178.

9 Siehe hierzu die Standardtexte: *L. Holzner*, Stadtland USA: Die Kulturlandschaft des American Way of Life, Gotha 1996; *L. Holzner*, Die kulturgenetische Forschungsrichtung in der Stadtgeographie. Eine nicht-positivistische Auffassung, in: Die Erde, Bd. 112, Jg. 1981, S. 173-184; *L. Holzner et al.*, Toward a Theory of cultural-genetic City Classification, in: Annals of the Association of American Geographers, 1967, S. 367-381.

10 *L. Mumford*, The Culture of Cities, New York 1938, S. 5.

11 Im Übrigen ist es hier auch nicht die Intention, eine rein deskriptive Städte-Klassifikation der „amerikanischen Stadt“ vorzunehmen.

lungstheoretischen Ansatzes, mit dessen Hilfe die Beziehung zwischen immaterieller Kultur – hier konkret die protestantischen Leitbilder – und der topologischen Entwicklung – hier konkret das City-Suburb-Phänomen – ganz entscheidend aufgeklärt werden soll. Wir gehen davon aus, dass dieses Verhältnis im Allgemeinen von einem gewissen Maß an Kontingenz geprägt ist. So werden bspw. unterschiedliche topologische Situationen kulturell unterschiedlich durch die Akteure bewältigt. Es muss also bezweifelt werden, dass einem räumlich-materiellen Muster *per se* oder gar determinierend eine bestimmte Lebensweise „anhaftet". Grundsätzlich wird hiervon auch das Verhältnis von Gesellschaft und Raum berührt.[12] Dementsprechend liegt hier eine Raumkonzeption zu Grunde, wonach nicht „Raum" oder Materialität „an sich" bereits eine Bedeutung haben, die für soziale Gegebenheiten konstitutiv wäre.[13]

Vielmehr ergibt sich aus einer konsequent handlungstheoretischen Position, die das Individuum als ein bewusst und zielgerichtet handelndes Subjekt versteht und die Gesellschaft durch das Handeln der Individuen bestimmt sieht[14], dass räumlich-materielle Muster wesentlicher Ausdruck von bestimmten handlungsleitenden Motiven sind.

Dieser theoretische Bezugsrahmen ergibt jedoch, dass nicht die räumlich-materielle Stadt unmittelbar das zu erklärende Objekt ist, sondern die Leitbilder und Motive als Teil von komplexen Handlungsprozessen der Siedler und der nachfolgenden amerikanischen Generationen. Um einem strikten Soziozentrismus vorzubeugen, sei bemerkt, dass auch den räumlichen Bedingungen der Handlungen eine besondere Relevanz zukommt. So war doch den protestantischen Siedlern durch den neuen geographischen Kontext ein bestimmter Aneignungsprozess abverlangt (Garten Eden, moralische Wildnis etc.), der kulturelle Deutungsprozesse erforderlich machte. Die Wichtigkeit der räumlichen Bedingungen wird also anerkannt; bedeutsam, d. h. sozial konstitutiv, werden sie aber erst in und über Handlungen der europäischen Siedler und der nachfolgenden amerikanischen Generationen.

12 Dieser axiomatische Grundsatz inspiriert künstlerische, planerische und wissenschaftliche Disziplinen von je her. Im Kontext der vorliegenden Arbeit seien bspw. die Architektur, die Stadt- und Raumplanung sowie die sozialwissenschaftlich betriebene Geographie und Urbanistik genannt. Der Soziologe Georg Simmel war es wohl, der den diesbezüglichen wissentlichen Diskurs mit der Frage nach der Bedeutung des Raums für die Gesellschaft 1908 eröffnete: *G. Simmel*, Soziologie. Untersuchungen über die Formen der Vergesellschaftung, Frankfurt a. M. 1992, S. 687 ff.

13 Vgl. *B. Werlen*, Zur Ontologie von Gesellschaft und Raum, Stuttgart 1999, S. 223.

14 Vgl. *A. Giddens*, Die Konstitution der Gesellschaft. Grundzüge einer Theorie der Strukturierung, Frankfurt a. M./New York 1997.

Zielsetzung

Mit Bezug auf diese handlungstheoretische Gesellschaftskonzeption und einen dazu kompatiblen Raumbegriff konzentriert sich die folgende Arbeit auf die kulturellen Leitbilder und die realen, ideell bedingten Praktiken der protestantischen Siedler und der nachfolgenden amerikanischen Generationen, durch die die amerikanische Entwicklung der Stadt generiert, verstärkt und reproduziert wurde.

Europäische Perspektive

In seinem Aufsatz „Die Entdeckung Amerikas in der Stadt" (1998) weiß Roger Keil zu berichten, dass die europäische Stadtforschung seit einiger Zeit Bilder und Begriffe zu Peripherie und Peripherisierung aus dem amerikanischen Erfahrungsbereich bezieht. Eine Untersuchung dieses Phänomens würde es insgesamt nahe legen, sich mit dem amerikanischen „Urbanisierungstyp" für sich betrachtet auseinander zu setzen.[15] Grundsätzlich wird dieser Auffassung zugestimmt. Allerdings sollte bedacht werden, dass eine Aufarbeitung der amerikanischen Stadtentwicklung gerade dann, wenn man nach ihrer kulturellen Einbettung fragt, nur im Kontrast zur Geschichte der europäischen Stadt sinnvoll ist. Die Neue Welt, oder wenn man so möchte, das „typisch Amerikanische" kann nur aus einem Verständnis zur Alten Welt Europas aufgewiesen werden, die am Ausgangpunkt stand und gerade im kulturellen Selbstverständnis der Neuen Welt eine große Rolle spielt. Ein Interesse an einem solchen Kontrast zu Europa bleibt daher bestehen und wird anhand der idealtypisch europäischen „Stadt" (1921) von Max Weber ausgeführt.[16] Webers Darstellungen zur mittelalterlichen Stadt im Okzident werden gewissermaßen als eine Kontrastfolie verwendet. Auf diese Weise wird die Rekonstruktion des amerikanischen „Urbanisierungstyps" auch methodisch gezielt in eine europäische Perspektive gestellt. Der idealtypische Charakter der Weber'schen Rekonstruktion macht zum einen den skizzenhaften Vergleich zwischen der europäischen und der amerikanischen Stadt möglich, ohne dass zuvor eine eigenständige historische Aufarbeitung der Stadtentwicklung in Europa notwendig ist. Zum anderen liefert sie als Abstraktion die zentrale Unterscheidung von politischer und ökonomischer Dimension der Stadt, die im Folgenden auch die Analyse der amerikanischen Stadt anleiten soll.

Anschlüsse im urbanistischen Diskurs

Die hier verhandelte Fragestellung bewegt sich überwiegend im Spannungsfeld gegenwärtiger Debatten unter Architekten, Urbanisten und (Sozial-) Geographen. In diesem Diskurs erleben bspw. die Thesen vom *Transatlantic Flow* und der so genannten „Amerikanisierung der europäischen Stadt" Konjunktur.

15 *R. Keil*, Die Entdeckung Amerikas in der Stadt, in: Peripherie ist überall, Walter Prigge (Hrsg.), Frankfurt a. M./New York 1998, S. 62.

16 *M. Weber*, Die Stadt, Teilbd. 5 (Studienausgabe), aus: Wirtschaft und Gesellschaft. Die Wirtschaft und die gesellschaftlichen Ordnungen und Mächte (Nachlaß), Wilfried Nippel (Hrsg.), Tübingen 2000.

Die These des *Transatlantic Flow* ist im städtebaulichen Diskurs zuletzt ausführlich vom amerikanischen Architekturtheoretiker Mario Gandelsonas in seinem Buch „X-Urbanism: Architecture and the American City“ (1999) diskutiert worden. Er macht für die Entwicklung amerikanischer Städte sowohl die transatlantische Beziehung zwischen Amerika und Europa verantwortlich als auch „a specific nature of the temporal dimension of the urban processes in the New World“[17] – also, die amerikanische Geschichte. Der *Transatlantic Flow* sei demnach Zirkulation und Transfer zwischen amerikanischer und europäischer Stadt und Architektur – also, ein Kontinuum zwischen Menschen. Der Fluss der Formen hätte sich gedreht. Die amerikanische Stadt, so Gandelsonas, sei die Essenz für den Städtebau im 21. Jahrhundert.

Bewundernde, skeptische und z. T. scharf ablehnende Äußerungen zur „Amerikanisierung“ der eigenen Welt setzten in Mitteleuropa nach der vorletzten Jahrhundertwende ein. Seit den 1920er Jahren verdichteten sie sich zu einem viel verwendeten Topos, schreibt der Historiker Lütke (1996), der in unterschiedlichen Facetten bis in die heutige Zeit seine Verwendung findet. So unterschiedlich die Akzente gesetzt wurden, so präsent waren Hoffnungen, vielfach jedoch auch Ängste und Sorgen. Die Imaginationen und Bilder Amerikas als ein irdisches Paradies besaßen enorme Prägekraft und Reichweite. „Amerikanismus“, „Amerikanisierung“, „Amerikanisation“ oder gar „Amerikanität“ sind die Schlagworte, die seit den 1920er Jahren den Einfluss Amerikas auf Europa abzudecken suchten.[18] Der Stadtsoziologe Hartmut Häußermann thematisiert in seinem Essay „Amerikanisierung der deutschen Städte“ (1997) zwar nicht wie Gandelsonas stadträumliche Formen, aber auch er bleibt undeutlich: Der Wandel in den Tendenzen und Bedingungen der Stadtentwicklung in Europa sowie die politische Philosophie der Stadtpolitik würden zweifellos auf eine stärkere „Amerikanisierung“ der deutschen Städte deuten.[19]

Bereits der solchen Redeweisen inhärente interkulturelle Vergleich erweist sich jedoch als problematisch. Denn ein Vergleich setzt zunächst eine Analyse der nebeneinandergestellten Objekte voraus. So bleibt es immer umstritten, von einer Amerikanisierung der europäischen Stadt (und umgekehrt) zu sprechen, weil noch nicht einmal semantisch klar abzuschätzen ist, was Amerikanisie-

17 *M. Gandelsonas*, X-Urbanism: Architecture and the American City, New York 1999, S. 3.

18 Entnommen aus: *A. Lütke et al.*, Amerikanisierung: Traum und Alptraum im Deutschland des 20. Jahrhunderts, in: Transatlantische historische Studien, Detlef Junker (Hrsg.), Stuttgart 1996, S. 8.

19 *H. Häußermann*, Amerikanisierung der deutschen Städte. Divergenz und Konvergenz, in: Jahrbuch für Architektur und Stadt. 1997-1998, Peter Neitzke, Carl Steckeweh und Reinhart Wustlich (Hrsg.), Braunschweig/Wiesbaden 1997, S. 92.

rung bezogen auf die Stadtentwicklung bedeuten könnte. Daher sollte zunächst ausreichend erörtert werden, was als „typisch amerikanisch“ deklariert werden könnte, bevor ein irgendwie gearteter Einfluss auf Europa thematisiert werden kann. Die vorliegende Arbeit möchte einen Beitrag zur Klärung dieser Frage liefern.

Die Beiträge Gandelsonas’ und Häußermanns bilden beispielhafte Anschlusspunkte im Diskurs. Ebenso vermitteln sie einen Eindruck, wie sporadisch und divers der theoretische Diskurs über die Stadt auf diesem Feld ist. Explizite Diskussionen über die Rolle kultureller Leitbilder sind zudem kaum aufzuspüren. Es liegt deshalb nicht nur im interdisziplinären Ansatz der hier vorliegenden Arbeit begründet, dass eine kritische Diskussion bzw. ein kritischer Vergleich klarer wissenschaftlicher Fronten schwerlich erfüllt werden kann. Es gibt zwar unzählige Publikationen zum Thema „amerikanische Stadt“, doch ist ein klares stadttheoretisches Paradigma nicht zu skizzieren.[20]

Einzelne Autoren beschäftigen sich bspw. mit dem Einfluss moderner Transport- und Kommunikationsmedien auf die Stadt, hier insbesondere auf Suburbanisierungsprozesse.[21] Bezogen auf den architekturgeleiteten Stadtdiskurs stehen sie allesamt in einer Linie mit Frank Lloyd Wright (1935, 1958), der getreu eines technologischen Determinismus einst das Auto und das Telefon für das Ende der traditionellen Stadt, für die bei ihm vor allem New York steht, verantwortlich zeichnete. Louis Sullivan (1902, 1949) setzte noch vor Wright bedeutsame Grundlagen. Seine vielfach technologisch-funktionalistisch interpretierte Formel „form follows function“ inspirierte ebenso viele Autoren, zumindest des Architekturdiskurses.[22] Hinzu kommt, dass zahlreiche Veröffentlichungen z. T. eher programmatisch, denn analytisch sind und letztlich auf mythenhafter Grundlage doch nur den Wunsch nach einer irgendwie neu gearteten autochthonen „amerikanischen Stadt“ vermitteln.[23]

20 Abgesehen vielleicht von der sozialökologischen Theorie. Bestätigt wird diese Beobachtung des Diskurses z. B. durch: *M. Gottdiener et al.*, The Paradigm Shift in urban Sociology, in: Urban Affairs Quarterly, Bd. 24, Nr. 2, Dezember 1988, S. 170. Aktuellere Bezüge werden später aufgewiesen (1.2). Eine historisch orientierte und interdisziplinär übergreifende kritische Einführung in die Sozialökologie bietet: *D. Hassenpflug*, Sozialökologie. Ein Paradigma, Opladen 1993.

21 Gottdiener würde diese Autorenschaft womöglich der „ecological explanation of suburbanization“ zuordnen, die er zugleich als den *Mainstream* bezeichnet: *M. Gottdiener et al.*, a. a. O., S. 177.

22 Vgl. *J. Posener*, School of Chicago, in: Arch+, Zeitschrift für Architektur und Städtebau, Heft 48, Jg. 1979, S. 30-31; *W. Nedderhut-Heeschen*, Schule von Chicago. Ein architekturgeschichtlicher Essay, Deutsche Bauzeitschrift DBZ, Bd. 38, Heft 5, 1990, S. 685-692.

23 Bestätigung erfährt diese These durch: *R. Harris et al.*, Changing Suburbs: Foundation. Form and Function, London 1999, S. 1-3; als prominente Beispiele eben jener programmatischen Aussagen können die folgenden Textstellen genannt werden: *R. Fishman*, Bourgeois Utopias: The Rise and Fall

Sie werden damit selbst als Ausdruck von Werthaltungen gegenüber der Stadt zum Gegenstand der Untersuchung.

Wright und Sullivan beziehen sich in ihren theoretischen Werken auf amerikanische Transzendentalisten wie Emerson (1836), Thoreau (1854) oder Whitman (1855), die aus den philosophischen Momenten des Protestantismus und des Hegel'schen Idealismus eine organische Naturästhetik zu entwickeln suchten.[24] Insbesondere in der fehlenden Analyse des ideellen Einflusses des Protestantismus identifiziert der hier verfolgte Ansatz das Desiderat, das es bezogen auf die amerikanische Entwicklung der Stadt zu bearbeiten gilt und das im Weiteren anhand relevanter protestantischer Leitbilder und Handlungsmotive auch entgegen einem technologisch-funktionalistischen Determinismus betont wird.

Eine bedeutende wissenschaftliche Anregung hierfür hat der Geograph Lutz Holzner mit seinem Buch „Stadtland USA: die Kulturlandschaft des American Way of Life" (1996) gegeben. Er interpretiert das amerikanische „Stadtland" mit seinen aufgebrochenen und ausgedünnten Kernstädten und den scheinbar unendlich weit gestreuten Außenrandzonen nicht als reines Produkt des 20. Jahrhunderts. Es sei auch keineswegs nur als unabwendbares Ergebnis moderner Technik wie etwa des Autos oder des Telefons einfach so in der Weite des Landes entstanden. „Diese kulturgenetisch einmalige Gestaltung des amerikanischen Stadtlandes ist das Produkt einer über 200-jährigen Kulturraumgestaltung."[25] Sie beruhe auf tief verwurzelten Gesellschafts- und Zivilisationsprinzipien der amerikanischen Nation.

Der vorliegende Beitrag kann auch als eine (handlungs-) theoretische Differenzierung und inhaltliche Spezifizierung der eher universalistisch kulturhistorischen Vorarbeit des Geographen verstanden werden. Denn oft vernachlässigen Autoren das „kulturelle Gepäck", wie etwa Visionen, Werte und Motive, die die protestantischen Siedler aus Europa während der Kolonialzeit mitbrachten. Ein diesbezüglicher Bezug zur Stadtentwicklung fehlt sodann zumeist ohnehin. Gerade in dieser geschichtlichen Phase aber scheinen die konstitutiven Elemente und Gründungsmythen zu liegen, die für die amerikanische Identität und für den *American Way of*

of Suburbia, in: The City Reader, Richard LeGates und Frederic Stout (Hrsg.), London 2000, S. 79; *M. Gandelsonas*, X-Urbanism: Architecture and the American City, New York 1999, S. 45 ff; *J. Garreau*, Edge City. Life on the Frontier, New York 1991, S. 4; *K. Jackson*, Crabgrass Frontier. The Suburbanization of the United States, New York 1985, S. 47.

24 Vgl. hierzu weiterführende Texte: *J. Cook*, Nineteenth Century Idealist Sources for the 21st Century. Organic American Origins and Sustainability, in: Thesis. Wissenschaftliche Zeitschrift der Bauhaus-Universität Weimar, Heft 6, 1997, S. 16-27 und *W. Nedderhut-Heeschen*, a. a. O., S. 685-692.

25 *L. Holzner*, Stadtland USA: Die Kulturlandschaft des American Way of Life, Gotha 1996, Klappentext.

Life bis zur heutigen Zeit von herausragender Bedeutung sind. Ihre Deutung kann ein Beitrag zum besseren Verständnis der Frage sein, warum sich in den USA ausgerechnet *die* Siedlungsform besonders deutlich niederschlagen konnte, die eingangs als das City-Suburb-Phänomen beschrieben wurde. Carl Abbott (1995), Professor für Urban Studies und Planning an der Portland State University, hat unlängst eine Ambivalenz beobachtet, in der „Americans have praised cities with one voice and shunned them with another."[26] Das hier zutage tretende Spannungsfeld bietet nun Anlass und einen weiteren Anschlusspunkt im urbanistischen Diskurs, der die Frage nach der Bedeutung handlungsleitender Motive für die topologische Entwicklung der Städte in den USA sinnvoll macht.

Die europäische Dimension der Arbeit, wie sie bereits durch Max Webers Stadtstudie als methodisch zielgerichtete Perspektive auf die „amerikanische Stadt" angezeigt wurde, macht es möglich, die hier vorliegende Arbeit in den breiten und übergreifenden Horizont einer europäischen Urbanistik einzustellen. Zentraler Anschlusspunkt stellt hierbei die Publikation Dieter Hassenpflugs „Die europäische Stadt als Erinnerung, Leitbild und Fiktion" (2001) dar, mit der zunächst eine historische Rekonstruktion der „europäischen Stadt" vorgelegt wird, um jenen Typus schließlich gewissermaßen als einen Vorrat für das Bild der Stadt im 21. Jahrhundert wieder zu entdecken. Hassenpflugs Plädoyer greift das Konzept der „reflexiven Modernisierung"[27] auf und legt die Modernisierung der modernen Stadt als „Retraditionalisierung der Stadt im Medium gegenwärtiger technologischer und ästhetischer Möglichkeiten"[28] aus. Vorliegender Ansatz möchte nicht zuletzt auch in Form der bereits angekündigten zusammenfassenden Kontrastierung einen Beitrag dazu liefern, der Idee der „europäischen Stadt" habhaft zu werden.

26 *C. Abbott*, Introduction to Urban History, in: Exploring Urban America. An introductory Reader, Roger W. Caves (Hrsg.), London 1995, S. 56.

27 *U. Beck*, Das Zeitalter der Nebenfolgen und die Politisierung der Moderne, in: Reflexive Modernisierung. Eine Kontroverse, Ulrich Beck, Anthony Giddens und Scott Lash (Hrsg.), Frankfurt a. M. 1996, S. 19 ff.

28 *D. Hassenpflug*, Die europäische Stadt als Erinnerung, Leitbild und Fiktion, in: Die Europäische Stadt. Mythos und Wirklichkeit, Dieter Hassenpflug (Hrsg.), Münster 2001, S. 12.

1.2 Vorbemerkungen und Anschlüsse im urbanistischen Diskurs

Der neue geographische Kontext

Bevor Amerika von den Europäern besiedelt wurde, war es schon von ihnen erfunden. Vorstellungen von einer besseren Neuen Welt im Westen waren fester Bestandteil der frühen Neuzeit und lieferten den europäischen Entdeckern und Eroberern Antrieb und Rechtfertigung für ihre Unternehmungen.[29] Die Entdeckung des neuen Kontinents schien die Überzeugung zu bestätigen, dass der Fortschritt menschlicher Zivilisation dem Gang der Sonne von Osten nach Westen folge und so mit der Besiedlung Amerikas ein neues Kapitel menschlicher Zivilisationsgeschichte aufgeschlagen worden sei.[30] Als die Europäer auf den amerikanischen Kontinent stießen, so erzählt es Fluck (1998), meinten sie ihn deshalb bereits zu kennen. Sie behandelten und formten ihn nach dem Bild, das sie mitbrachten: Die Pueblo-Siedlungen im Südwesten wurden von den Spaniern zu den sieben goldenen Städten Cibola, die indianischen Ureinwohner zu Wilden, die es zu missionieren galt, die tiefen und undurchdringlichen Wälder für die puritanischen Siedler zur moralischen Wildnis sowie das weite und unberührte Land zum Garten Eden.[31]

Die eigenen Vorstellungen wurden dem neuen Kontinent oft gewaltsam aufgezwungen, um Eroberung, Vertreibung, Ausbeutung und Genozid rechtfertigen zu können. Sie halfen, der Neuen Welt Sinn abzugewinnen und dienten der Erklärung des eigenen Handelns. Einige dieser Vorstellungen schienen so allgegenwärtig, dass sie zu nationalen Mythen und kulturellen Leitbildern wurden, die das Selbstbild der amerikanischen Gesellschaft, wenn auch in fortlaufendem Wandel und Anpassung, bis heute beeinflussen und damit zu integralen Bestandteilen des *American Way of Life* wurden. Die unterschiedlichen Vorstellungen lassen sich auch zu dem addieren, was in den 1930ern als *American Dream* charakterisiert wurde.[32] Er war ein Versprechen individueller Selbstentfaltung, unabhängig von Geburt, Stand und ethnischer Zugehörigkeit. Jeder sollte mit einem *Stake of Land* zum Grundeigentümer werden. Indes zeichnet David Ames in seinem Aufsatz „Understanding Suburbs as

29 Vgl. *H. Wolff*, Das Weltbild am Vorabend der Entdeckung Amerikas, in: America: Das frühe Bild der Neuen Welt, Hans Wolff (Hrsg.), München 1992, S. 13.

30 Vgl. *G. Blanke*, Das amerikanische Sendungsbewußtsein: Zur Kontinuität rhetorischer Grundmuster im öffentlichen Leben der USA, in: Gott und die Politik in den USA. Über den Einfluß des Religiösen, Klaus Kodalle (Hrsg.), Frankfurt a. M. 1988, S. 204-208.

31 Gefunden in: *W. Fluck*, The American Dream: Gründungsmythen der Kultur, in: Länderbericht USA, Willi Paul Adams und Peter Lösche (Hrsg.), Bonn 1998, S. 726.

32 Ebda., S. 726.

Historic Landscapes through Preservation“ (1999) die Landschaft des amerikanischen Traums als ein Einfamilienhaus auf eigener Parzelle „sited within the large-scale subdivision with a curvilinear street pattern.“[33]

Exzeptionalismus

Als der protestantische Lord John Winthrop 1630 an Bord des Schiffes Arabella kurz vor der Ankunft in der Neuen Welt eine Predigt hält, versucht er die Siedler auf die Vorstellungen einer von ihrem Gott gegründeten sozialen Ordnung einzuschwören und entlehnt aus der Bibel das Bild einer *City upon the Hill*, eines heiligen Jerusalems.[34] Damit setzte er das gemeinsame Unternehmen in Analogie und in den Rang eines *New Jerusalem*, auf dem die Augen der ganzen Welt ruhten. Im puritanischen Selbstverständnis wird mit der Besiedlung der Neuen Welt das biblische Heilsversprechen wiederholt und erfüllt *(chosen people)*. Zum Vermächtnis eines puritanischen Sendungsbewusstseins gehört eine Sicht Europas als ein Ort politischer Unterdrückung und moralischer Korruption.[35]

Garden Eden

Paradiesvorstellungen gehörten von Anfang an zur amerikanischen Ideenwelt. Angesichts der weiten und unberührten Natur *(virgin land)* wurden die Anfänge der Neuen Welt oft als irdisches Paradies beschrieben, das die puritanischen Siedler von der Mühsal der Alten Welt befreien sollte. Die Bibel lieferte ihnen dazu das Leitbild des Garten Edens. Diese Vision führte zu einem tiefen Misstrauen gegenüber der Stadt und sah sie als Ort moralischer Gefährdung und des Selbstverlustes an. Für den französischen Aristokraten Hector de Crèvecoeur, der 1782 mit seiner Veröffentlichung „Letters from an American Farmer“ bekannt wurde, stellt Amerika mit seinem anscheinend grenzenlosen Angebot an Land für den einfachen Mann *(common man)* zum ersten Mal die Möglichkeit einer selbstbestimmten Existenz dar.[36] Die Leitfigur des *Common Man* im Garten Amerika steht als Ideal einer agrarischen Lebensform für den Garanten einer Gesellschaft freier, unabhängiger Bauern. Zu einem späteren Zeitpunkt wird es dann vielfach die „Natur“ sein, die quasi die säkularisierte Variante des Garten Edens darstellt.

33 *D. Ames*, Understanding Suburbs as Historic Landscapes through Preservation, in: Changing Suburbs: Foundation. Form and Function, Richard Harris und Peter J. Larkham (Hrsg.), London 1999, S. 222.

34 Zur Leitvorstellung eines heiligen Jerusalems siehe: *P. Badde*, Die himmlische Stadt. Der abendländische Traum von der gerechten Gesellschaft, München 1999.

35 *G. Blanke*, Die Anfänge des amerikanischen Sendungsbewußtseins: Massachusetts-Bay. 1629-1659, in: Archiv für Reformationsgeschichte, Heft 59, 1967, S. 179.

36 Vgl. *H. de Crèvecoeur*, What is an American?, in: The Character of Americans. A Book of Readings, Michael McGiffert (Hrsg.), Homewood/Illinois 1970, S. 113.

Frontier Von Beginn an zählte zur amerikanischen Erfahrung die Konfrontation mit einem Bereich jenseits jeder Zivilität, der als Bedrohung, aber auch als Ort möglicher Erneuerung und Befreiung von zivilisatorischen Zwängen angesehen wurde. Die Grenze zwischen Zivilisation und Wildnis, die *Frontier*, wird dabei zum symbolischen Ort aus der Welt der Ordnung in eine Welt moralischer Wildnis und Gesetzlosigkeit. Eben hier ist das Individuum auf sich allein gestellt. Dabei ist die *Frontier* ein Ort der Bewährung für den *Pioneer* und den *Frontier Farmer*. Die Begegnung mit dem Fremden nimmt dem europäischen Neuankömmling seine alte Identität und wird zum Ausgangspunkt seiner Wiedergeburt als Amerikaner *(American adam)*.[37] Aber nicht nur hierin liegt die Kontinuität protestantisch-calvinistischer Werte. Darüber hinaus muss sich der Pionier dort stets göttlichen Prüfungen unterziehen. In seinem Vortrag „The Significance of the Frontier in American History" (1893) hat der Historiker Frederick J. Turner diesen Identitätswandel beschrieben. Die ersten Schritte des Siedlungsprozesses in der Neuen Welt stellte Turner als eine Adaption an einen indianerähnlichen Primitivismus dar. Die Siedler und Pioniere waren demnach nichts anderes als Jäger und Sammler und verkörperten so die einfachste Stufe sozialer Entwicklung. Die Besiedlung des „freien Landes" vollzog sich also in einer Art sozialer Evolution. In unaufhörlicher Anpassung an wechselnde Umweltbedingungen entwickelte sich die Gesellschaft von einfachen zu immer differenzierteren und komplexeren Formen.[38] Trotz des Wegfalls der realen *Frontier* hat der Mythos der *Frontier* in z. T. sehr kontroversen Debatten bis in die heutige Zeit überlebt.

Erfolgsversprechen In seiner Schrift „Die protestantische Ethik und der ‚Geist' des Kapitalismus" (1905/1920) hat der Soziologe Max Weber nachgezeichnet, wie aus der langsamen Verweltlichung des calvinistischen und insbesondere des puritanischen Glaubens eine Verhaltensethik entstand, in der das Streben nach materiellem und sozialem Erfolg zur moralischen Verpflichtung werden konnte.[39] Die Autobiographie Franklins ist die exemplarische Erfolgsgeschichte, die den Aufstieg des aus bescheidenen Verhältnissen stammenden *Self-Made Man* zum international geachteten Diplomaten und Erfinder erzählt. Ausgehend von einer protestantisch-calvinistischen Religionslehre war es zunächst möglich, durch Arbeit erlangten materiellen Erfolg als Zeichen einer göttlichen Gnadenwahl zu interpretieren und sich selbst so zum Kreis der von Gott Auserwählten zu zäh-

37 Vgl. *F. Turner*, The Frontier Experience, in: The Character of Americans. A Book of Readings, Michael McGiffert (Hrsg.), Homewood/Illinois 1970, S. 96.

38 Vgl. Ausführungen zu Darwin in 5.1.

39 *M. Weber*, Die protestantische Ethik und der ‚Geist' des Kapitalismus, Klaus Lichtblau und Johannes Weiß (Hrsg.), Weinheim 2000.

len. In säkularisierter Form war es dann das soziale Prestige, das Ansporn zur Arbeit geben konnte. William Howells beschreibt um die vorletzte Jahrhundertwende den erfolgreichen Geschäftsmann, der in der *City* arbeitet, als das amerikanische Leitbild schlechthin: „I don't think there is any doubt but the millionaire is now the American ideal."[40] Die Leitfiguren des *Self-Made Man* und des *Business Man* kontinuieren calvinistische Momente des Auserwähltseins und der Strebsamkeit. Wie sich zeigen wird, kann insbesondere der *Self-Made Man* als eine Mittlerrolle zwischen dem Lebensmodell des *Common Man* und dem *Business Man* interpretiert werden. Der Individualismus nach Tocqueville[41] und der Besitzindividualismus nach Macpherson[42] helfen hierbei der Veranschaulichung.

Politische Dezentralisierung

Die politische Dimension im amerikanischen Siedlungsideal reflektierte als erster prominenter Vertreter Thomas Jefferson Ende des 18. Jahrhunderts. Er besprach das ländliche Ideal amerikanischer Zivilisation in seinen Demokratievorstellungen, die er großenteils bereits in seinem Werk „Notes on the States of Virginia" (1782) niedergelegt hatte. Das Ideal beruht auf einem tiefen Glauben in ein ländliches Leben, das tugendhaft und gut für die menschliche Seele sei, weil es persönliche Sünden zurückhalte.[43] Nach Ansicht Jeffersons finde es seinen topologischen Ausdruck in dezentral organisierten, kleinen und ländlichen Gemeinden *(communities[44])*. Politisch könne so eine gleichberechtigte Kontrolle über die Arbeit der örtlichen Regierung praktiziert werden. Zugleich fasst die Jefferson'sche Landethik die Stadt als Symbol der Korruption, der Unordnung und der sozialen Ungerechtigkeit auf. Schließlich führte dies zu einer moralischen Dichotomie, welche die Stadt als künstlich, unvollständig und temporär, das Land hingegen als einfach, vollendet und zeitlos betrachtete. Vom Misstrauen gegen die Stadt erfüllt propagierte Jefferson das ländliche Lebensideal, wonach das Land die tugendhafteren Bürger hervorbringe. Nach Jefferson wird

40 *W. Howells* nach *M. White et al.*, The Intellectual versus the City. From Thomas Jefferson to Frank Lloyd Wright, Cambridge 1962, S. 96.

41 Siehe hierzu: *A. de Tocqueville*, Democracy in America, in: The Character of Americans. A Book of Readings, Michael McGiffert (Hrsg.), Homewood/Illinois 1970.

42 Siehe hierzu: *C. Macpherson*, Die politische Theorie des Besitzindividualismus, Frankfurt a. M. 1980.

43 Vgl. *L. Marx*, The Machine in the Garden. Technology and the pastoral Ideal in America, New York 2000.

44 In einigen Fällen wird in dieser Arbeit das englische Originalwort in Klammern hinzugefügt, weil es nicht immer einen eindeutigen adäquaten deutschen Begriff zur Übersetzung gibt. Im Falle von „Community" ist sowohl der räumlich-materielle Aspekt einer Ansiedlung als auch eine gemeinsame soziale Situation und ein mehr oder weniger starkes Zusammengehörigkeitsgefühl, z. B. auf der Grundlage gemeinsamer Wertvorstellungen, gemeint.

der *Farmer* zum politischen Leitbild einer genuin amerikanischen Lebensweise.[45] Der landbesitzende und landgebundene unabhängige Bürger war also der demokratische Bürger. Um dieses Ziel zu erreichen, wurde auch der *Land Survey* mit seinem *rectangular Grid* eingesetzt. Wie sich zeigen wird, sollte diese von Jefferson durchgesetzte Landaufteilung als raumplanerisches Instrument fungieren, um eine Gesellschaft tugendhafter Bürger *(virtuous citizen)* hervorzubringen. Der Entwurf der formellen Unabhängigkeitserklärung aus dem Jahre 1776 entstammte der Feder Jeffersons. Er verband das Gedankengut der Aufklärung mit angelsächsischen Rechtsauffassungen und den Glaubenssätzen der Country-Ideologie.[46] Die Präambel leitete das Recht auf Widerstand gegen illegitime Herrschaft aus den so genannten *Laws of Nature* ab.[47] Der Naturbegriff, der hier mit dem Bild des Garten Edens verknüpft ist, ist von Jefferson zweifelsohne politisiert worden. Der Schlussabschnitt der Erklärung besiegelt unter feierlicher Ausrufung der göttlichen Vorsehung *(providence)* die Loslösung von Großbritannien und die Souveränität der amerikanischen Staaten.

Democratic Suburbs

Im Zuge zunehmender Industrialisierung und steigender Immigrantenzahlen entwickelten sich Mitte des 19. Jahrhunderts die *Suburbs* zu einem bestimmenden Siedlungsideal amerikanischer Lebensweise. In „Democratic Utopia and the American Landscape" (1990) betont Vance, dass der Wunsch nach einem suburbanen Lebensstil vor allem durch den Glauben an das „social asylum"[48] des Landes gefördert wurde. Begonnen hatte es mit der *Family Farm* und wurde fortgesetzt mit der aufgelockerten Ansiedlung von Einfamilienhäusern: „The forms that the family farm and the suburbs assumed were the results of a social objective, the abolition of the vestigial feudalism, rather than the result of an operative social engineering."[49] Auch dieses Schlüsselzitat muss in den nächsten Unterkapiteln wieder aufgegriffen werden.

Robert Fishman fokussiert in seinem Buch „Bourgeois Utopias" (1987) auf die Geschichte der *Suburbs* und entdeckt das suburbane Lebensideal letztlich als eine andere Form der Utopie der Mittelklasse: „(...) suburbia has built its vision of community and the

45 *Th. Jefferson* nach *L. Marx*, a. a. O., S. 124.

46 Vgl. *J. Heideking*, Revolution, Verfassung und Nationalstaatsgründung. 1763-1815, in: Länderbericht USA, Willi Paul Adams und Peter Lösche (Hrsg.), Bonn 1998, S. 22.

47 Anm.: Webers „Ursurpation" aus feudalen Zwängen hat wohl nichts mit religiös verwobenen Naturgesetzen zu tun, sondern wird von ihm schlicht zur revolutionären Neuerung erklärt (2.2).

48 *J. Vance (Jr.)*, Democratic Utopia and the American Landscape, in: The Making of the American Landscape, Michael Conzen (Hrsg.), New York 1994, S. 218.

49 Ebda., S. 218.

primacy of private property and the individual family."[50] In seinem zunehmend programmatisch werdenden Text stellt er sein Konzept der *Technoburbs* und der *Technocity* als eine „creation of a new kind of decentralized city" vor.[51] Ein Immigrant, selbst wenn er die suburbane Siedlungsform vor seiner Einwanderung in die USA noch nicht kannte, konnte seinen sozialen und materiellen Erfolg, letztlich auch seine gesellschaftlich politische Integration, durch einen Umzug aus dem Innenstadtbereich in die *Suburbs* dokumentieren.

Thomas Sugrue betont in „The Origins of the urban Crisis" (1996) die Bedeutung von Rassismus und Segregation für die Entstehung des „White Flights" in die suburbanen Wohngebiete.[52] Einen ähnlichen Ansatz verfolgen Douglas Massey in „American A-partheid" (1993) und Paul Jargowsky in „Poverty and Place" (1997). Massey stellt als das wichtigste Merkmal der Segregation nach dem 2. Weltkrieg die Konzentration der Schwarzen in den zentralen *Cities* und der Weißen in den *Suburbs* heraus.[53]

Sam Warner erklärt die Genese der *Suburbs* fast ausschließlich über einen ökonomisch-technologischen Ansatz. Als „city divided" beschreibt er die Situation Bostons um 1900. Während die Stadt um 1850 noch ein kompakter Seehafen war, stellt sie sich nur 50 Jahre später als ein Siedlungsgefüge dar, das sich über einen Radius von über zehn Meilen erstreckt und 31 „cities and towns" einschließt. Die weite Ausdehnung der Stadt zu umliegenden Wohngebieten, so seine zentrale These in „Streetcar Suburbs" (1962), ist von der Entwicklung eines neuen Straßenbahnsystems und parallel dazu durch den Ausbau städtischer Infrastruktur (Elektrizität, Wasserversorgung etc.) zu verantworten.[54]

50 *R. Fishman*, Bourgeois Utopias: The Rise and Fall of Suburbia, in: The City Reader, Richard LeGates und Frederic Stout (Hrsg.), London/New York 2000, S. 77.

51 Ebda., S. 79. Als Beispiele anderer Perspektiven auf die Entwicklung der *Suburbia* können herangezogen werden: *M. Castells*, The Rise of the Network Society, Oxford 2001; *J. Garreau*, Edge City. Life on the Frontier, New York 1991; *R. Harris et al.*, Changing Suburbs: Foundation. Form and Function, London 1999; *E. Soja*, Postmodern Geographics: The Reassertion of Space in Critical Social Theory, London/New York 1989.

52 *Th. Sugrue*, The Origins of the urban Crisis: Race and Inequality in postwar Detroit, Princeton University Press, Princeton N. J. 1996; auch für Mark Gottdiener sind Rassismus und Segregation bedeutende Implikationen der Stadtentwicklung: *M. Gottdiener*, Krisentheorie und räumliche Umstrukturierung: Das Beispiel USA, in: Das neue Gesicht der Städte, Renate Borst und Stefan Krätke et. al. (Hrsg.), Berlin 1990.

53 *D. Massey et al.*, American Apartheid. Segregation and the Making of the Underclass, Cambridge/London 1993, S. 67.

54 *S. Warner (Jr.)*, Streetcar Suburbs. The Progress of Growth in Boston. 1870-1900, Cambridge/Massachusetts 1962, S. 3.

Kenneth Jackson in seiner Publikation „Crabgrass Frontier“ (1985) und Eric Monkkonen mit dem Beitrag „America becomes urban“ (1988) stellen den Einfluss der amerikanischen Stadtpolitik in den Vordergrund ihrer Untersuchungen. Staatliche Subventionen, so Jackson, hätten den „Suburban Dream“ nachhaltig gefördert. So hätte der Washingtoner Kongress die amerikanische Bauwirtschaft richtungsweisend subventioniert.[55] Monkkonen verhandelt die Stadtentwicklung anders als Jackson auch auf lokalpolitischer Ebene. Er sieht sie als eine komplexe Interaktion dynamischer Verhältnisse und räumt dabei öffentlichen Entscheidungsträgern besondere Berücksichtigung ein. Die zuständigen Regierungen, häufig waren das lokale Stadträte oder Gemeindeverwaltungen, hätten durch Förderung und Steuerung der Transportmedien der politischen, ökonomischen und sozialen Umgebung zu ihrem räumlichen Ausdruck verholfen.[56]

Ökonomische Zentralisierung

Um aus einer protestantischen Theologie heraus die Kontinuität und den Wandel entsprechender Leitbilder zu positionieren sowie die Tragweite und den Stellenwert der „Arbeit“ und ihre spätere Einbindung in ein eher evolutionistisches Leitbild zu veranschaulichen, kann nicht darauf verzichtet werden, Kerngedanken wichtiger Vordenker zu erwähnen. Martin Luther und Johannes Calvin sind zu nennen. Insbesondere in Calvins Lehre nimmt die „Arbeit“ eine prominente Stellung ein. Der Sozialdarwinismus Herbert Spencers, der, vereinfacht gesagt, die Erkenntnis des Biologen Charles Darwin für die Übertragung auf gesellschaftliche Verhältnisse adaptierte, kann als natürliche Erweiterung einer protestantischen Ethik bzw. als dessen säkularisierte Variante angesehen werden. Im Kontext dieser Philosophie kann materieller Erfolg als biologische und soziale Überlegenheit interpretiert werden und das Ideal des „Marktes“ im stetigen Entwicklungsprozess als eine Konkurrenz zu den zuvor beschriebenen politischen, eher statischen Visionen einer tugendhaften agrarischen Gesellschaft verstanden werden.

Wichtige Grundlage des amerikanischen Lebensstils, also des *American Way of Life*, ist das unantastbare Recht zur Selbstentfaltung und das Durchsetzen der eigenen Ansprüche im persönlichen Streben nach Glück und Erfolg, vor allem aber nach materiellem Besitz. Der Historiker Sam Warner gibt in „The private City“ (1968) als erstes Ziel eines Bürgers den Wunsch nach Wohlstand und Reichtum wie folgt an: „(...) the goal of a city is to be a community of private money makers.“[57] Vom ersten Augenblick an sei

55 *K. Jackson*, Crabgrass Frontier. The Suburbanization of the United States, New York 1985, S. 190 ff.

56 *E. Monkkonen*, America becomes urban. The Development of U.S. Cities & Towns 1780-1980, Los Angeles/London 1988, S. 164 f.

57 *S. Warner (Jr.)*, The private City. Philadelphia in three Periods of its Growth, Philadelphia 1968, S. X (introduction).

Erfolg und Versagen der amerikanischen Stadt an die Gesetze des privaten Marktes gebunden gewesen. Er verlange nach Arbeitern, nach der Unterteilung des Landes in Areale, nach Häusern, Geschäften und Fabriken. So hätten letztlich die Bedürfnisse des Marktes nach öffentlicher Infrastruktur die Form der Stadt geprägt.

Central Business District

Amerikanische Stadtentwicklungsmodelle sind selbst Träger kultureller Leitbilder und enthalten auch Werthaltungen über die Stadt. Die Soziologen Park und Burgess entwerfen in „The City" (1925) die *City*, den Kern der amerikanischen Stadt, als Wirtschaftszentrum *(loop)* und prägen den Begriff des *Central Business District*. Das *Zonal Model* – oder auch das Modell der konzentrischen Ringe genannt – von Burgess ist unter empirischer Bezugnahme auf die Stadt Chicago um 1900 gewonnen und beansprucht, modellhaftes Abbild der amerikanischen Stadt zu sein. Die *City* bildet dem Modell zufolge das Zentrum. Es handelt sich um den zentralen Geschäftsbereich, der die großen Kaufhäuser, spezialisierten Geschäfte, Hotels, Restaurants, Unterhaltungsbetriebe sowie die Verwaltungsgebäude der großen Banken und Versicherungen umfasst.

Im sich immer deutlicher herausbildenden Wirtschaftszentrum sorgte ab Mitte des 19. Jahrhunderts die unmittelbare Nähe von Industrie zu Wohnbereichen für eine Beeinträchtigung der Lebensverhältnisse. So schildert Jackson (1985) seinen Eindruck jener Zeit: „(...) Most of these larger organizations – refineries, machine tool industries, iron and steel mills, and chemical plants - created offensive odors or noises (...)."[58] Mit der Einführung entsprechender Transportmedien war es der so genannten Mittelschicht möglich, den Umständen der *City* zu entfliehen und sich auch geographisch von den Arbeitern und den ärmlichen Einwanderern zu distanzieren, um sich schließlich in den „Suburban Dream" zu begeben. Hierdurch wird entgegen einem technologischen Determinismus die Bedeutung von Leitbildern unterstrichen.

Ausblick

Ein Konsens über Demokratie und ein typisch angloamerikanisches Freiheitsideal schienen den politischen Emanzipationsraum „Stadt" – wie aus der Weber'schen Darstellung der okzidentalen Stadt bekannt – nicht mehr zu benötigen. Dem Ideal entspricht als gesellschaftspolitischem Steuerungsmodell eine stark ausgeprägte Marktorientierung. Einen Gegenpart zu einem politischen Zentrum nach „europäischem" Bild konnte es nicht geben, musste es aber auch nicht geben. Eine Aufgliederung nach europäisch feudalem Muster in „Stadt und Land", wie es Weber (1921) beschreibt, war zu keinem Zeitpunkt amerikanischer Geschichte möglich. Selbst wenn von einem „ländlichen Ideal" in Amerika gesprochen wird, ge-

58 *K. Jackson*, Crabgrass Frontier. The Suburbanization of the United States, New York/Oxford 1985.

schieht das immer in einem Spannungsfeld zwischen Wildnis und einer Imagination, die an europäisch tradierte Lebensweisen und Siedlungsformen erinnert.[59] Denn man kann sich zwar einen amerikanischen Siedler vorstellen, bei dem der europäische Kontinent keine Rolle mehr spielt, aber insofern er sprachliche Deutungsmuster zur Auswahl und Einordnung von Sinneseindrücken der „neuen" Umgebung verwendet, ist die europäische Lebenswelt präsent.[60] Das Leben auf dem „Land" und damit auch rurale Siedlungsformen waren in den USA großenteils positiv konnotiert.

Zahlreiche amerikanische Autoren der Stadttheorie verknüpfen den Begriff der Stadt nicht mit politischer Emanzipation und stehen, jedenfalls in diesem Punkt, in einer Linie mit Thomas Jefferson. Die Stadt wird fast ausschließlich als Ort des Marktes und des Arbeitens begriffen. „Jobs as the essence of urbanism", solche oder ähnliche Zitate finden sich bei Ernest Burgess (1925), Louis Wirth (1957), Sam Warner (1972), Joel Garreau (1991), Edward Soja (1999) u.v.a.m.

Mit dem sozialökologischen Ansatz der *Chicago School of Sociology* verwandt, entwickelt William Alonso (1960) ein raumwirtschaftliches Modell, das den Anspruch erhebt, eine umfassende ökonomische Darstellung und Erklärung einer „optimalen" Bodennutzungsverteilung bei einer vollkommen unregulierten Marktwirtschaft zu sein. Nach Shevky und Bell (1974) ist „Urbanisierung" als ein Ausdruck der Arbeitsteilung, der Intensivierung der Interaktionen und der Ausdehnung der Reichweite sozialer Beziehungen zu verstehen: je größer das Maß der Arbeitsteilung, desto höher fällt das Urbanisierungsmaß einer Gesellschaft aus. In einer marxistischen Linie stehen Henri Lefèbvre und David Harvey. Lefèbvre behandelt in „Kritik des Alltagslebens" (1968) die Begriffe Urbanisierung und Kapitalismus nahezu synonym und betrachtet den städtischen Alltag als System gesellschaftlicher Reproduktion. Harvey, den ebenfalls die Analyse des Kapitalismus interessiert und der womöglich auch deshalb die Stadt-Land-Dichotomie einfach übergeht, stellt mit seiner Veröffentlichung „The Urbanization of Capital" (1985) die Frage nach der Raumproduktion und, inwieweit durch Kapitalflüsse städtische Topologie erzeugt werde. Insbesondere von Lefèbvre profitieren Saskia Sassen und Sharon Zukin. Sassen (1991) begreift die so genannten „Global Cities" als weltweit agierende Finanz- und Wirtschaftszentren, während Zukin (1998) die Stadt als „Landscape of Consumption" diskutiert. Schließlich hätten die so genannten „Edge Cities", so Gandelsonas (1999), Amerika in ein „colossal urbanized territory" verwandelt.

59 *M. Hardinghaus*, Amerikanische Stadt und europäische Stadt im Entwicklungsvergleich, in: Forum Europäische Urbanistik. Jahrbuch 2000, Wolfgang Christ und Dieter Hassenpflug (Hrsg.), Weimar 2001, S. 116.

60 Vgl. *J. Pohl*, Geographie als hermeneutische Wissenschaft, in: Münchener Geographische Hefte, Nr. 52, 1986, S. 181.

Die ökonomischen Leitbilder im amerikanischen Lebensstil, die in diesen Diskursen sichtbar werden, so die These, umfassen die Notwendigkeit zentraler Ansiedlungen und gebrauchen die Stadt und ihre Qualitäten vorwiegend als Handels- und Wirtschaftsplattform. Anders hingegen die politische Dezentralisierung: Sie ist mit politischen Leitbildern belegt und findet ihren räumlich-materiellen Ausdruck in disperser, horizontaler und ruraler Topologie. Sie wird u. a. durch Werke von Thomas Jefferson (1782), Ralph Waldo Emerson (1836), Henry D. Thoreau (1854), Walt Whitman (1855), Frederick L. Olmstedt (1870) und Frank Lloyd Wright (1935) beschrieben. Von keinem geringeren als vom einflussreichen Thomas Jefferson stammt der entscheidende Glaubenssatz: „The country produces more virtuous citizens.“[61]

Innerhalb dieser unterschiedlichen Leitbilder verstärkte das Stadtwachstum selbst eine Ambivalenz, ja man kann hier fast von einem Zielkonflikt sprechen. Während die Vorstellung einer Gesellschaft freier *Farmer* die Stabilität des politischen Systems garantieren sollte und dem Leben auf dem Land eine regenerative Wirkung zusprach, musste ein evolutionistisches und auf ökonomisches Wachstum ausgerichtetes Leitbild damit in Widerspruch geraten. Ein Evolutionist, wie er sich durch den *Business Man* umschreiben ließe, sah eine überwiegend rural geprägte Gesellschaft selbst nur als eine vorübergehende Entwicklungsstufe an, die zwangsläufig durch ein höher entwickeltes Stadium abgelöst werden müsste. Dagegen der ländlich geprägte Amerikaner, wie er sich durch den *Common Man*, den *Farmer* oder den *Pioneer* charakterisieren ließe, konnte in einer fortgeschrittenen Evolutionsstufe, in einer kommerziellen Industriegesellschaft, keine „natürliche“ Basis für die amerikanische Demokratie entdecken. Wie sich in den folgenden Kapiteln zeigen soll, nimmt in diesem Zielkonflikt die Leitfigur des *Self-Made Man* eine aufschlussreiche Mittlerrolle ein.

Die zunehmende Verdichtung von Fabriken, Geschäften, Mietshäusern und der unaufhörlich scheinende Zustrom von Immigranten förderten ein Umfeld, das zahlreichen Autoren zufolge die so genannte amerikanische Mittelklasse veranlasste, dem Stadtzentrum so bald wie möglich den Rücken zu kehren. Wer sich gesellschaftspolitisch emanzipieren wollte, verließ das damit nunmehr zunehmend rein ökonomische Zentrum. Der Konflikt zwischen den ruralen Leitbildern und der städtischen Attraktivität als technologischem Wirtschaftsstandort schien in einem suburbanen Arrangement gelöst zu sein. Das rurale Ideal wandelte sich in ein suburbanes. Die *Suburbs* kontinuieren zwar ganz erheblich rurale Vorstellungen, sind aber zugleich Teil der amerikanischen Stadt. Die städ-

61 *Th. Jefferson* nach *L. Holzner*, Die kultur-genetische Forschungsrichtung in der Stadtgeographie. Eine nicht-positivistische Auffassung, in: Die Erde, Bd. 112, Jg. 1981, S. 181.

tische Topologie wandelt sich, indem vormals rural motivierte Siedlungsformen integriert werden.[62] Um 1940 erreicht das City-Suburb-Phänomen in den USA eine besonders reine Ausprägung. Auch heute noch bewegen sich die amerikanischen Städte scheinbar willkürlich in einem Spannungsverhältnis von Dezentralisierung/Dekonzentration und Zentralisierung/Agglomeration.

62 Vgl. *M. Hardinghaus*, a. a. O., S. 117.

2. THEORETISCHE PRÄMISSEN

2.1 Handlungstheorie und Raumkonzeption

Im Folgenden soll die hier betriebene kulturhistorische Analyse in einen theoretischen Zusammenhang gestellt werden, der das Verhältnis von Gesellschaft und Raum mit sozialwissenschaftlichen Begriffen konzeptualisiert. Dies geschieht erstens aus dem Interesse heraus, jenes Verhältnis, das so vielen Diskussionen über die Entwicklung von städtischen Räumen inhärent ist, offen thematisieren und damit überhaupt reflektieren zu können. Damit werden auch erst begründete Auseinandersetzungen mit vielen Positionen und ihren zumeist impliziten theoretischen Prämissen möglich, die im Vorangegangenen bereits thematisiert wurden. Zweitens wird zugleich der Status der Erklärungsleistung der hier vorliegenden Leitbildanalysen in einen übergeordneten gesellschaftstheoretischen Zusammenhang eingeordnet und damit begründet. Insbesondere wird die rein deskriptive kulturgenetische Betrachtungsweise durch eine handlungstheoretische Erweiterung um deren erklärende bzw. verstehende Kompetenz ergänzt.[63] Dies ist schon deshalb sinnvoll, um schließlich drittens tragende Begriffe wie bspw. Leitbild, Lebensstil und Siedlungskultur angemessen operationalisieren zu können.

Räumlich-materielle Strukturen werden in diesem theoretischen Rahmen als Resultat menschlichen Handelns gedeutet[64], das von Motiven und Leitbildern als wesentlicher Bestandteil der Bezugsrahmen der Handlungsorientierung mitgeprägt wird. Bezogen auf die hier verhandelte Fragestellung kann dann die Relevanz protestantischer Leitbilder und ihrer säkularen Nachfolger für die amerikanische Entwicklung der Stadt im Allgemeinen und die City-Suburb-Struktur als deren signifikantes Merkmal im Besonderen begründet werden.

Zunächst werden einige Grundlagen einer handlungstheoretischen Sozial- und Gesellschaftstheorie dargelegt, die sich bei Max Weber, Anthony Giddens und Benno Werlen finden. Jener Bezug soll den gesellschaftstheoretischen Rahmen der hier vorliegenden Studie über die amerikanische Entwicklung der Stadt bilden, indem die Rolle von kulturell tradierten Leitbildern in einen komplexen Handlungsprozess eingeordnet wird. Im Anschluss daran sollen anhand

63 Zur Einführung in das Konzept des „Verstehens“ siehe z. B.: *D. Kaesler*, Max Weber. Einführung in Leben, Werk und Wirkung, Frankfurt a. M. 1998, S. 223 ff.

64 Vgl. *G. Hard*, Disziplinbegegnung an einer Spur, in: Notizbuch 18 der Kasseler Schule, Arbeitsgemeinschaft Freiraum und Vegetation (Hrsg.), Marburg 1990, S. 15.

des klassischen philosophischen Diskurses grundlegende abstrakte Alternativen von Raumbegriffen skizziert und innerhalb des zuvor erörterten gesellschaftstheoretischen Rahmens im Hinblick auf ihre handlungstheoretische Rekonstruierbarkeit bzw. Kompatibilität interpretiert werden. Dies soll letztlich ein begrifflich adäquates Verständnis des Verhältnisses von Gesellschaft und Raum ermöglichen, das der in den Kapiteln drei bis fünf folgenden kulturgenetischen Analyse einen begründeten theoretischen Bezugsrahmen zu geben erlaubt.

Eine Erörterung scheint auch deshalb angebracht, weil es die alltäglichen Intuitionen über den Raum schwer machen, den Raum weder als nicht-substantialistisch noch als nicht objektive Gegebenheit zu betrachten, die auf kausalgesetzmäßiger Weise auf soziale Zusammenhänge einwirkt. Eine handlungstheoretische und kulturgenetische Perspektive auf die Entwicklung von Siedlungsräumen macht aber nur Sinn, wenn diese intuitiven Vorstellungen vom Raum suspendiert werden.

Handlungs-theorie

Es wird nun eine Handlungstheorie dargestellt, die das Individuum als ein bewusst und zielgerichtet handelndes Subjekt und die Gesellschaft durch das Handeln der Individuen bestimmt sieht. Aus diesem Grund ist das soziale Handeln als der eigentliche Gegenstand der Forschung zu betrachten. Der zentrale Begriff der Handlungstheorie ist daher das „soziale Handeln" im Sinne Max Webers (1921): „Soziales Handeln (einschließlich des Unterlassens und des Duldens) kann orientiert werden am vergangenen, gegenwärtigen oder künftigen Verhalten anderer (...)."[65] Die Handlungstheorie setzt bei der Analyse menschlicher Tätigkeiten an, um auf diese Weise zu Erkenntnissen über die gesellschaftlichen Strukturen zu gelangen.

Ebenso interessiert sie sich für die Gründe und Kontexte von Handlungen und bezieht sich durch Interpretation der physisch-materiellen Komponenten von Handlungskontexten durch die Akteure auf räumlich angeordnete Gegenstände. Das Konzept, das hier als Bezugsrahmen dient, verfügt über einen umfassenden Handlungsbegriff: „Handeln" wird jedes sozialwissenschaftlich relevante Tun genannt, unabhängig davon, ob geistige Tätigkeit oder beobachtbare Muskelbewegung untersucht wird. „Handeln" unterscheidet sich von reinem Verhalten zudem durch die Absicht, durch den Sinn, durch das Motiv, das mit der Handlung verbunden ist. Der Handlungsbegriff stellt einerseits ein formales Modell dar, mit dem die Auswahl der Beschreibungs- und Analysekategorien begründet wird, ist aber auch andererseits Ausdruck eines Menschenbildes, in dem der Mensch idealtypisch weitgehend agiert.

65 *M. Weber*, Soziologische Grundbegriffe, Tübingen 1984, S. 41.

Theorie der Strukturierung

Giddens verwendet in seiner Theorie der Strukturierung die Begriffe Regeln und Ressourcen, um den Bezugsrahmen des sozialen Handelns näher zu bezeichnen.[66] Regeln beziehen sich auf die Konstitution von Sinn oder auf die Sanktionierung von Handeln. Als Strukturmerkmal können sie nicht ohne den Bezug auf Ressourcen konzeptualisiert werden.[67] Ressourcen ermöglichen den Akteuren zum einen, sich materielle Gegenstände, natürliche Gegebenheiten etc. verfügbar zu machen und zum anderen die Kontrolle über andere Menschen zu erhalten. Regeln und Ressourcen werden unter dem Begriff Strukturen zusammengefasst. Das heißt dementsprechend, dass das Handeln stets mit Bezug auf Regeln und Ressourcen verwirklicht wird. Für das analytische Vorgehen ist die Gidden'sche Differenzierung der Ressourcen in allokative und autoritative hilfreich.[68] So beziehen sich die Siedler in verschiedenen Handlungskontexten und Tätigkeitsprozessen – neben Regeln – jeweils immer auch auf Ressourcen. Unter allokativen Ressourcen kann die Fähigkeit verstanden werden, die natürlichen Lebensgrundlagen, die Welt der materiellen Objekte in deren Zugang, Aneignung und Nutzung zu kontrollieren. Hier lassen sich bspw. das Unterkapitel der Transporttechnologie und einzelne Aspekte der Industrialisierung zuordnen. Die Unterscheidungsebene der allokativen Ressourcen unterstützt die vorliegende Arbeit insbesondere im fünften Kapitel bei der Analyse der ökonomischen Dimension der Stadtentwicklung. Autoritative Ressourcen bezeichnen die Fähigkeit, Macht auszuüben und die Kontrolle über Akteure zu erlangen. Hierzu kann bspw. das Charisma, die Ausstrahlung oder schlicht die Autorität bestimmter Personen gehören, die dadurch andere Akteure beeinflussen. Wenn also in den folgenden Unterkapiteln zum Zwecke der Argumentation auf Zitate einflussreicher Persönlichkeiten zurückgegriffen wird, soll hierdurch deren Relevanz als Handlungsorientierung zum Handlungsablauf der Siedler unterstrichen werden. Die Unterscheidungsebene der autoritativen Ressourcen unterstützt die vorgelegte Argumentation insbesondere bei der Analyse der politischen Dimension der Stadtentwicklung im vierten Kapitel.

Der Begriff des Leitbildes ließe sich vermutlich am ehesten einer idealistischen Tradition der Handlungstheorie zuordnen. Daher wäre auch eine Vertiefung des Weber'schen Handlungskonzeptes denkbar.[69] Obwohl Giddens den Begriff des Leitbildes nicht explizit

66 Ebda., S. 69.
67 Ebda., S. 70.
68 Ebda., S. 69.
69 Vor dem Hintergrund betrachtet, dass sich der vorliegende Ansatz an dieser Stelle zunächst nur zum Zwecke der Differenzierung des historisch-genetischen Materials (2.2) einzelner Elemente der jeweiligen Konzeptionen bedient, darf eine weiter gehende Diskussion der Parallelen und Differenzen zwischen der Weber'schen und der Gidden'schen Handlungstheorie entfallen.

verwendet, gibt es auch in seiner Theorie logische Entsprechungen dazu, die einen Bezug zu seinem Verständnis von Struktur und Handlung erlauben. So liegt es nahe, die in dieser Arbeit verhandelten kulturellen Leitbilder als einen wesentlichen Bestandteil der Bezugsrahmen der Handlungsorientierung zu verstehen – etwa auf der Ebene von allokativen und autoritaiven Ressourcen. Die herkömmliche Bedeutung von Leitbildern in der Stadtforschung als ein fachlich oder fachpolitisch definierter Zielrahmen der Stadtentwicklung und des Städtebaus wird damit entscheidend erweitert.

Ferner hilft das Gidden'sche Konzept der Dualität der Struktur der weiteren analogen Operationalisierung des Leitbildbegriffes. Es stützt insofern, als dass Strukturen einerseits den Bezugsrahmen des Handelns darstellen, andererseits aber selbst durch das Handeln reproduziert werden. Sie sind keine starren Formen, denen sich die Individuen zu unterwerfen haben, sondern werden durch die Individuen selbst, ob beabsichtigt oder nicht, mit geformt und verändert. Strukturen sind Bedingungen des Handelns bzw. der hier relevanten kulturellen Praktiken und dessen Resultat.[70] Die räumlichen und zeitlichen Bedingungen des Handelns besitzen dabei nicht nur einschränkende Wirkung, sondern ermöglichen und begünstigen diese auch. Anders formuliert: Gesellschaft entsteht dadurch, dass Individuen handeln und sich dabei auf andere Individuen und gesellschaftliche Strukturen beziehen.

Handlung Im Vergleich zu „Verhalten“ wird „Handlung“ als menschliche Tätigkeit im Sinne eines intentionalen Aktes begriffen, bei dessen Konstitution sowohl sozialkulturelle, subjektive als auch physisch-materielle Komponenten bedeutsam sind.[71] Damit ist gemeint, dass bspw. die Siedlungstätigkeiten der protestantischen Einwanderer von einer Vorstellung geleitet waren. Den Ausgangspunkt bildet somit nicht primär eine äußere rein materielle Anregung, sondern eine Orientierung oder auch ein Leitbild. Das „weite freie Land“, der neue geographische Kontext, aber auch die indianischen Ureinwohner werden dann in Bezug auf diese Orientierung interpretiert: Ihnen werden je nach Handlungsziel spezifische Bedeutungen zugewiesen (Garten Eden, Moralische Wildnis etc.). Die Situation des Handelns wird gemäß dieser Auffassung von den Subjekten in Bezug auf die Intention, die Vorstellung definiert. Es gibt dabei einerseits Situationselemente, die der Erreichung der Ziele förderlich sind, andererseits mag es Elemente geben, die die Ziele selbst modifizieren oder gar verhindern. Die topologische Entwicklung als Folge der immateriellen Siedlungskultur kann beabsichtigt oder unbeabsichtigt sein.

70 Ebda., S. 77 ff.

71 Siehe z. B.: *B. Werlen*, Sozialgeographie, Bern/Stuttgart 2000, S. 317.

Werlen nutzt in diesem Zusammenhang eine Analogie zur Geschichtswissenschaft. Genauso wie die Menschen ihre eigene Geschichte machten, so argumentiert er, würden sie auch ihre eigene Geographie machen. Das tägliche „Geographie-Machen" werde von den räumlich-materiellen Mustern beeinflusst. Diese wiederum begünstigen oder behindern Handlungen.[72]

Wird jene Analogie weiter als ein „Stadt-Machen" ausgemalt, bietet sich auch Architekten und Planern eine weitere Möglichkeit, nicht nur ihren eigenen Kompetenzrahmen selbst kritisch zu reflektieren, sondern u. U. auch ihre eigenen Fähigkeiten und Ziele einmal alternativ strukturiert zu kommunizieren. Das notwendige „intuitive Gestalten", oder wie der Architekt sagt, das Entwerfen, zum Beispiel im besten Sinne als Strategie der *Bricolage*[73], muss deshalb niemand in Abrede stellen.

Handlungssequenz

Regeln und Ressourcen existieren nicht außerhalb des Handelns. Entsprechend sind auch die in dieser Arbeit verhandelten Leitbilder kontinuierlich in den Ablauf der Siedlungstätigkeiten mit einbezogen und in deren Produktion und Reproduktion mit eingebunden. Die kulturellen Leitbilder orientieren und bedingen also die sozialen Praktiken. Es ist deshalb nicht einfach, das Handeln als abgeschlossene Tätigkeitssequenz zu verstehen. Jedoch ist es nun möglich, die kulturellen Leitbilder in den Handlungsprozess anzubinden, die realen, ideell bedingten Praktiken mit einzubeziehen und sie in ihrer Gesamtheit – jedenfalls abstrakt – als einen sehr bedeutsamen Teil eines umfassenden, aber handlungstheoretisch strukturierten Kulturbegriffs auszulegen und damit zu verstehen.[74]

Die einzelnen Handlungen können zum Zwecke der Analyse als Sequenzen beschrieben werden, die jedoch in ihrer Verwirklichung stets im Fluss befindlich sind.[75] In Analogie zu Giddens und Werlen ist auch bei der hiesigen generellen Betrachtung darauf zu achten, dass die Leitbilder nicht notwendigerweise die Handlungsmotivationen aufweisen, wie jeder Einzelne, der einzelne Siedler selbst, seine Handlung konzipierte. Auf der Grundlage der Theorie der Struk-

72 Ebda., S. 318.

73 (französisch) Bricolage: Bastelei. Weiterführendes ist zu finden in: *C. Rowe et. al.*, Collage City, Basel/Boston/Berlin 1997, S. 147 ff.

74 Ein derartiges Kulturverständnis kann auf der Ebene einer sozialwissenschaftlichen Theorienlandschaft nach Reckwitz der Bedeutung nach einem „sinn- und wissensorientierten Kulturbegriff" zugeordnet werden. So ist es möglich, Kultur als eine analytische Dimension zu identifizieren, die „sozialen Praktiken und ihren Produkten zu Grunde liegt bzw. dadurch erzeugt wird, (...)." Letztlich jedoch sei „Kultur" ein chronisch vieldeutiger Begriff. Eine „Kulturtheorie" im Singular gibt es nicht: *R. Reckwitz*, Kulturtheorie, Systemtheorie und das sozialtheoretische Muster der Innen-Außen-Differenz, in: Zeitschrift für Soziologie, Jg. 26, Heft 5, Oktober 1997, S. 319.

75 *A. Giddens*, a. a. O., S. 55 f. und *B. Werlen*, a. a. O., S. 317 ff.

turierung entwirft Werlen (1988, 2000) einen Handlungsbegriff. Als Handlung sei vollzogenes Handeln bezeichnet. Das Modell der Handlung kann in vier Teilprozesse zerlegt werden, die zeitlich nach- oder nebeneinander stattfinden können:

a) Handlungsentwurf: Anstoß zu einem Handlungsentwurf gibt der Wunsch, die momentane Situation zu verändern (oder beizubehalten, wenn ohne Handlung eine Veränderung eintreten würde). Bedürfnisse und Erwartungen können den Bezugsrahmen bilden, an dem mögliche Ziele orientiert werden.

b) Situationsdefinition: Die gegebene Situation wird vom Akteur zielspezifisch interpretiert. Das bedeutet, dass nur zielrelevante physisch-materielle oder soziale Gegebenheiten betrachtet und miteinbezogen werden. Sind diese dem Handelnden verfügbar, so werden sie zu Mitteln; andernfalls stellen sie Zwänge dar. Nicht verfügbare Elemente werden somit zu Bedingungen des Handelns.

c) Handlungsrealisierung: Diese Sequenz des Handlungsaktes konkretisiert das antizipierte Ziel. Die Situation wird verändert bzw. vor einer Veränderung bewahrt.

d) Handlungsresultat: Dazu zählen sowohl die beabsichtigten als auch die unbeabsichtigten Folgen der Handlung. Auf Grund beider Arten von Resultaten lässt sich die Frage beantworten, ob das gesetzte Ziel erreicht wurde.

Leitbild, Lebensstil und Siedlungskultur

Mit diesen vier Sequenzen kann jede Handlung (rein analytisch) beschrieben werden. Die Handlungen als Ganzes sind jedoch von verschiedener Reichweite. Innerhalb von Handlungen mit großer Reichweite (z. B. Lebensplan) können mehrere Handlungen kleinerer Reichweiten vollzogen werden. Die Mittel einer Handlung können bereitgestellt werden, indem sie Ziel und Zweck einer untergeordneten Handlung darstellen. Im Sinne der hier gewählten handlungstheoretischen Grundlegung sollen die kulturellen Leitbilder nunmehr als wesentlicher Bestandteil der Bezugsrahmen der Handlungsorientierung ausgelegt werden. Sie stellen damit Motivation, zugleich Befähigung der Realisierung eines Handlungsentwurfes dar. In der Gesamtschau ließe sich aus der hypothetischen Summe der Handlungsorientierungen und der Handlungen ein Lebensstil (ein Lebensmodell oder auch eine Lebensführung, -weise) charakterisieren. Bezogen auf raumrelevantes Handeln ließen sich dann bestimmte Handlungsprozesse weiter zu einer bestimmten Siedlungskultur zusammenfassen.

Im Folgenden sollen abstrakte Raumbegriffe daraufhin analysiert werden, inwieweit sie mit einer handlungstheoretischen Gesellschaftstheorie sozialwissenschaftlich kompatibel rekonstruiert werden können. Dabei orientiert sich die Darstellung an der philosophisch etablierten Unterscheidung von substantialistischen und relationalen Raumbegriffen sowie dem Raum als Anschauungsform.[76]

Substantialistischer Raum

Vertreter der substantialistischen bzw. absoluten Raumkonzeption haben behauptet, dass der Raum ein Ding sei und dass seine Eigenschaften über das hinaus gingen, was auf Grund der Bezugnahme auf die Eigenschaften einzelner materieller Gegebenheiten erklärt werden kann. Zugleich wurde gefolgert, dass es selbst dann einen Raum gäbe, wenn keine materiellen Objekte vorhanden wären. Dementsprechend wurde ihm auch eine Wirkkraft auf in ihm befindliche Objekte beigemessen. Descartes und Newton haben diese Thesen vertreten.

„Die Ausdehnung in Länge, Breite und Tiefe, welche den Raum ausmacht, ist dieselbe, welche den Körper ausmacht.“[77]
„Die Idee der Ausdehnung, die wir bei irgendeinem Raum uns denken, ist dieselbe, wie die Idee der körperlichen Substanz.“[78]

„Absolute space, in its own nature, without relation to anything external, remains similar and immovable.“[79]
„Absolute space is the sensorium of God.“[80]

Durch die Newton'sche Konzeption ist Raum auch als „Behälterraum“ bekannt geworden. Damit man Raum als ein Ding betrachten kann, müsste wohl Descartes Argumentation zugestimmt werden. Sie lautet: Da jede materielle Substanz durch ihre Ausdehnung zu charakterisieren ist, und die Ausdehnung der Substanz dieselbe ist wie jene des Raumes, muss Raum auch eine materielle Substanz sein.

Relationaler Raum

Diese Argumentation ist für Relationisten nicht haltbar. Raum wird in der relationalen Konzeption als eine Ordnung koexistierender Dinge betrachtet, die in einer bestimmten Sprache beschrieben werden kann. Leibniz als einer der klassischen Vertreter dieser Po-

76 Dies geschieht unter massivem Rückgriff, hier insbesondere bei der Auswahl der Zitate, auf die Vorleistungen Benno Werlens: *B. Werlen*, Gibt es eine Geographie ohne Raum? Zum Verhältnis traditioneller Geographie und zeitgenössischen Gesellschaften, in: Erdkunde: Archiv für wissenschaftliche Geographie, Bd. 47, Nr. 4, 1993.

77 *R. Descartes*, Die Prinzipien der Philosophie, Leipzig 1922, S. 32.

78 Ebda., S. 41.

79 *I. Newton*, Mathematische Principien der Naturlehre, Berlin 1872, S. 191.

80 *I. Newton*, Opticks, or a treatise of the reflections, refractions, inflections & Colours of light, New York 1952, S. 370.

sition griff die Behauptung der Substantialisten an, dass Raum real sei, indem er letztere mit der Frage konfrontierte, ob denn Raum wirklich unabhängig von physischen Dingen existieren könne. Ein Hauptmerkmal relationaler Raumkonzeption ist darin zu sehen, dass sie jede Rede vom Raum an sich, d. h. als besonderem Gegenstand mit räumlichen Wirkkräften oder Eigenschaften als irreleitend qualifiziert. Denn es könne keine physisch-weltlichen Eigenschaften geben als jene, welche die einzelnen materiellen Körper aufweisen. Beziehungen bestünden lediglich zwischen Objekten, nicht aber zwischen einem Objekt und Raum.

„Die Ausdehnung (...) verhält sich zum Raume etwa wie die Dauer zur Zeit. Dauer und Ausdehnung sind Attribute der Dinge, Zeit und Raum jedoch gelten uns gleichsam als etwas außerhalb der Dinge und dienen dazu, diese zu messen."[81]

Raum ist demzufolge als ein ideales Konzept zu begreifen. Für die relationale Raumkonzeption ist Raum nicht mehr ein Objekt, das Forschungsgegenstand einer empirischen Wissenschaft sein kann. Leibniz bezieht im Vergleich zu Newton zwar die Entscheidungs- und Handlungsfähigkeit der Menschen mit ein, doch nur innerhalb der von Gott vorgegebenen Gründe *(monas monadem)*. Mit diesem Einbezug bereitet er die moderne Raumkonzeption mit vor.

Raum als Anschauungsform

Kant lehnt beide Vorstellungen ab. Newtons Variante gehöre in das „Märchenland"[82]. Leibniz' Schriften aber würden noch einem viel gravierenderen Irrtum unterliegen, weil sie „die Geometrie von dem Gipfel der Gewissheit verjagen und in die Klasse jener Wissenschaften zurückwerfen, deren Prinzipien empirisch sind."[83] Kant wendet sich gegen die Vorstellung, Raum habe eine eigene Realität. Für Kant ist es entscheidend, dass Raum weder ein Gegenstand noch ein Set von Relationen sein kann, sondern eine Form der Gegenstandswahrnehmung.

„Der Raum ist bloß die Form der äußeren Anschauung, aber kein wirklicher Gegenstand, der äußerlich angeschauet werden kann, und kein Correlatum der Erscheinungen, sondern die Form der Erscheinungen selbst. Der Raum kann also absolut (für sich allein) nicht als etwas bestimmendes in dem Dasein der Dinge vorkommen, weil er gar kein Gegenstand ist, sondern nur die Form möglicher Gegenstände."[84]

81 *G. W. Leibniz*, Hauptschriften zur Grundlegung der Philosophie, Leipzig 1904, S. 341.

82 „pertinet ad mundum fabulosum": *I. Kant*, Über die Form und die Prinzipien der Sinnen- und Geisteswelt, Hamburg 1958, S. 52.

83 Ebda., S. 58.

84 *I. Kant*, Kritik der reinen Vernunft, Stuttgart 1975, S. 417.

Diese Definition widerspricht sowohl der substantialistischen als auch der relationalen Raumkonzeption. Raum ist nicht nur ohne Gegenstände vorstellbar, sondern sogar Voraussetzung der Gegenstandswahrnehmung. Das sinnlich Wahrgenommene wird zur Anschauung, indem es im Bewusstsein in eine Ordnung oder eine Form gebracht wird, der man den Namen Raum gibt. Kant radikalisiert die Position Leibniz'. Da Raum und Zeit organisatorische Regulative der Wahrnehmung sind, bekommt bspw. die Geographie gemäß Kant die Aufgabe zugewiesen, das Wissen der Ordnung der Dinge zu fördern. Demnach wäre sie eine Wissenschaftspropädeutik. Diese Definition ist insofern konsequent, als dass Raum als *a priori* der Erkenntnis definiert wird und damit weder Gegenstand noch „Quelle" oder „Ursprung" der Erkenntnis sein kann, sondern der „Plan der Anordnung" von Erkenntnis.[85] Kant selbst durchläuft unterschiedliche Erkenntnisphasen in dieser Thematik. In seinem ersten Hauptwerk „Kritik der reinen Vernunft" aus dem Jahr 1781 vollzieht er die entscheidende Wende zur erkenntnistheoretischen Raumkonzeption. Es wird nicht mehr nach dem „Wesen" des Raums gefragt, oder welche Konzeption für die Naturwissenschaften die angemessene sein könnte, sondern welche Rolle Raum und Zeit im Erkenntnisprozess spielen.

Handlungstheoretisches Fazit

Im Anschluss an diese Erörterungen abstrakter Raumbegriffe und ihrer Implikationen muss sich nun die Frage stellen, wie eine sozialwissenschaftliche Konzeptualisierung des Raumbegriffs sinnvoller Weise erfolgen kann.

Eine substantialistische Raumkonzeption ist mit einer handlungstheoretischen Vorstellung nicht vereinbar, weil dann auch dem Raum eine eigenständige Wirkkraft zugemessen werden müsste. Da gemäß einer konsequent handlungstheoretischen Betrachtungsweise aber nur bewusstseinsfähigen Subjekten Handlungsfähigkeit zukommt, ist ein substantialistischer Raum mit kausaler Wirkkraft mit einer derartigen Perspektive nicht verträglich.[86] Auf dieser Grundlage wäre das Verhältnis von Gesellschaft und Raum nicht befriedigend zu konzeptualisieren.

Kausale Wirkkraft meint, dass zwei Variablen, z. B. eine räumlich-materielle Situation, beschrieben bspw. durch einen Stadtplan, und eine gesellschaftliche Situation, in eine Wenn-dann-Beziehung gesetzt werden. Die Wenn-Komponente wird als Ursache betrachtet, die Dann-Komponente als die Wirkung. Die Angemessenheit einer kausalistischen Interpretation einer Wenn-dann-Beziehung bzw. des Satzes „wenn p, dann q" setzt voraus, dass „p" für „q" ei-

85 Zusammengefasst aus: *B. Werlen*, Zur Ontologie von Gesellschaft und Raum, Stuttgart 1999, S. 210.

86 Vgl. ebda., S. 24.

ne hinreichende Bedingung darstellt. Eine hinreichende Bedingung zu sein bedeutet, dass das Auftreten von „p" hinreicht, damit „q" eintritt. Einer bestimmten Ursache folgt in determinierter, kausalgesetzmäßiger Weise eine bestimmte Wirkung. Da in der physischen Welt tatsächlich Gegebenheiten auffindbar sind, die diese Art von Beziehung untereinander aufweisen, kann in diesem Bereich die Kausalerklärung erfolgreich sein, weil sie sich auf empirisch belegbare Kausalzusammenhänge bezieht. Diese Bedingungen sind im gesellschaftlichen, handlungstheoretischen Kontext nicht erfüllt.[87]

Da aus handlungstheoretischer Perspektive davon auszugehen ist, dass alle nicht rein physischen Gegebenheiten als beabsichtigte oder unbeabsichtigte Folgen von Handlungen zu interpretieren sind[88], wird offensichtlich, dass auch Kants Konzeption, die ja die relationale Position Leibniz' gewissermaßen radikal überhöht, diesbezüglich mit einer handlungstheoretischen Perspektive in Widerspruch geraten muss. Obwohl der Raumbegriff kein empirischer Begriff ist, beruht das, was er bezeichnet, auf Erfahrung. Insofern ist er kein *a priori*. Allerdings beruht er nicht auf der Erfahrung eines unfassbaren oder unergründlichen Objektes Raum, sondern auf der Erfahrung der dinglichen Welt mittels Erfahrung der Körperlichkeit des handelnden Subjektes.[89]

Es ist daher im Zusammenhang der hier verhandelten Fragestellung zunächst nicht entscheidend, ob Raum eine Anschauungsform ist, sondern dass Raum sozial konstruiert wird, also ein Ergebnis bzw. Ausdruck der Verknüpfung sozialen Handelns ist. Ein handlungstheoretisch adäquater Raumbegriff muss daher vor allem eine Auslegung räumlich-materieller Muster der Gesellschaft als Folge gesellschaftlichen Handelns erlauben. Raum wird daher angemessen als Resultat der Relationierung sozialer Handlungsprozesse verstehbar. Für die hier vorgelegte Arbeit bedeutet dies, dass die handelnden Subjekte, genauer die protestantischen Siedler, die sich mit dem so genannten weiten freien Land Amerikas konfrontiert sehen, und ihre kulturellen Nachfolger im Zentrum der Untersuchung stehen.

Raum als ideales Konzept

In einer konsequent handlungstheoretischen Perspektive bedeutet Raum für die vorliegende Arbeit daher ein Konzept für die deskriptive Klarstellung materieller Gegebenheiten. Es hat damit lediglich die Kompetenz der Beschreibung, nicht aber die der Erklärung. In Bezug auf Lebensstile sind Pläne oder Karten über räumliche Bedingungen – vergleichbar etwa mit einer Statistik – ein Indikator, auf Grund dessen bspw. eine Vermutung geäußert oder eine These aufgestellt werden kann. Ein bestimmtes baulich-räumliches Arran-

87 Vgl. *B. Werlen*, Sozialgeographie, Bern/Stuttgart/Wien 2000, S. 385 f.

88 „Spuren menschlicher Aktivitäten": *G. Hard*, a. a. O., S. 15.

89 Vgl. *B. Werlen*, Zur Ontologie von Gesellschaft und Raum, Stuttgart 1999, S. 26.

gement kann einen Lebensstil fördern, aber in handlungstheoretischer Perspektive nicht erzwingen. Es ist kein Kausalfaktor und niemals zwingendes Steuerungsinstrument. Mit anderen Worten: Räumliche Bedingungen sind niemals hinreichende Bedingungen, sondern immer nur notwendige Bedingungen, damit ein bestimmter Lebensstil überhaupt praktiziert werden kann (Grund-Folge-Beziehung); soviel zum eingangs aufgeworfenen Spannungsfeld, ob einer räumlich-materiellen Anordnung *per se* oder gar determinierend bestimmte Lebensstile „anhaften" können.

Zugleich zeigt das aber die Notwendigkeit, auf eine charakterisierende Beschreibung des Räumlich-Materiellen als notwendige Bedingung nicht zu verzichten. Denn es ist in der hier vorgeschlagenen Perspektive vielmehr so, dass das räumlich-materielle Arrangement zum zu beschreibenden Objekt wird, das zumindest teilweise von handlungsleitenden Motiven als Teil der Handlungsorientierungen erklärt werden kann.

City-Suburb-Phänomen

Das City-Suburb-Phänomen ist gleichsam das Spannungsfeld von zentralisierter und dezentralisierter Topologie, wie es insbesondere in den USA zu beobachten ist. Die Relationierung sozialer Handlungsprozesse lässt sich sodann als Zentralisierung und Dezentralisierung beschreiben. Die City-Suburb-Struktur stellt somit die Beschreibung dar, die Erkenntnisse über die nicht-materielle, aber sozial konstitutive Siedlungskultur ermöglichen soll.

Raum ist demnach nichts anderes als eine begriffliche Konstruktion, welche die Summe der materiellen Körper unter einem Kriterium – der Ausdehnung – zusammenfassend beschreibt.[90] Raum ist schließlich ein sprachliches Kürzel und bezieht sich auf formale Aspekte materieller Gegebenheiten (Länge, Breite etc.). Für das Vokabular dieser Arbeit bedeutet das, dass Ausdrücke wie „topologische Ordnung", „räumliches Muster", „Urban Sprwal" etc. und natürlich auch das „City-Suburb-Phänomen" Zustände sind, unter denen wir uns Sachen vorstellen. Ausdrücke wie „Entwicklung", „Kontinuität" und „Wandel" berücksichtigen zudem die Zeit und sind nichts anderes als ein formal-metrischer Aspekt, der den körperlichen Dingen vom Bewusstsein der Art auferlegt wird, dass ihr besonderes Merkmal – die Ausdehnung – als ein Prozess berücksichtigt werden kann.

90 *B. Werlen*, Zur Ontologie von Gesellschaft und Raum, Stuttgart 1999, S. 226; oder *B. Werlen*, Alltägliche Regionalisierungen unter räumlich-zeitlich entankerten Lebensbedingungen, in: Informationen zur Raumentwicklung, Heft 9/10, 2000, S. 612.

2.2 Methode und Aufbau der Arbeit

Die hier verfolgte Analyse der Stadtentwicklung in den USA möchte die Zusammenhänge zwischen religiösen Motiven, die als Leitbilder die Ausbildung einer spezifisch amerikanischen Siedlungskultur mitprägten, und der topologischen Entwicklung, hier repräsentiert durch das City-Suburb-Phänomen, verständlicher machen. Dabei soll die These vertreten werden, dass es einen kontinuierlichen Einfluss protestantischer Vorstellungen als Handlungsorientierungen auf die amerikanische Entwicklung der Stadt von der frühneuzeitlichen Besiedlung des nordamerikanischen Kontinents bis zum heutigen Tag gibt. Als klassischer Vorläufer einer solchen kulturgenetischen Studie, die den Einfluss des Protestantismus auf die Entwicklung der modernen Gesellschaft untersucht, muss natürlich die bereits erwähnte Studie Max Webers (1905/1920) zur protestantischen Ethik gelten. Um den wissenschaftstheoretischen und den methodischen Status der hier folgenden Analysen in seinen Möglichkeiten und Grenzen weiter zu erhellen, seien daher zunächst einige Einschätzungen der Weber'schen Methode dargelegt.

Suche nach kulturellen Wahlverwandtschaften

Webers Protestantismusstudie ist vielfach als eine inhaltliche und methodische Gegenposition zu zentralen Grundannahmen der Marx'schen Geschichtsphilosophie und Gesellschaftstheorie, also als eine idealistische entgegen einer ökonomischen Geschichtskonstruktion, verstanden worden.[91] Weber selbst ging es, so Lichtblau und Weiß (2000), jedoch nur um einen viel bescheideneren Anspruch. Der Soziologe zielte auf eine Erklärung eines inneren, d. h. sinnhaften Zusammenhangs bzw. einer „Wahlverwandtschaft" zwischen einem konstitutiven Bestandteil des kapitalistischen „Geistes" und den religiösen Wurzeln der modernen Berufsethik im Sinne einer rationalen Methodik der Lebensführung ab.[92]

Weber konzentriert sich bei dieser Beschreibung der spezifischen Rationalität der abendländischen Kultur jedoch vor allem auf die Organisation des Kapitalismus und des bürokratischen Herrschaftsapparats des westlichen Staates. Hierbei bleibt es offen, einen konzeptionell begründeten Bezug zur räumlich-materiellen Entwicklung herzustellen. Die vorliegende Arbeit soll deshalb auch einen Beitrag dazu leisten, die Rationalität der amerikanischen Siedlungskultur in den Zusammenhang mit politischen und ökonomischen Leitbildern zu stellen und von daher zu verstehen. So

91 *M. Weber*, Die protestantische Ethik und der ‚Geist' des Kapitalismus, Klaus Lichtblau und Johannes Weiß (Hrsg.), Weinheim 2000, S. VII.

92 Ebda., S. VII; generell siehe hierzu weiterführend: *F. Guttandin*, Einführung in die „Protestantische Ethik" Max Webers, Opladen 1998, oder auch als weithin anerkanntes Standardwerk: *D. Kaesler*, Max Weber. Einführung in Leben, Werk und Wirkung, Frankfurt a. M. 1998.

könnte man etwa versucht sein, die Modernität der amerikanischen Stadt gerade in der räumlich-materiellen Widerspiegelung der Ausdifferenzierung von politischem und ökonomischem Handeln in der City-Suburb-Struktur zu entdecken; sie also als Resultat der Relationierung, zugleich notwendige Bedingung – als topologisch ausdifferenzierte Konzentration und Dekonzentration – einer eigentümlichen Rationalität zu betrachten, wie sie im Ansatz auch das Theorem der fordistischen Raumproduktion zu fassen sucht. Das Theorem, das die Gliederung und Spezialisierung von „Räumen" unter der rationalistischen Prämisse von Effizienz, Funktionalität und Geschwindigkeit meint, wird bisweilen zum Begreifen einer „Deurbanisierung" der Städte angeführt.[93] Gleichwohl es in seiner Kompetenz als ein mögliches Erklärungsmuster oft plausibel ist, kann seine kulturelle Einbettung wiederum weitere sinnhafte Zusammenhänge erkennbar machen. Vorliegende Arbeit möchte vielleicht nicht so weit gehen, aber dennoch ein Verständnis der amerikanischen Siedlungskultur liefern, die ihre Einbettung in größere kulturelle und gesellschaftliche Prozesse – wie beispielhaft Webers Rationalismusthese – gestattet.

Die methodische Selbstverortung dieser Arbeit muss daher als Erstes festhalten, dass es damit den Ausweis einer sinnhaften Entsprechung von Motiven und Leitbildern einerseits und gesellschaftlichen Strukturen anderseits gibt, der einen inneren Zusammenhang zwischen beiden Ebenen interpretativ und historisch-genetisch rechtfertigt.[94] Ökonomische, technologische und sonstige objektive Faktoren für die amerikanische Entwicklung der Stadt sollen nicht geleugnet werden. Vielmehr sollen aber ideelle bzw. kulturelle Faktoren aufgezeigt werden, die diesen Prozess zu jedem Zeitpunkt mitbestimmt haben, indem sie als Deutungsmuster und Leitbilder im Prozess des „Geographie-Machens" für die Entwicklung typischer stadträumlicher Muster wirksam wurden. Bei der Erörterung dieser Arbeit sind jene Zusammenhänge in der Gidden'schen Theoriesprache präzise beschrieben worden und dann unter Bezug auf Werlen als Teil eines komplexen Handlungsprozesses operationalisiert worden.

Diskursanalyse

Ein zweiter Punkt der methodologischen Reflexion muss der Tatsache Rechnung tragen, dass die Modernisierung der Gesellschaft zugleich mit einem Prozess der Säkularisierung einhergeht, selbst wenn dies im amerikanischen Kontext andere Nuancen zeitigen mag als im europäischen und zumindest auf einer rhetorischen Ebene nach wie vor Elemente einer religiösen Semantik in stärke-

93 *D. Hassenpflug*, Die europäische Stadt als Erinnerung, Leitbild und Fiktion, in: Die Europäische Stadt. Mythos und Wirklichkeit, Dieter Hassenpflug (Hrsg.), Münster 2001, S. 36 f.

94 Vgl. *H. Tyrell*, Worum geht es in der ‚protestantischen Ethik'? Ein Versuch zum besseren Verständnis Max Webers, in: Saeculum, Jahrbuch für Universalgeschichte, Bd. 41, 1990, S. 131.

rem Maße hervortreten. Die These der Kontinuität protestantischer Leitbilder in Bezug auf die amerikanische Stadt bezieht sich aber gerade nicht auf solche rhetorischen Überbleibsel religiösen Sinns. Sie versucht vielmehr gewissermaßen unter der Oberfläche der Texte eine motivische Kontinuität von den klassischen religiösen Diskursen der Siedlergenerationen bis in die säkularisierten theoretischen, politischen und urbanistischen Diskurse nachfolgender Generationen interpretativ nachzuweisen. Dabei liegt die Annahme zu Grunde, dass Kontinuität und Wandel Komplementäre sind, d. h. Wandel ist nur feststellbar, wenn es auch Kontinuität gibt und umgekehrt.

Somit soll im Folgenden ein interpretatives Verfahren angewandt werden, das in einem weiten Sinne als Diskursanalyse bezeichnet werden kann. Das praktische Vorgehen gestaltet sich also im Umgang mit empirischen (Text-) Materialien, wobei der Gegenstand der diskursanalytischen Auseinandersetzung die motivischen Kontinuitäten sind. Das Verfahren dient dem Aufspüren von gleichsinnigen Motiven, ihrem Wandel und ihren inneren Widersprüchen in verschiedenen diskursiven Abfolgen, die auf den ersten Blick und zumal von ihrem Selbstverständnis her als Diskontinuitäten erscheinen. Die Interpretation als Praxis der Hermeneutik ist ein kontrollierbares Verfahren für die methodisch reflektierte Auslegung von Diskursen und letztlich ein Verfahren für die Verdeutlichung von Sinnzusammenhängen. Eine vergleichbare Vorgehensweise findet schon in Webers Protestantismusstudie Anwendung.[95]

Kontrastfolie: Webers Stadt

Eine dritte methodologische Vorbemerkung muss sich abschließend mit der Perspektive beschäftigen, die auf die amerikanische Stadt eingenommen werden soll. Zweifellos ist es nicht möglich, die amerikanische Stadt und ihre Geschichte in ihrer vollen Komplexität in den Blick zu nehmen. Gleichwohl ergeben sich aus der hier vorgeschlagenen handlungstheoretischen Perspektive mit einer Fokussierung auf kulturell tradierte Leitbilder durchaus naheliegende Möglichkeiten, die amerikanische Stadt zu analysieren. Der Ausgang von Leitbildern im Prozess der Stadtentwicklung legt es schlichtweg nahe, die Selbstbeschreibungen der amerikanischen Welt im Allgemeinen und der Stadt im Besonderen als Neue Welt ernst zu nehmen und den Kontrast zum Alten Europa als beobachtungsleitende Perspektive zu benennen.[96] Zentrale Bedeutung im

95 Zur umfassenden Vertiefung siehe hierzu: *R. Keller et al.*, Handbuch Sozialwissenschaftlicher Diskursanalyse Bd. 1. Theorien und Methoden, Opladen 2001.

96 Siehe dazu auch: *H. R. Guggisberg*, Das europäische Mittelalter im amerikanischen Geschichtsdenken des 19. und des frühen 20. Jahrhunderts, Basel/Stuttgart 1964; *W. Herget et. al.*, The Transit of Civilization from Europe to America, Tübingen 1986; *H. Wolff*, Das Weltbild am Vorabend der Entdeckung Amerikas, in: America: Das frühe Bild der Neuen Welt, Hans Wolff (Hrsg.), München 1992, S. 10-15.

amerikanischen Selbstverständnis kommt erstens der Überzeugung zu, eine Neue Welt darzustellen und zweitens dem Glauben, mit der Entdeckung und Besiedlung Amerikas sei ein neues Kapitel menschlicher Zivilisation aufgeschlagen worden.[97] Die Neue Welt konnte sich nur im Unterschied zur Alten Welt, d. h. Europa, definieren. Wird dieses Moment im amerikanischen Selbstverständnis berücksichtigt, scheint das „typisch Amerikanische" nur vor dem Hintergrund des europäischen Herkunftskontextes ersichtlich.

Um diese Kontrastperspektive zur „europäischen Stadt" umsetzen zu können, kann zweifellos nicht auf die Geschichte der europäischen Stadt in all ihrer Komplexität Bezug genommen werden. Es soll daher im Folgenden vorgeschlagen werden, Max Webers Stadtstudie zu diesem Zweck heranzuziehen, die eine idealtypische Theorie der okzidentalen Stadt liefert – im Übrigen ganz entgegen der hier vorgenommenen Sichtweise ohne beachtlicher Unterscheidung zwischen europäischer und amerikanischer Stadt. Durch die Einführung der Kontrastfolie ist ein ahistorischer Vergleich zwischen einem vormodernen europäischen und einem modernen amerikanischen Stadium der Stadtentwicklung impliziert.[98] *Prima facie* ist die Konstruktion mithin einfach und gut handhabbar, gleichwohl sie auch eine Limitierung mit sich bringt, fällt doch damit ein ganz generell sicher wünschenswerter Vergleich der modernen europäischen und der modernen amerikanischen Großstadtentwicklung

97 Vgl. *G. Blanke*, Origin and early Developments of Americas Mission and of its universalist Rhetoric, Berlin 1992, S. 4.

98 Exkursorisch einige Bemerkungen zu Webers Studie: Sie stellt bis heute einen bedeutenden Beitrag dar, die Besonderheit der europäischen Entwicklung durch umfassende Kulturvergleiche herauszuarbeiten und ist von der Frage geleitet, warum sich nur in den Städten des Abendlandes ein sich selbstverwaltendes Bürgertum entwickelt hat, nicht aber in denen des Orients. Weber geht es darum einerseits den Okzident vom Orient abzusetzen, andererseits die unterschiedlichen Ausprägungen der okzidentalen „Stadtgemeinde" herauszuarbeiten. Für den Okzident stehen griechisch-römische Antike und europäisches Mittelalter, für die Antike die autonomen Stadtstaaten Athen, Sparta und Rom in ihrer jeweiligen Blütezeit; für das Mittelalter werden je nach Argumentationsbedarf die italienischen Städte (unterschieden in Hafen- und Binnenstädte), die Städte des kontinentalen Bereichs nördlich der Alpen oder auch die englischen Städte herangezogen. Für den Orient stehen vor allem Indien und China; aber auch die Spezifika der Städte des alten Israels, des Islams und Russlands werden erörtert. Im innerokzidentalen Vergleich zwischen Antike und Mittelalter geht es vornehmlich darum zu zeigen, warum sich trotz auffälliger Parallelen erst im Mittelalter wesentliche Voraussetzungen für den „modernen Kapitalismus" und den „modernen Staat" ergaben.
Weiterführende Texte siehe bspw.: *S. Breuer*, Die archaische Stadt, in: Die alte Stadt, Jg. 25 (1998), Nr. 2, S. 105-120; *H. Bruhns et. al.*, Max Weber und die Stadt im Kulturvergleich, Göttingen 2000; *G. Dilcher*, Max Webers Stadt und die historische Stadtforschung der Mediävistik, in: Historische Zeitschrift, Bd. 267 (1998), Nr. 1, S. 91-125.

aus. Jedoch kann die vorliegende Publikation derartige Forschungsansätze mit vorbereiten und komfortabler machen.

Weiterhin rechtfertigen lässt sich dieses Vorgehen zum einen dadurch, dass Webers Soziologie insgesamt von einer handlungstheoretischen Perspektive durchdrungen ist, die mit dem hier eingeleiteten gesellschaftstheoretischen Bezugsrahmen sehr gut vereinbar ist. Zum anderen hat Webers Theorie der Stadt den Anspruch, gewissermaßen die Essenz der „europäischen Stadt" in ihrer gesellschaftlichen Einbettung zu skizzieren und gilt als solche auch heute noch als eine Art Paradigma. Wenn man so möchte, geht es der hier vorgelegten Arbeit um die Skizzierung des „Typischen" der amerikanischen Siedlungskultur und nicht um die Geschichte der amerikanischen Stadt in all ihren Besonderheiten. Insofern stellt sich die hier vorgeschlagene kulturgenetische Betrachtungsweise samt ihrer handlungstheoretischen Erweiterung auch im Hinblick auf Webers idealtypischen Rekonstruktionen als ein konkludentes Verfahren dar. Denn der „Idealtypus" ist schon beim Handlungstheoretiker Weber ein genetischer Begriff, d. h. er löst von einem Bündel von Merkmalen jene heraus, die für die Entwicklung bestimmter „Kulturbedeutungen" als wesentlich angesehen werden.[99] Schließlich dient er einer Systematisierung des diskursanalytischen Materials, „indem [dessen] Abstand von der typisierten Konstruktion interpretativ ‚gemessen' wird."[100] Webers Studie ergibt nun vor allem drei signifikante Merkmale der Stadt:

a) Die Unterscheidung von Stadt und Land (Stadt-Land-Dichotomie). In der Entwicklung seines Begriffs trennt Weber immer wieder zwischen Stadt und Land. Er spricht von einem „Gegensatz" zwischen Stadtbürger und Landmann.[101] Für die mittel- und nordeuropäischen Städte betont Weber den bekannten Grundsatz: Stadtluft macht frei.[102]

b) Die Stadt als zentraler „Marktort" und „Mittelpunkt der Ansiedelung".[103] Webers Analyse der Stadt hebt zunächst rein ökonomische Gesichtspunkte hervor. Seine Definition verknüpft Siedlung mit Handel und Markt.

c) Die Zentrumsfunktion in „politisch-administrativer" Hinsicht auf einem „besonderen Stadtgebiet" symbolisiert zumeist durch

99 Vgl. *D. Kaesler*, a. a. O., S. 233.
100 Vgl. ebda., S. 234.
101 *M. Weber*, Die Stadt, Teilbd. 5 (Studienausgabe), aus: Wirtschaft und Gesellschaft. Die Wirtschaft und die gesellschaftlichen Ordnungen und Mächte (Nachlaß), Wilfried Nippel (Hrsg.), Tübingen 2000, S. 5.
102 Ebda., S. 19.
103 Ebda., S. 2.

Fortifikationsanlagen.[104] Eine ökonomische Betrachtungsweise ist nach Weber nicht ausreichend, um alle wesentlichen Aspekte der Stadt zu erfassen. Die Emanzipation, oder wie Weber sagt, die Usurpation aus feudalen Zwängen, ist die „revolutionäre“ Neuerung der mittelalterlichen Stadt.[105]

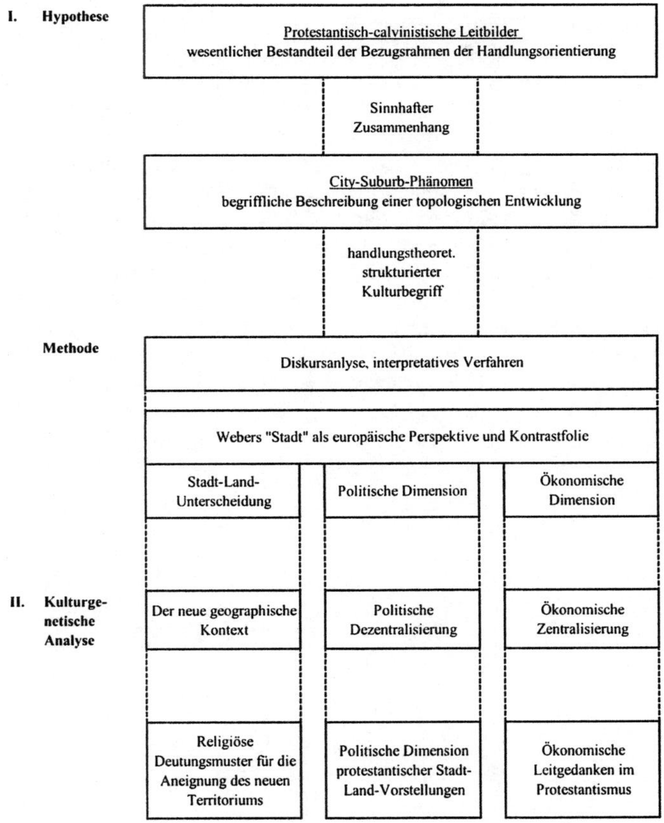

Abb. 1: Analyserahmen zum Aufbau der Arbeit

Im Vokabular eines Geographen lässt sich die Stadt im Mittelalter nach Weber, die europäische Perspektive, in zweierlei Hinsicht als ein zentraler Ort begreifen: als ein zentralörtlicher Markt und als ein territorial gebundenes Gebiet mit zentralörtlicher politischer Funktion. Im städtischen Raum vollzieht sich damit zugleich eine öko-

104 Ebda., S. 7.
105 Ebda., S. 18.

nomische und auch politische Zentralisierung. Aus dieser abstrakten Weber'schen Analyse der Stadt anhand der Unterscheidungen Stadt-Land einerseits sowie der politischen und der ökonomischen Dimension der Stadt andererseits sollen sich nunmehr die beobachtungsleitenden Gesichtspunkte der Analyse der amerikanischen Stadt in der vorliegenden Arbeit ergeben. Dementsprechend gliedert sich auch der kulturgenetische Teil in drei Kapitel: erstens „Der neue geographische Kontext", in dem das Fehlen der für die europäische Stadt zunächst so fundamental wichtigen Stadt-Land-Differenz thematisiert wird und die protestantisch geprägte Sinngebung der Neuen Welt als Garten Eden, Wildnis und *Frontier* erörtert wird; zweitens „Politische Dezentralisierung", in dem die politische Dimension der protestantischen Stadt-Land-Vorstellungen herausgearbeitet wird; und drittens „Ökonomische Zentralisierung", in dem die dem Protestantismus inhärenten ökonomischen Leitgedanken auf ihre Konsequenz für die topologische Entwicklung in den USA untersucht werden. Im Verlauf der Argumentation werden die Leitfiguren des *Common Man*, des *Self-Made Man* und des *Business Man* hilfreich Pate stehen. Alle drei Figuren können hierbei ebenfalls je als distinktives Lebensmodell verstanden werden. Im Anschluss an die kulturgenetische Analyse werden die Ergebnisse anhand der drei ausgezeichneten Themenkomplexe zusammengefasst und zu Webers idealtypischer Darstellung der „europäischen Stadt" kontrastierend nebenan gestellt.

3. DER NEUE GEOGRAPHISCHE KONTEXT

Im Folgenden wird zunächst das „amerikanische Land" thematisiert. Zahlreiche amerikanische Historiker und Sozialwissenschaftler folgen der These, dass das so genannte „weite freie Land" bei der Besiedlung des Kontinents gen Westen zumindest für die vorindustrielle Phase der amerikanischen Geschichte eine besondere gesellschaftsprägende Wirkung gehabt hat.[106] Der amerikanische Geograph Michael Conzen schätzt in „The Making of the American Landscape" (1990) die daraus folgenden Konsequenzen für weitere Forschungsarbeiten wie folgt ein: „No exploration of American cultural landscape, (...), can ignore the majestic force of the natural environment presenting colonizers with certain givens."[107]

Aus handlungstheoretischer Perspektive kommt hierbei den Leitbildern der protestantischen Siedler hohe Bedeutung zu, weil durch sie nicht nur dem Weg in die Neue Welt überhaupt Sinn abgewonnen, sondern weil durch sie eine neue geographische Umgebung verarbeitet und mit Bedeutung belegt wurde.

Das Gebiet der heutigen USA stellte bis weit in das 17. Jahrhundert eine Ordnung dar, die in eine von Indianern bewohnte Landschaftsform und in einige Handelszentren gegliedert werden konnte. Es mag eine ausgeprägte Indianerkultur gegeben haben, aber abgesehen von wenigen Kolonialhäfen und zugeordneten Handelsniederlassungen kaum Siedlungsformen, die an Europa erinnerten.[108] Lange vor den englischen Puritanern hatten Europäer Besiedlungsversuche in Amerika unternommen. Französische Hugenotten siedelten um 1555 auf einer Insel in der Bucht von Rio. Spanier errichteten mit St. Augustine die erste permanente Siedlung für Europäer. 1588 hatte die englische Krone bereits sechs Handelsgesellschaften. 1612 schickten Holländer zwei Schiffe den Hudson River hinauf, um mit den Indianern Handelsbeziehungen zu knüpfen. Vier der dreizehn amerikanischen „Urstaaten"[109], so deutet es Raeithel in seiner „Geschichte der nordamerikanischen Kultur" (1997), wurden als Kolonien von europäischen Handelsgesellschaften gegründet.

Die Betrachtung der Stadtentwicklung in den USA ist historisch angelegt und versteht sich in der Gesamtschau als ein Netzwerk von Argumenten aus politischen und wirtschaftlichen Bedingungen und

106 Vgl. *M. Waechter*, Die Erfindung des amerikanischen Westens. Die Geschichte der Frontier-Debatte, Freiburg i. B. 1996, S. 22 ff.

107 *M. Conzen*, The Making of the American Landscape, New York 1994, S. 6.

108 Siehe hierzu bspw.: *H. R. Guggisberg*, Geschichte der USA, Stuttgart/Berlin/Köln 1992; oder *R. Thornton*, American Indian Holocaust and Survival. A Population History since 1492, Norman/London 1987.

109 *G. Raeithel*, Geschichte der nordamerikanischen Kultur. Vom Puritanismus bis zum Bürgerkrieg. 1600-1860, Bd. 1, Frankfurt a. M. 1997, S. 8.

Idealen. Auffallend ist deren sinnhafte Verflechtung mit einer Vielzahl amerikanischer Mythen, die sich immer wieder durch biblische Rekurse auszeichnen und einer protestantischen Moral- und Ideenwelt zueigen sind *(chosen people, virgin land, city upon the hill etc.)*.[110] Diese Ideale und Leitbilder, insbesondere diejenigen, die bei der Besiedlung der USA von kontinuierlicher Bedeutung waren, werden in den nun folgenden Unterkapiteln 3.1 bis 3.3 vorgestellt. Dazu zählt vor allem der Garten Eden. Auch die Mythen wie die *Frontier*, der Erfolg, der Exzeptionalismus oder der Individualismus haben sich selbstredend im Laufe der Zeit gewandelt, sie lassen sich aber dennoch in der Kontinuität protestantischer Vorstellungen verstehen.

Amerikanische Mythen, wie sie einst aus einer calvinistisch puritanischen Tradition entstanden sind, beruhen nach Blanke (1967) auf einem „specifically Christian corpus of broadly biblical ideas."[111] In diesen Mythen liegt nicht nur ein wichtiges Element amerikanischer Identität, sondern möglicherweise auch ein entscheidender, ja konstitutiver Teil amerikanischer Stadtentwicklung. Weil politische und soziale Autorität auf Grund ständigen politischen Wandels und der sozialen Mobilität der Gesellschaft besonders im 18. und 19. Jahrhundert instabil waren, wuchs den kulturellen Leitbildern eine hohe Bedeutung als eine Handlungsorientierung für die Gesellschaft zu. Das erklärt die erstaunliche Kontinuität und Wirkungsmacht bestimmter Motive aus der amerikanischen Mythenwelt.[112] Für diese Arbeit sind sie deshalb von herausragender Bedeutung, weil sich die Siedler auf diese Weise Leitbilder für die Besiedlung und für die sinnliche Verarbeitung einer völlig ungewohnten geographischen Situation schufen.

Abschließend möchte das Unterkapitel 3.4 die zuvor beschriebenen Themen mit überwiegend demographischen Hinweisen und einigen exkursorischen Betrachtungen informativ abrunden.

110 *G. Blanke*, Die Anfänge des amerikanischen Sendungsbewußtseins: Massachusetts-Bay. 1629-1659, in: Archiv für Reformationsgeschichte, Heft 59, 1967, S. 179 und S. 183.

111 *K. Krakau*, Critical Reflections upon an old Theme: The Topoi of chosen People and Mission in American History, in: Mission, Myth, Rhetoric, and Politics in American History, Gustav Blanke und Knud Krakau (Hrsg.), Berlin 1992, S. 28.

112 Vgl. *W. Fluck*, The American Dream: Gründungsmythen der Kultur, in: Länderbericht USA, Willi Paul Adams und Peter Lösche (Hrsg.), Bonn 1998, S. 725.

3.1 Der einfache Mann und der Garten

Das englische Erbe

Zweifellos sind durch die Einwanderer im Laufe von Jahrhunderten eine Vielzahl unterschiedlicher Kulturen und damit auch Religionen nach Amerika eingeführt worden. Drei protestantische Religionsgemeinschaften, die heute das so genannte *Protestant Establishment*[113] abbilden, spielten seit der Kolonialzeit die dominierende Rolle, wenn es um die Etablierung gesellschaftlicher Grundwerte ging. Ihr aus Europa eingeführter Wertekanon erhielt damit auch maßgeblichen Einfluss auf das Kulturmodell *American Way of Life.* Bei diesen Glaubensgemeinschaften handelt es sich um die Episkopalisten, die Presbyterianer und um die Kongregationalisten.[114] Ihre Entstehung lässt sich auf die Abspaltung Englands 1534 von der römisch-katholischen Kirche Roms durch Heinrich den VIII. und auf die Bildung der anglikanischen Kirche, der *Church of England*, zurückführen. Die Bevölkerung der britischen Kolonien in Nordamerika war ein direkter Abkömmling der englischen Gesellschaft, die sich gerade zu jener Zeit, als die ersten Siedler in diesen Kolonien eintrafen, auf dem Höhepunkt einer bitteren Auseinandersetzung unter den Fraktionen des Protestantismus befand. Die Parolen dieses ideologischen Disputs sollten die Entwicklung in den amerikanischen Kolonien unmittelbar beeinflussen.

Als Strömung des Calvinismus, wie ihn der Schweizer Reformator und Lutheranhänger Johannes Calvin initiierte, entstand der Puritanismus in der zweiten Hälfte des 16. Jahrhunderts als Reformbewegung innerhalb der neu geschaffenen *Church of England.*[115] Zwar hatte diese mit der römisch-katholischen Kirche gebrochen, aber episkopale Elemente wie Bischöfe, Liturgien oder Kirchengewänder bewahrt. „Die Puritaner" ist zunächst die Bezeichnung für eine Gruppe englischer Christen, die die anglikanische Kirche gewissermaßen von unbiblischen Elementen reinigen wollte.[116] Zu den puritanischen Reformern gehörte die Gruppe der Presbyterianer, die die Mehrheit darstellte. Sie bildete noch eine zentralisierte nationale Kirche, die an der calvinistischen Heilslehre orientiert war und eine eher presbyterianische (bzw. gemeindegeleitete) Kirchenverfassung verlangte. Dagegen betrachtete sich eine puritanische Minderheit, die Kongregationalisten, zwar weiter als Mitglied einer zentralen Kirche, betonte aber die Unabhängigkeit der einzelnen Gemeinden, die sich selbst verwalteten. Sie verstan-

113 *J. Davidson et al.*, Persistence and Change in the Protestant Establishment. 1930-1992, in: Social Forces, September 1995, 74 (1), S. 157-175.

114 Ebda., S. 157.

115 *G. Raeithel*, Geschichte der nordamerikanischen Kultur. Vom Puritanismus bis zum Bürgerkrieg. 1600-1860, Bd. 1, Frankfurt a. M. 1997, S. 29.

116 Vgl. englisch: to purify.

den sich als Antwort auf die Episkopalisten, die wiederum der etablierten anglikanischen Kirche verbunden blieben.

Darüber hinaus gab es eine Vielzahl „nonkonformistischer Gruppen"[117] oder auch so genannter „Separatisten"[118]: Independenten, Baptisten, Chiliasten, Pilgrims, Antinomisten, Seekers, Diggers, Levellers und als wichtigste die Quäker. Grundsätzlich lehnten sie den Gedanken einer zentralen Kirche ab und sahen die einzelnen Gemeinden als vollständig unabhängig an.[119]

Das kulturelle Erbe, so bestätigt Alden Vaugham in „The Puritan Tradition in America" (1972), stammt aus dem alten England. Die religiöse Mission der Mehrzahl der frühen Siedler bestand in einer radikalen Reform des Protestantismus. Während des 17. und des frühen 18. Jahrhunderts hatte sich in den ersten Kolonien der so genannte *New England Way* entwickelt. Er beschreibt eine Lebensform „that is usually applied to Puritan church polity but is apt as well for most facets of the region's society and culture."[120] Der *New England Way* erfährt zunächst, und das ist eine sehr bedeutsame Beobachtung Blankes (1967), keinen politischen Impetus.[121] Er wird hier vielmehr als eine religiöse Emanzipation der Puritaner gegenüber der für sie unsäglichen Entwicklung in England interpretiert. Daniel Boorstin bezeichnet ihn in seinem Werk „The Americans. The colonial experience" (1958) als erste Phase des *American Way of life*.[122] Die Lebenswelt miteinander konkurrierender protestantischer Richtungen und nonkonformistischer Gruppen, die nur den Anti-Katholizismus gemein hatten, sich ansonsten aber in erbittertem Gegensatz und religiöser Feindschaft miteinander befanden, wurde von den Auswanderern des 17. Jahrhunderts in die nordamerikanischen Kolonien gewissermaßen als geistiges Gepäck mitgenommen.[123]

Daraus ergab sich für die Kolonisten zum einen ein nahezu ganzheitlich negatives Bild Europas und zum anderen das grundlegende Paradigma, in dessen mentalen und organisatorischen Kate-

117 *G. Apel-Birnbaum*, Protestantismus oder Pluralismus? Religion in Amerika, in: Amerikanische Mythen. Zur inneren Verfassung der Vereinigten Staaten, Frank Unger (Hrsg.), Frankfurt a. M./New York 1988, S. 163.

118 *W. Fluck*, The American Dream: Gründungsmythen der Kultur, in: Länderbericht USA, Willi Paul Adams und Peter Lösche (Hrsg.), Bonn 1998, S. 736.

119 *R. Niebuhr* nach *G. Apel-Birnbaum*, a. a. O., S. 163.

120 *A. Vaugham*, The Puritan Tradition in America. 1620-1730, Hanover/London 1972, S. XII.

121 Vgl. *G. Blanke*, Die Anfänge des amerikanischen Sendungsbewußtseins: Massachusetts-Bay. 1629-1659, in: Archiv für Reformationsgeschichte, Heft 59, 1967, S. 174.

122 *D. Boorstin*, The Americans. The colonial experience, New York 1958, S. 16.

123 *G. Apel-Birnbaum*, a. a. O., S. 164.

gorien sich die kulturellen Grundwerte und Leitbilder der Neuen Welt entfalten sollten.

Doctrine of First Effective Settlement

Auch wenn das heutige Amerika wenig mit den ursprünglichen Intentionen der ersten Siedler gemein habe, so der amerikanische Geschichtsgeograph Donald Meinig in seinem Buch „The Shaping of America" (1986), habe es immer einen gewissen Rahmen gegeben, der die amerikanische Gesellschaft strukturiert und stabilisiert hätte. Am Beispiel der Quäker in Pennsylvania weist er auf die gesellschaftsprägende Bedeutung der religiösen Siedler hin und zitiert diesbezüglich die *Doctrine of First Effective Settlement* seines Kollegens Wilbur Zelinsky (1973):

„*Whenever an empty territory undergoes settlement, or an earlier population is dislodged by invaders, the specific characteristics of the first group able to effect a viable, self-perpetuating society are of crucial significance for the latter social and cultural geography of the area, no matter how tiny the initial band of settlers may have been. (...) Thus, in terms of lasting impact, the activities of a few hundred, or even a few score, initial colonizers can mean much more for the cultural geography of a place than the contribution of ten of thousands of new immigrants a few generations latter.*"[124]

Davidson, Pyle und Reyes überprüfen in ihrer Studie „Persistence and Change in the Protestant Establishment" (1995) zwei konkurrierende Positionen, wobei die eine den *American Way of Life* noch immer als eine protestantische Hegemonie versteht, und die andere die Gegenwart als eine postprotestantische Ära begreift. Die Wissenschaftler kommen zu dem Ergebnis, dass noch bis in die Gegenwart die drei Gemeinschaften – Episkopalisten, Prebyterianer und Kongregationalisten – „remain(s) overrepresented among the nation's power and cultural elites."[125]

John Winthrop

Nachdem im März 1629 das englische Parlament aufgelöst worden war, sahen viele Puritaner ihre Hoffnung auf weitere kirchliche Reformen schwinden. Sie befürchteten sowohl politische als auch religiöse Repressionen. Als Konsequenz daraus legte Lord John Winthrop (1588-1649) im Juni 1629 all seine politischen Ämter nieder und bereitete sich auf den Exodus aus England vor. Für ihn galt: „(...) this land growes wearye of her Inhabitants."[126] Die Person Winthrop, so die Auffassung Raeithels (1997), eignet sich als Fallstudie für das Zustandekommen des Auswanderungsentschlus-

124 Vgl. *W. Zelinsky* nach *D. Meinig*, The Shaping of America. A geographical Perspective on 500 Years of History. 1492-1800, Bd. 1, New Haven/London 1986, S. 221.

125 *J. Davidson et al.*, a. a. O., S. 157. Die Studie endet 1992.

126 *J. Winthrop* nach *A. Vaugham*, a. a. O., S. 25.

ses.[127] Eine umfassende Erklärung der Puritaner über ihre sozialen, politischen und ökonomischen Intentionen gab Winthrop 1630 kurz vor Ankunft des Schiffes Arabella. In seiner Predigt versuchte er, die Siedler auf das gemeinsame Vorhaben einzustellen. Er verglich es dabei mit der hochgebauten Stadt, „a city upon the hill" *(New Jerusalem)*, die in die Welt hinausleuchtet, sodass „the eyes of all people" darauf gerichtet seien. Wenn ihr Gott sie sicher an ihrem Ziel landen lasse, dürfe man annehmen, er habe den Bund mit ihnen vollzogen.[128] Aber er erwarte von ihnen, „to be knit together in this work as one man."[129] Der abendländische Traum von einer gerechten Gesellschaft, so ein Bezug auf Badde (1999), wird von Winthrop damit auf die Besiedlung des neuen und stadtlosen geographischen Kontextes projiziert. Das biblische Bild einer Heiligen Stadt verwendet er im Sinne einer Vision freier, jedoch im Religiösen geeinter Siedler, die sich der englischen Tyrannei entsagen.[130] Zum Vermächtnis des puritanischen Sendungsbewusstseins gehört eine Sicht Europas als Ort politischer Unterdrückung und moralischer Korruption.[131]

Exzeptionalismus

Wie bereits erwähnt, werden hier viele amerikanische Gründungsmythen als der Erklärungsversuch der Entstehung einer spezifisch amerikanischen Identität interpretiert. Das gilt auch für die puritanische Analogie zwischen der Überfahrt nach Amerika und dem Auszug des Volkes Israel aus der ägyptischen Gefangenschaft in das gelobte Land, durch die die Besiedlung des neuen Kontinents in calvinistischer Tradition zum Teil eines göttlichen Heilsplans wird und die Siedler zum auserwählten Volk *(chosen people)* werden.[132] Europa ist Ägypten und Amerika das verheißene Land, in das man im Exodus aus dem Land der Tyrannei gelangte. Amerika

127 *G. Raeithel*, a. a. O., S. 19.

128 *G. Blanke*, Das amerikanische Sendungsbewußtsein: Zur Kontinuität rhetorischer Grundmuster im öffentlichen Leben der USA, in: Gott und die Politik in den USA. Über den Einfluß des Religiösen, Klaus Kodalle (Hrsg.), Frankfurt a. M. 1988, S. 190.
Bereits Calvin interpretierte das Bild eines *New Jerusalems*. Bei De Gruchy (2001) ist nachzulesen, dass sich Calvin relativ wenig für Kirchenarchitektur interessierte, wohl aber für städtische *(civic)* Architektur und Stadtplanung *(town planning)*. Calvin, so die Darstellung, betonte die „(...) ‚conformity' between the structure of a city, the spirit and manners of all inhabitants and its architecture." *J. De Gruchy*, Christianity, Art and Transformation, Cambridge 2001, S. 45.

129 *G. Blanke*, a. a. O., S. 190.

130 *P. Badde*, Die himmlische Stadt. Der abendländische Traum von der gerechten Gesellschaft, München 1999, S. 23.

131 *G. Blanke*, Origin and early Developments of Americas Mission and of its universalist Rhetoric, in: Mission, Myth, Rhetoric, and Politics in American History, Gustav Blanke u. Knud Krakau (Hrsg.), Berlin 1992, S. 4-12.

132 *G. Blanke*, Die Anfänge des amerikanischen Sendungsbewußtseins: Massachusetts-Bay. 1629-1659, in: Archiv für Reformationsgeschichte, Heft 59, 1967, S. 179 und S. 204-208.

mit seiner Gott wohlgefälligen Revolution ist das Licht unter den Völkern der Erde.[133] Der amerikanische Exzeptionalismus mag sich also auch aus der Prädestinationslehre Calvins speisen.

Eine diesbezüglich beispielhafte Verstärkung einer Handlungsorientierung bzw. eine verbreitete Textquelle mag die theologische Arbeit William Ames (1576-1633), „The Marrow of Theology" (1622), darstellen. Im 17./18. Jahrhundert wurde sein Werk als Textbuch an den Universitäten Harvard und Yale rezipiert und nahezu als Katechismus Neuenglands behandelt.[134] Der amerikanische Glaube, die eigene Gesellschaft stelle einen historischen Neuanfang dar, durch den Amerika zum weltgeschichtlichen Vorbild anderer Staaten werden könne, kann als rhetorisches Erbe des Puritanismus angesehen werden.[135]

Establishment & Dissenters

Die nordamerikanischen Kolonien unterschieden sich in einem Punkt grundlegend vom englischen Mutterland: in den äußeren Lebensbedingungen. Die Weite des Landes und die daraus resultierenden Entfernungen zwischen den verschiedenen Siedlungsgebieten und Gemeinden waren einerseits wohl einer der Hauptgründe für die relativ große religiöse Toleranz, die von Beginn an das gesellschaftliche Klima in den Kolonien charakterisierte. Andererseits stellt Apel-Birnbaum in ihrem Aufsatz „Protestantismus oder Pluralismus?" (1988) fest, dass sich die allgemeinen Machtverhältnisse verschoben hatten. Diejenigen, die als Oppositionelle *(dissenters)* gegen die herrschende anglikanische Kirche ausgezogen waren, wurden in der Neuen Welt die beherrschende Kirche *(establishment)*, gegen die sich ihrerseits eine neue Opposition bildete. Die Auseinandersetzungen zwischen diesen gesellschaftlichen Kräften nahmen ungewohnte religiöse Formen an, teilweise verkehrten sich die Fronten zwischen *Establishment* und *Dissenters*. So etwa in den Kolonien Neuenglands, in welchen die ehemalige Opposition des englischen Mutterlandes in der Mehrheit und damit in der Position war, in der sie Macht ausüben konnte. Sie konstituierte ein von der Mehrheit getragenes *Establishment*, das von allen Konformität verlangte.[136]

Drei koloniale Welten

Als Resultate aus zwei großen Einwanderungswellen, die eine von 1629-1640 und die andere von 1642-1675[137], bildeten sich drei verschieden religiös strukturierte Konstellationen in den nordamerika-

133 Vgl. *K. Kodalle*, Zivilreligion in Amerika: Zwischen Rechtfertigung und Kritik, in: Gott und die Politik in den USA. Über den Einfluß des Religiösen, Klaus Kodalle (Hrsg.), Frankfurt a. M. 1988, S. 27 f.

134 *A. Vaugham*, a. a. O., S. 14.

135 *G. Blanke*, a. a. O., S. 204-208.

136 *G. Apel-Birnbaum*, a. a. O., S. 164 f.

137 Jahreszahlen entnommen aus: *L. Holzner*, Stadtland USA: Die Kulturlandschaft des American Way of Life, Gotha 1996, S. 22.

nischen Kolonien heraus. Die erste Welle bildete zum einen die kommerzielle Kolonie um die Chesapeake Bucht mit ihrem anglikanischen *Establishment* und ihren engen Bindungen an die politischen und ökonomischen Verhältnisse des Mutterlandes, zum anderen die verschiedenen puritanischen und nonkonformistischen Siedlungen in Neuengland, die sich später unter der Herrschaft des puritanischen *Establishment* vereinigen sollten. Beide hatten jeweils ihre abweichende Enklave: Im Süden war es das katholische Maryland und im Norden das protestantische radikaldemokratische Rhode Island. In den 1640er Jahren wurde die geographische Lücke zwischen den beiden ersten Siedlungsgebieten geschlossen: England erwarb Neu-Holland von den Niederlanden sowie ein kleines Gebiet von Schweden, New Jersey und Pennsylvania wurden gegründet. In diesen so genannten Mittelatlantik-Kolonien herrschte von Anfang an eine (relative) ethnische und religiöse Vielfalt. Hier gelang es keiner Gruppe, sich als *Establishment* dauerhaft durchzusetzen.

Sowohl die politischen und ökonomischen Strukturen als auch die religiösen Machtverhältnisse waren im Süden grundsätzlich von der Situation in Neuengland verschieden. Die königliche Charta, auf deren juristischer Basis 1607 die *Virginia Company* zwecks ökonomischer Nutzbarmachung der nordamerikanischen Kolonien gegründet worden war, sah die Einsetzung der anglikanischen Kirche als Staatskirche und die Monopolisierung und Kontrolle der amtlichen Gewalt vor. Die Kolonie wurde entsprechend dem englischen Vorbild nach Gemeinden *(counties)* organisiert, denen jeweils ein von der *Virginia Company* eingesetzter Pfarrer vorstehen sollte. Für die Verwaltung der Gemeinden waren gewählte Gemeinderäte verantwortlich. Die Gruppe der Wahlberechtigten war an Eigentum gebunden. Nach 1660 wurden diese Gemeinderäte ausschließlich zum Privileg der wirtschaftlich Mächtigsten. In den südlichen Kolonien herrschte während der gesamten Kolonialzeit ein Mangel an Geistlichen, sodass die Kontrolle über das, was in den *Counties* geschah, weitgehend in den Händen der Gemeinderäte lag. Apel-Birnbaum (1988) stellt heraus, dass sich durch die Besiedlung des Appalachen-Hinterlandes frühzeitig das speziell für den Süden der USA typische Besiedlungsmuster der „homogenen Separation“[138] entwickelte, indem sich Menschen gleicher ethnischer und klassenmäßiger Herkunft und gleichen religiösen Überzeugungen in jeweils unterschiedlichen Gebieten ansiedelten, „um ein Leben nach ihrer Facon führen zu können.“[139]

138 *G. Apel-Birnbaum*, a. a. O., S. 166.
139 Ebda., S. 166.

Garden Eden

Die puritanischen Siedler behandelten und formten den neuen geographischen Kontext nach dem Bild, dass sie mitbrachten. Die indianischen Ureinwohner wurden zu Wilden, die es zu missionieren galt, die tiefen und undurchdringlichen Wälder zur moralischen Wildnis sowie das weite und unberührte Land zum Garten Eden.[140] Paradiesvorstellungen gehörten von Anfang an zur Idee „Amerika". Nach Darstellung von R. Lewis in „The American Adam" (1955) griff noch im 19. Jahrhundert der amerikanische Historiker George Bancroft auf die Eden-Metapher zurück. Er gehörte zu denjenigen, die die Alte Welt als versündigt und korrupt zurückwiesen sowie eine Wende Amerikas zur „Edenic innocence" sahen.[141] Angesichts der weiten unberührten Natur *(virgin land)* wurde die Neue Welt in den Anfängen der Besiedlung oft als irdisches Paradies beschrieben, das den Neuankömmling von der Mühsal des Lebens in der Alten Welt befreite. Dieser amerikanische Traum durchläuft nach Fluck (1998) im Wesentlichen drei Stationen. Die Erste ist die Vision eines Lebens an einem noch unverdorbenen Ort, der es dem Neuankömmling ermöglicht, sich auf scheinbar mühelose Weise vom moralischen Ballast der Alten Welt zu befreien. Der Wiedereintritt in das verlorene Paradies führt zur Wiedergeburt des Europäers als amerikanischer Adam.[142] Das sind im Wesentlichen Visionen vor der Besiedlung des amerikanischen Kontinents oder aus ihren Anfängen, wobei christliche Vorstellungen mit der zweiten Stufe, dem pastoralen Traum von einer Harmonie zwischen Natur und Kultur, bereits ineinander übergehen. In der dritten Stufe tritt schließlich der Glaube an die tugendbildende, egalitäre Wirkung des Landlebens hinzu.[143] Nach M. Lewis (1965) politisiert auch Bancroft die Natur, indem er sie zur Quelle, ja zur Agentin demokratischer Prinzipien erklärte.[144]

Common Man

Eine ähnliche Auffassung hat einige Jahrzehnte früher sehr entschieden Thomas Jefferson vertreten. Ein Vertrauter desselben, französischer Aristokrat und Einwanderer, war Hector de Crèvecoeur. Er wurde 1782 mit seinem in London erschienenen Buch „Letters from an American Farmer" bekannt. Vielfach zitiert ist seine Frage: „What then is the American, this new man?"[145] In seinen Veröffentlichungen wendet er sich sowohl den günstigen Be-

140 Vgl. *G. Blanke*, a. a. O., S. ff.

141 Vgl. *R. Lewis*, The American Adam, Innocence, Tragedy, and Tradition in the nineteenth Century, Chicago 1955, S. 162 und 164.

142 *W. Fluck*, a. a. O., S. 730.

143 Ebda., S. 730.

144 *M. Lewis*, Organic Metaphor and Edenic Myth in George Bancroft's History of the United States, in: Journal of the History of Ideas, Nr. 26, 1965, S. 588.

145 *H. de Crèvecoeur*, What is an American?, in: The Character of Americans. A Book of Readings, Michael McGiffert (Hrsg.), Homewood/Illinois 1970, S. 43.

dingungen des Kontinents für die Herausbildung eines neuen Menschentyps zu, als auch dem dortigen politischen System:

„Their system is sufficiently complete to answer all the primary wants of man, and to constitute him a social being, such as he ought to be in the great forest of nature."[146]

Mit seinem anscheinend grenzenlosen Angebot an Land schaffe Amerika für den einfachen Mann, den *Common Man*, der in Europa nach wie vor in ökonomischer und politischer Abhängigkeit gefangen sei, zum ersten Mal die Möglichkeit einer selbstbestimmten Existenz: „Europe has no such class of men"[147], so eine wichtige Interpretation der Alten Welt durch den Franzosen. Für Crèvecoeur stellt das Leitbild der agrarischen Lebensform im Kontext eines politischen Ideals die Garantie für eine Gesellschaft freier, unabhängiger Bürger dar. Dem steht andererseits die europäisch tradierte Stadt als Zentrum der Entfremdung und der Korruption entgegen. Die Vision eines Amerikas als Garten Eden führte zu einem tiefen Misstrauen gegenüber der Stadt als Ort der moralischen Gefährdung und des Selbstverlustes, das die amerikanische Kultur bis in das 20. Jahrhundert hinein prägen sollte.[148]

146 *H. de Crèvecoeur* nach *L. Marx*, The Machine in the Garden. Technology and the pastoral Ideal in America, New York 2000, S. 113.

147 *H. de Crèvecoeur*, What is an American?, in: The Character of Americans. A Book of Readings, Michael McGiffert (Hrsg.), Homewood/Illinois 1970, S. 44.

148 Vgl. *W. Fluck*, a. a. O., S. 730.

3.2 Der Pionier und die Wildnis

Ein zentrales Motiv in der amerikanischen Mythologie ist die *Frontier*. Sie ist für die Konstitution einer spezifischen amerikanischen Identität von herausragender Bedeutung, stellt sie doch den symbolischen Ort dar, den der Siedler als Europäer betritt und als Amerikaner verlässt.[149] Dieser Ort ist die Grenze zwischen Zivilisation und moralischer Wildnis und damit ein typisch amerikanisches Leitbild, wenn es um die Aneignung und symbolische Aufladung des neuen geographischen Kontextes geht. Alan Heimert hebt in „Puritanism, the Wilderness, and the Frontier" (1953) hervor, dass die Vorstellung einer amerikanischen Wildnis, die es zu unterwerfen galt, nicht von der englischen religiösen Opposition ab 1620 importiert wurde. Bei ihr war zunächst das Bild Amerikas als irdisches Paradies dominant. Erst im Laufe der Zeit, so recherchiert Heimert, sei aus den Schwierigkeiten der Urbarmachung das Konzept der *Wilderness* entstanden. Er schlussfolgert: „(It) came out of that wilderness itself."[150]

Weniger offensichtlich als im Gartenideal, aber dennoch ablesbar, ist die Verflechtung des Frontier-Motivs mit religiös puritanischen Werten. So ist die *Frontier* ein Ort der Versuchung, der Bewährung und der Prüfung, an dem sich das Individuum Gottes Wohlwollen vergewissern kann.[151] Ein Erfolg wird schließlich mit einer Wiedergeburt als Amerikaner gekrönt *(uniqueness)*. In diesem Zusammenhang ist die Geschichtsauffassung und die Frontier-These des Amerikaners Frederick J. Turner als Teil des amerikanischen Selbstverständnisses von großer Bedeutung und wird nun im Wesentlichen auf der Grundlage der u. g. wissenschaftlichen Vorarbeit „Die Erfindung des amerikanischen Westens" (1996) des Historikers Matthias Waechter diskutiert.

Besiedlung als evolutionistischer Prozess

Seit dem 17. Jahrhundert hatten, so fasst Waechter zusammen, Historiker dem „freien weiten Land" eine besondere Bedeutung zugemessen und vielfach mit Amerikas *Uniqueness* in Verbindung gebracht. Für die Puritaner war die Wildnis des amerikanischen Kontinents die von Gott zugewiesene Zuflucht der Rechtgläubigen, aber auch ein Ort teuflischer Gefährdungen und Versuchungen. Während der Revolutionszeit und der frührepublikanischen Ära wurde oft betont, dass angesichts der riesigen Vorräte an unbesie-

149 *F. Turner*, The Frontier Experience, in: The Character of Americans. A Book of Readings, Michael McGiffert (Hrsg.), Homewood/Illinois 1970, S. 96.

150 *A. Heimert*, Puritanism, the Wilderness, and the Frontier, in: The New England Quarterly, Nr. 26, 1953, S. 361 ff.

151 Vgl. *G. Blanke*, Die Anfänge des amerikanischen Sendungsbewußtseins: Massachusetts-Bay. 1629-1659, in: Archiv für Reformationsgeschichte, Heft 59, 1967, S. 172.

deltem Land nur in Amerika weite Teile der Bevölkerung freien Besitz erwerben konnten und somit dauerhaft vor Korruption geschützt blieben. Autoren des frühen 19. Jahrhunderts machten den Konflikt zwischen Wildnis und Zivilisation zum Thema und beschrieben in romantischer Verklärung die Pionierzeit. Bestimmend für die Geschichtswissenschaft jener Zeit wurden nun die evolutionistischen Theorien Spencer'scher und Darwin'scher Prägung. Waechter stellt als Kennzeichen für die amerikanische Historie heraus, dass die Forderung nach Anwendung der naturwissenschaftlichen Theorien auf wenig artikulierten Widerstand stieß.[152] Neben den bereits erwähnten religiösen Grundwerten lässt sich Turners Frontier-These in diesem Zusammenhang einer evolutionistisch inspirierten Geschichtswissenschaft zuordnen.

Als im Jahr 1891 der Leiter der amerikanischen Zensusbehörde Robert Porter seinen Bericht über die Volkszählung des Vorjahres veröffentlichte, gab er ein Ergebnis von großer Tragweite bekannt. Die über zwei Jahrhunderte dauernde Besiedlung des amerikanischen Westens hatte, rein statistisch gesehen, ein Ende gefunden.[153] Auf den Landkarten, die die Resultate der Zählung veranschaulichten, war eine geschlossene Grenze weißer Siedlungen zum freien Land nicht mehr zu erkennen. Der Begriff der *Frontier* bezeichnete nach der Definition der Zensusbehörde das Gebiet, auf dem nicht mehr als zwei weiße Bewohner pro Quadratmeile lebten. Es war die unmittelbare Übergangszone zwischen Besiedlung und unbesiedeltem Land, zwischen weißer Zivilisation und der so genannten Wildnis. Eine solche Frontier-Linie konnte erstmalig 1890 nicht mehr gezogen werden.

Frontier

Der junge amerikanische Historiker Frederick Jackson Turner nahm die Schließung der *Frontier* zum Ausgangspunkt einer grundlegenden Neudeutung der amerikanischen Geschichte. Auf der Chicagoer Weltausstellung hielt er vor der *American Historical Association* einen Vortrag mit dem Titel „The Significance of the Frontier in American History“ (1893). In diesem Aufsatz erhob Turner die *Frontier* zum Schlüsselbegriff seiner Interpretation der Geschichte der Vereinigten Staaten. Es war die *Frontier* und ihre sukzessive Verschiebung nach Westen, so seine These, die nahezu alle kennzeichnenden Merkmale der amerikanischen Gesellschaft geprägt hatte. Sie war dafür verantwortlich, dass sich das Land so deutlich von Europa unterschied.

Mit dem Schwinden des „freien Landes“ im Westen ginge nun auch eine große Epoche der amerikanischen Geschichte zu Ende. Um einer solchen These Überzeugungskraft verleihen zu können, musste Turner den Terminus *Frontier* wesentlich weiter definieren,

152 *M. Waechter*, Die Erfindung des amerikanischen Westens. Die Geschichte der Frontier-Debatte, Freiburg i. B. 1996, S. 74.

153 Ebda., S. 13.

als es bis dahin üblich gewesen war. Sie war für ihn nicht nur die unmittelbare Grenzlinie zur Wildnis, sondern darüber hinaus eine Gesellschaftsform, die immer dann zustande kam, wenn Pioniere in unbesiedelte Gegenden eindrangen, das Land urbar machten und unter primitiven Bedingungen ihr soziales Leben organisierten:

„Thus American development has exhibited not merely advance along a single line, but a return to primitive conditions on a continually advancing frontier line, and a new development for that area. American social development has been continually beginning over again on the frontier. This perennial rebirth, this fluidity of American life, this expansion westwards with its new opportunities, its continuous touch with the simplicity of primitive society, furnish the forces dominating American character."[154]

Antithese Amerika-Europa

Turners Interpretation der Geschichte seines Landes beinhaltete eine scharfe Antithese zwischen Europa und Amerika, Alter und Neuer Welt. Sie beschrieb die Besiedlung der Wildnis als eine Erfahrung, die das belastende, ja korrupte europäische Erbe auslöschte und einen gänzlich neuen Beginn ermöglichte. Nach Turner war es die einzigartige Umwelt des amerikanischen Kontinents, welche die Siedler zu neuen Menschen machte. Gleichzeitig konstruierte der aus dem Mittleren Westen stammende Historiker eine Dichotomie innerhalb der Neuen Welt, indem er alle heilsamen und innovativen Einflüsse mit dem amerikanischen Westen, synonym mit der *Frontier,* assoziierte, während er den Osten als zunehmend europäisiert und dekadent kennzeichnete.[155]

Die Gegensätze von Wildnis und Zivilisation, westlicher Einfachheit und östlicher Verfeinerung, agrarischer und europäisch tradierter städtischer Lebensform bildeten so die Leitbilder seiner Sicht der amerikanischen Geschichte.

In den folgenden drei Jahrzehnten verbreitete Turner diese fortan Frontier-These genannte Interpretation unter seinen Historikerkollegen und Schülern, aber auch in zahlreichen Vorträgen und Aufsätzen an ein empfängliches Publikum.[156] Modifiziert wurde die

154 *F. Turner* nach *M. Waechter*, a. a. O., S. 14.

155 *F. Turner*, The Frontier Experience, in: The Character of Americans. A Book of Readings, Michael McGiffert (Hrsg.), Homewood/Illinois 1970, S. 100.

156 *M. Waechter*, a. a. O., S. 17. Der Historiker Waechter berichtet, dass die Frontier-These tief an die Wurzeln des amerikanischen Selbstverständnisses rührte. Sie gab eine neuartige Begründung für die Vorstellung, dass Amerika Dank seiner Neuheit, Unschuld und Natürlichkeit der Alten Welt weit überlegen war. Kaum ein amerikanischer Historiker, der sich im 20. Jahrhundert mit der eigenen Geschichte auseinander setzte, vermochte gegenüber der These eine neutrale Haltung einzunehmen. In diesem Zusammenhang sei deshalb an ihre handlungstheoretische Bedeutung als Teil der Bezugsrahmen der Handlungsorientierung erinnert.

These dabei wenig, doch trat immer deutlicher in den Vordergrund, was ihr eigentlicher Kern war: die Vorstellung nämlich, dass die Amerikaner ihre Demokratie nicht etwa europäischen Einflüssen zu verdanken hatten, sondern dass diese ein autochthon amerikanisches Produkt war. Turner fand dafür folgende berühmt gewordene Formulierung:

„[American democracy] was not carried in the Sarah Constant to Virginia, nor in the Mayflower to Plymouth. It came out of the American forest, and it gained new strength each time it touched a new frontier. Not the constitution, but the free land and an abundance of natural resources open to a fit people, made the democratic type of society in America for three centuries while it occupied its empire."[157]

Amerikanische Demokratie

Die natürlichen Bedingungen der Wildnis hatten nach Ansicht Turners eine zerstörerische Wirkung auf Privilegien, traditionelle politische Führungsstrukturen und Klassenunterschiede. Die sich immer wieder öffnenden materiellen Ressourcen an freiem westlichem Land bedeuteten für die Siedler wirtschaftliche Chancengleichheit. Hierarchische Gesellschaftsmodelle, wie sie etwa die Puritaner Neuenglands aus Europa mitgebracht hatten, verlören unter solchen Bedingungen an Wirkungskraft. In enger Beziehung zu den wirtschaftlichen Entfaltungsmöglichkeiten an der *Frontier* stünde, so Turner, die Entstehung des für Amerika charakteristischen Individualismus. Im freien weiten Land des Westens wuchs das Vertrauen der Siedler in ihre eigenen Fähigkeiten. Sie lehnten eine aktive Beteiligung der Regierung am Besiedlungsprozess ab und bekämpften Restriktionen ihrer individuellen Freiheiten. So entstanden an der *Frontier* laut Turner die typischen Merkmale amerikanischer Demokratie: soziale und wirtschaftliche Gleichheit kombiniert mit einer individualistischen Haltung gegenüber zentralisierter politischer Herrschaft.[158] Für ihn war unstrittig, dass die amerikanische Demokratie im Wesentlichen das Resultat der Erfahrung im Umgang mit dem Westen war[159], also in der Sprache der vorliegenden Arbeit, im Umgang mit dem neuen geographischen Kontext.

Turner'sche Deutung

Der Prozess der Besiedlung des Kontinents galt Turner zufolge als das soziologisch interessanteste und, vom weltgeschichtlichen Standpunkt aus, singuläre Phänomen der amerikanischen Geschichte.

157 *F. Turner* nach *M. Waechter*, a. a. O., S. 15.

158 Ebda, S. 15.

159 *F. Turner*, The Frontier Experience, in: The Character of Americans. A Book of Readings, Michael McGiffert (Hrsg.), Homewood/Illinois 1970, S. 101.

„This movement one can trace social development under influence of the free opportunities of the unoccupied area. The wilderness has been the melting pot and the mold for American institutions; it has been a field for new species of social life.“[160]

Umweltfaktoren seien in der amerikanischen Geschichte ausschlaggebend gewesen, und es sei die Aufgabe des Historikers, die von diesen Faktoren geprägten evolutionären Prozesse zu studieren. Als das charakteristische Element erschien ihm das weite freie Land: „This ever retreating frontier of free land is the key to American development.“[161] Von den frühesten kolonialen Zeiten an sahen sich die Siedler scheinbar unendlichen Landflächen gegenüber. Indem er die Bedeutung des freien Landes für die Entwicklung der Vereinigten Staaten hervorhob, griff Turner ein von zeitgenössischen Sozialwissenschaftlern häufig diskutiertes Thema auf. Diese waren besonders daran interessiert, welche Auswirkungen „freies Land“ auf die Entwicklung eines kapitalistischen Wirtschaftssystems hatte. Turner war zweifellos mit solchen Deutungen vertraut, interessierte sich allerdings mehr für die Frage, welchen Einfluss das weite freie Land für die soziale Evolution in Amerika hatte. Unter diesen Vorzeichen beschrieb er die Besiedlung der atlantischen Küste, das Vordringen in die Alleghanies bis in die Mississippi-Ebene als aufeinander folgende Prozesse sozialer Evolution, die die Geschichte des Landes dauerhaft prägten.

Der erste evolutionäre Prozess auf amerikanischem Boden, darin bestand für Turner kein Zweifel, war destruktiv. Das europäische Erbe verlor an Wirkungskraft: „(...) a highly development of civilization was sharply precipitated into a wilderness environment.“[162] *Tabula rasa* gab es aber nicht, denn die nationale und kulturelle Herkunft der Siedler blieb nach wie vor von Bedeutung. Nachdem also durch den Einfluss der Wildnis das geistig kulturelle Gepäck der Siedler weitgehend zerstört worden war, konnte ein zweiter, nun kreativer Prozess beginnen, in dem sich der Siedler den spezifischen Umweltbedingungen anpasste.

„The wilderness masters the colonist. It finds him a European in dress, industries, tools, modes of travel, and thought. (...) It strips off the garments of civilization and arrays him in the hunting shirt and the moccasin. It puts him in the log cabin of the Cherokee and Iroquois and runs an Indian palisade around him. Before long he has gone to planting Indian corn and plowing with a sharp stick; he shouts the war cry and takes the scalp in orthodox Indian fashion.

160 *F. Turner* nach *M. Waechter*, a. a. O., S. 100.
161 Ebda., S. 101.
162 *F. Turner* nach *M. Waechter*, a. a. O., S. 103.

In short, at the frontier the environment was too strong for the man.“[163]

Die ersten Schritte des Siedlungsprozesses in der Neuen Welt beschrieb Turner als eine Adaption an einen indianerähnlichen Primitivismus. Die Siedler und Pioniere waren demnach nichts anderes als Jäger und verkörperten so die einfachste Stufe sozialer Entwicklung. In sukzessiven Stadien folgt dann eine weitere Entwicklung der Gesellschaft: Händlern, Viehzüchtern und Pionier-Farmern folgt intensive und großflächige Landwirtschaft. Jener wiederum würde ein Evolutionsprozess in Form von Urbanisierung und Industrialisierung folgen. Im Prozess der Besiedlung des freien Landes vollzog sich also soziale Evolution im Spencer'schen Sinne. In unaufhörlicher Anpassung an wechselnde Umweltbedingungen entwickelte sich die Gesellschaft von einfachen zu immer differenzierteren und komplexeren Formen. Turner charakterisierte die amerikanische, politische und institutionelle Entwicklung in darwinistischer Terminologie als: „(...) a history of the evolution and adaption of organs in response to changed environment, a history of the origin of new political species.“[164] Auf diese Weise fand Turner zu seiner Antwort auf Hector Crèvecoeurs berühmte Frage: „What then is the American, that new man?“[165] An die Stelle der verschiedenen europäischen nationalen Einflüsse trete ein spezifisch amerikanischer Nationalcharakter. So war es der Pionier, der sich den veränderten Einflüssen des neuen geographischen Kontextes ausgesetzt hatte und der zum repräsentativen, ja genuinen Amerikaner erhoben wurde.

Mythos Frontier

Die amerikanische Debatte um die Frontier-These hatte sich im Wesentlichen mit zwei Fragekreisen beschäftigt: War der Besiedlungsprozess wirklich so bestimmend? Und wie war der qualitative Einfluss der Westexpansion zu beurteilen, hatte sie dauerhaft positive oder negative Folgen? Waechter verweist auf Henry Nash Smith, der mit der Veröffentlichung seines Buches „Virgin Land“ (1950) die Frontier-Diskussion auf einen neuen Weg brachte. Für Smith war die *Frontier* der zentrale Mythos der amerikanischen Kultur geworden, ein Mythos, der bereits lange vor Turner begründet worden war. Dass dessen Geschichtsinterpretation seit ihrer Verkündung so intensiv diskutiert worden war, konnte nach Smiths Auffassung nur damit erklärt werden, dass sie mythische Bilder e-

163 *F. Turner*, The Frontier Experience, in: The Character of Americans. A Book of Readings, Michael McGiffert (Hrsg.), Homewood/Illinois 1970, S. 96 f.

164 *F. Turner* nach *M. Waechter*, a. a. O., S. 104.

165 *H. de Crèvecoeur*, What is an American?, in: The Character of Americans. A Book of Readings, Michael McGiffert (Hrsg.), Homewood/Illinois 1970, S. 43.

voziert hatte, die an alle Amerikaner appellierten.[166] Die Frontier-These stand als ein Teil eines amerikanischen Selbstverständnisses in einer langen Tradition mythenschaffender Literatur über den amerikanischen Westen, für die stellvertretend Autoren wie John Cotton, Hector Crèvecoeurs und Thomas Jefferson stehen.

Für die hier vorliegende Arbeit ist nun von besonderer Bedeutung, dass das Turner'sche Werk vor einem geistesgeschichtlichen Hintergrund weniger als eine wissenschaftliche Analyse des Besiedlungsprozesses, sondern vielmehr als die Neuformulierung eines amerikanischen Leitbildes erscheint. Zugleich aber trägt jenes Selbstverständnis auch eine motivische Kontinuität in sich, mit der die *Frontier* als Ort der Prüfung und Bewährung ausgelegt werden kann und damit ein sinnhafter Bezug zu calvinistischen Wertstrukturen gegeben ist. Nach Smith gehörte Turner zudem zweifellos zu den zahlreichen Figuren, die sich der Macht des Garten Edens nicht entziehen konnten. Er hing der Vorstellung an, dass eine Gesellschaft freier Landwirte die Stabilität des politischen Systems garantiere und attestierte dem Leben in der Nähe zur Natur eine regenerative Wirkung.

Dem konträr gegenüberstehend und bedeutsam für die hier vorliegende Leitbilddiskussion ist, dass Turner jedoch zugleich, das betont der Historiker Waechter mit Nachdruck, auch als ein Vertreter des evolutionistischen Denkens des späten 19. Jahrhunderts angesehen werden kann, stellt doch die Besiedlung des freien Landes einen stetigen evolutionären Neubeginn dar.[167] Auf diese, hier zunächst nur angedeuteten divergenten Leitbilder muss in den folgenden Unterkapiteln weiter Bezug genommen werden.

166 Vgl. *M. Waechter*, a. a. O., S. 308-313.
167 Ebda., S. 310 ff. und S. 357.

3.3 Der Erfolg des Individualisten

Den Leitbildern folgend sind sowohl der Garten Eden als auch die *Frontier* die Orte, an denen sich die Siedler in protestantisch-calvinistischer Kontinuität des Auserwähltseins *(choseness)* vergewissern können oder gar, auf sich allein gestellt, göttlichen Prüfungen der Bewährung unterziehen sollen. Im Wandel dieser Bilder stehen sie ferner für die Orte, an denen ein individualistischer und pastoraler Lebensstil entstehen kann.[168] Waechter (1996) weist in seiner Abschlussdiskussion darauf hin, dass Frederick Turner wohl eine schlüssige Erklärung dafür gab, weshalb der Individualismus als politische und gesellschaftliche Attitüde in den Vereinigten Staaten so fest verwurzelt war.[169] Im freien Land des Westens hatten nach Turners Auffassung die Siedler ihre Angelegenheiten selbst in die Hand genommen und einer bevormundenden Zentralregierung zutiefst misstraut. In seinen Augen wurde Individualismus, verbunden mit sozialer und politischer Egalität, so zu einem Grundelement der amerikanischen Demokratie.[170]

Aber auch auf religiöser Ebene ergaben sich Mitte des 18. Jahrhunderts – bereits vor Turner – Tendenzen, die auf eine Egalisierung und Individualisierung gesellschaftlicher Strukturen deuteten. Apel-Birnbaum fasst in „Protestantismus oder Pluralismus?“ (1988) zusammen, dass am Ende der Kolonialzeit – mit Ausnahme der Mittelatlantik-Staaten – die Situation in den nordamerikanischen Kolonien weitgehend derjenigen der Alten Welt entsprach. Der Süden mit seinem distinkt klassengebundenen anglikanischen *Establishment* war praktisch ein Duplikat Englands nach dem Toleranzedikt von 1690. Neuengland mit seiner puritanischen Staatskirche war vergleichbar mit manchen nachreformatorischen Gesellschaften Kontinentaleuropas, in denen ebenfalls ganze Territorien einheitliche Konfessionen anzunehmen hatten.[171]

Great Awakening

Im Unterschied zu Europa gewannen in den nordamerikanischen Kolonien die nonkonformistischen freien Kirchen an Bedeutung. Als Erweckungsbewegung waren sie ebenfalls auf europäischem Boden gewachsen, wo sie ein Teil der verschiedenen baptistischen,

168 Pastoral meint, so jedenfalls der Kulturhistoriker Leo Marx, die Einheit von Kultur und Natur, agrarische Lebensführung zumeist mit eingeschlossen (4.2).

169 *M. Waechter*, Die Erfindung des amerikanischen Westens. Die Geschichte der Frontier-Debatte, Freiburg i. B. 1996, S. 357 ff.

170 Ebda., S. 360.

171 *G. Apel-Birnbaum*, Protestantismus oder Pluralismus? Religion in Amerika, in: Amerikanische Mythen. Zur inneren Verfassung der Vereinigten Staaten, Frank Unger (Hrsg.), Frankfurt a. M./New York 1988, S. 170.

methodistischen und pietistischen Bewegungen gewesen waren und dort mit ihrem missionarischen Eifer, ihrem „Evangelismus“[172], zu bestimmtem Einfluss gelangten. Erst im amerikanischen Siedlungsraum konnten sie sich zu einer dominanten Strömung des dortigen Protestantismus entwickeln. So überkam die nordamerikanischen Kolonien in periodischen Abständen eine Art von Massenbekehrungswellen, genannt *Awakenings*. Die größte von ihnen, die der *Great Awakening*, die ihren Höhepunkt in den 1740er Jahren in Neuengland erreichte, ist als ein einschneidendes Ereignis der amerikanischen Geschichte zu sehen. Unter Bezugnahme auf McLoughlin und Bellah definiert Apel-Birnbaum das *Awakening* als eine Methode der massenhaften Gewinnung von Anhängern für eine bestimmte Glaubensgemeinschaft, in deren Mittelpunkt der direkte, durch eine emotionale Predigt provozierte Aufruf zur Reue und zur sofortigen Konvertierung steht, die vor den Augen aller bekannt werden soll. Mitglied der Glaubensgemeinschaft ist man dann allein auf Grund persönlicher Willensentscheidung anstatt nach katechetischer Einweisung in den Glauben durch Personen höheren Amtes.

Nationales Erlebnis

Nach Lehmann in „Protestantisches Christentum im Prozeß der Säkularisierung“ (2001) wurde dabei das Prinzip der Religionsfreiheit auf äußerst wirksame Weise durch das „Prinzip der Freiwilligkeit“ ergänzt.[173] Die Erweckungsbewegungen waren Katalysator für die Auflösung etablierter Institutionen und Sammelbecken für die Anhänger eines emotionalen, grob vereinfachten Protestantismus. Einige der Erweckungsbewegungen waren auch die ersten sozialen Bewegungen, die „national“ waren, d. h. sie gingen über die Grenzen der Kolonien hinaus. Die protestantische Kultur der nordamerikanischen Kolonien wurde durch diese Bewegung entscheidend geprägt. In ihr traten erstmalig jene Charakterzüge auf, die bis heute konstitutive Merkmale des religiösen Lebens in Amerika sind: die subjektivistische Verinnerlichung des Glaubens, ein gewisser Anti-Intellektualismus gepaart mit entschiedenem Anti-Institutionalismus sowie die Bereitschaft, religiösen Pluralismus zu akzeptieren.[174] So kann hier interpretiert werden, dass sich die freien Kirchen nicht nur vielleicht mangels Konkurrenz, sondern auch wegen ihrer religiös liberalen Ideologie zu einem verbindenden Element in der sich formierenden amerikanischen Gesellschaft entwickelten.

Leitbild im Wandel

Während im Europa des 18. Jahrhunderts die Idee einer von Gott bestimmten Weltgeschichte an Wirkungskraft verlor und ein Fortschrittsleitbild die Funktion der Vorhersehung übernahm, so Löwith, „blieb für das Amerika der späten Kolonialzeit die providen-

172 Ebda., S. 170.

173 *H. Lehmann*, Protestantisches Christentum im Prozeß der Säkularisierung, Göttingen 2001, S. 165.

174 Vgl. ebda., S. 172.

tiell-millenialistische Geschichtssicht bestimmend."[175] Beispielhaft veranschaulicht werden kann dies an den Aussagen Jonathan Edwards (1703-1758). Seine Predigten sind eng mit den missionarischen *Awakenings* verbunden. Auch in ihnen lässt sich ein latenter Entwicklungsgedanke beobachten, allerdings anstatt einer Verweltlichung von Leitbildern mehr im Sinne einer weiteren religiösen Emanzipation von Europa. Der calvinistische Puritaner, wie er von De Gruchy (2001) identifiziert wird[176], betonte den großen Unterschied zur Alten Welt:

„God has made as it were two worlds here below, the old and the new (...), to great habitable continents, far separated one from the other. The latter is but newly discovered; it was formally wholly unknown, (...) the other continent hath slain Christ, and has from age to age shed the blood of the saints and martyrs of Jesus, and has often been as it were deluged with the church's blood: God has therefore probably reserved the honour of building the glorious temple to the daughter, that has not shed much blood, when those times of peace and prosperity and glory of the church shall commence (...).“[177]

Wenige Jahrzehnte, bevor Amerika die politische Trennung vom Mutterland vornehmen sollte, gab Edwards eine rein religiöse Begründung für die Vorstellung von einem moralisch verkommenen Europa und einer unschuldigen Neuen Welt.

Ferner ist für die hier veranschlagte Argumentation an der Haltung des einflussreichen Edwards bedeutsam, dass nicht – wie zunächst im Puritanismus – der Garten Eden als zentrale göttliche Metapher benötigt wird. Es ist nunmehr die Natur, die dem Konzept nach zum reinigenden Ort wird, an dem der Theologe physisches und metaphysisches zu einer spirituellen Wahrhaftigkeit vereint sieht.[178] Edwards wird im Aufsatz von D. Hall „A Study of the Teleology of Nature" (1996) mit den Worten zitiert: „God is speaking through nature."[179] Hier liegen sodann auch Anknüpfungspunkte eines Naturbegriffes, der von Jefferson zweifellos weiter politisiert wurde. Dass bereits jene religiös motivierte Naturauffassung auch eine hochgradig ästhetische Bedeutung beinhaltete, auf die sich z. B. die amerikanischen Transzendentalisten wie Emerson, Thoreau und Whitman bezogen haben mochten, kann aus De Gru-

175 *K. Löwith* nach *M. Waechter*, a. a. O., S. 33.

176 *J. De Gruchy*, Christianity, Art and Transformation, Cambridge 2001, S. 111.

177 *J. Edwards* nach *M. Waechter*, ebda., S. 34.

178 Vgl. *D. Hall*, From Edwards to Emerson: A Study of the Teleology of Nature, in: Studies in puritan American Spirituality. Early Protestantism and American Culture, Michael Schuldiner (Hrsg.), Lewiston 1996, S. 124.

179 *J. Edwards* nach *D. Hall*, ebda., S. 125.

chys Darstellung in „Christianity, Art and Transformation" (2001) abgeleitet werden. Unter Bezugnahme auf Sherry spricht der Autor davon, dass Edwards in „Schönheit" *(beauty)* nicht nur eine „preeminent role amongst God's perfection" sah, sondern sie gar als „taking priority over power in the divine glory" berücksichtigte.[180]

Im Zusammenhang eines gewandelten Leitbildes weist Waechter (1996) darauf hin, dass puritanische Ideen in den Jahren vor dem Unabhängigkeitskrieg jedoch zumeist in einer gegenüber dem 17. Jahrhundert stark modifizierten Form wirksam waren. Beispielsweise interpretierte man den Kampf gegen Frankreich als eine im Namen Gottes geführte Verteidigung der in allen Kolonien auf besondere Weise ausgeprägten religiösen und politischen Freiheit. Nicht nur im Norden, sondern auch in den mittleren und südlichen Kolonien identifizierten nun Prediger Amerika mit einem von Gottes Vorsehung geleitetem neuen Israel, einem biblischen Motiv, das bereits John Winthrop verwendete. Mit der geographischen Verbreitung der providentiellen Geschichtsauffassung war somit ein inhaltlicher Perspektivenwechsel verbunden.[181] So bedeutete das Millennium nun nicht mehr nur die Erfüllung der biblischen Verheißung einer Wiederkehr Christi, wie noch im Bild des Garten Edens verflochten, sondern wurde mit dem endgültigen Sieg freiheitlicher amerikanischer Institutionen vermischt, ja gleichgesetzt. Die eschatologische Vision war nun keine religiöse mehr, doch nahm man nach wie vor, so bestätigt es Behrens in „Providence & Patriotism in Early America" (1978), eine religiöse Ursache *(divine providence)* für den politischen Erfolg der Kolonien an *(the American empire for liberty)*.[182] Der göttliche Heilsplan wandelte sich zu einer Vorstufe eines säkularisierten Leitbildes sozialer und politischer Evolution.

Individualismus

So wird das Streben nach religiöser Unabhängigkeit, wie es bei den ersten Siedlern und auch bei Jonathan Edwards aufgewiesen werden konnte, vom Franzosen Alexis de Tocqueville bereits als eine politische Tugend wahrgenommen. Seine Darstellung ist das wohl meist zitierte Amerika-Portrait (Bd. I 1835 und Bd. II 1840). L. Marcuse (1959) zufolge hielt es der Engländer Harold Laski wahrscheinlich für das Beste, was je über ein Land von dem Bürger eines anderen Landes geschrieben wurde. Der große Amerikaner Henry Adams nahm es sich zum „Vorbild".[183] Als Tocqueville seine Reise durch die Vereinigten Staaten mit dem Ziel unternahm, die

180 *J. De Gruchy*, a. a. O., S. 111.

181 Vgl. *M. Waechter*, a. a. O., S. 35.

182 Vgl. *J. Behrens*, Providence & Patriotism in Early America. 1640-1815, Charlottesville 1978, S. 166 f.

183 *L. Marcuse*, Amerikanisches Philosophieren. Pragmatisten, Polytheisten, Tragiker, Zürich 1994, S. 14.

politischen Strukturen des Landes zu studieren, aber auch die sozialen und kulturellen Konsequenzen, die sich aus diesen Strukturen ergaben, sah er die Lebensweise, die Crèvecoeur mit Enthusiasmus beschrieb, aus einer anderen Perspektive. Für ihn illustrierte sie die Entstehung eines neuen Persönlichkeitstyps, den das politische System der Demokratie hervorbrachte.[184] Der Franzose bezeichnete diesen Charaktertyp als Individuum und seine Lebensführung als Individualismus. Er stellte beides in Kontrast zu einem traditionellen europäischen Lebensstil.

„(...) individualism is of democratic origin, and it threatens to spread in the same ratio as the equality of conditions. (...) As social conditions became more equal, the number of persons increases who, although they are neither rich enough nor powerful enough to exercise any great influence over their fellow-creatures, have nevertheless acquired or retained sufficient education and fortune to satisfy their own wants. (...) thus not only does democracy make every man forget his ancestors, but it hides his descendants, and separates his contemporaries from him; it throws him back forever upon himself alone, (...).“[185]

Tocquevilles Individualist ist kein Egoist, obwohl extremer Individualismus durchaus zu Egoismus führen kann. Im Abschnitt „Individualism and Association“ legt der Franzose zunächst großen Wert auf die Unterscheidung von Egoismus und Individualismus. Egoismus ist ihm zufolge eine übertriebene Art der Selbstliebe, durch die man alles mit sich selbst verknüpft und schließlich sich selbst allem in der Welt vorzieht. Der Individualismus lässt sich als ausgeglichenes und ausgewogenes Gefühl beschreiben, das jedes Mitglied der Gemeinschaft *(community)* von der Masse seiner Zeitgenossen trennt. Indem er dabei seine Familie und seine Freunde mit sich nimmt, so der Franzose, formt der Individualist seine soziale Umgebung und entfernt sich zugleich als Teil der Gesellschaft.[186] Da Identität und Selbstwertgefühl unter der Absicht der Gleichheit nicht mehr aus der Zugehörigkeit zu einem sozialen Stand gewonnen werden, fällt es auch der Verantwortung jedes Einzelnen zu, sich selbst zu definieren und sich zu produzieren.[187] Selbstdefinition und Selbstinszenierung stellen daher spätestens seit Benjamin Franklin zentrale Themen der amerikanischen Kultur dar.

Franklins Autobiographie – als Lebensbilanz von 1771-1790 entstanden – ist das Fallbeispiel, an dem Max Weber die Säkulari-

184 *A. de Tocqueville*, Democracy in America, in: The Character of Americans. A Book of Readings, Michael McGiffert (Hrsg.), Homewood/Illinois 1970, S. 49.

185 Ebda., S. 49-50.

186 Ebda., S. 48.

187 Vgl. ebda., S. 51.

sierung des Puritanismus hin zu einem System moralischer Orientierungen beschreibt. In seiner Schrift „Die protestantische Ethik und der ‚Geist' des Kapitalismus" (1905/1920) hat der Soziologe nachgezeichnet, wie aus der langsamen Verweltlichung des protestantischen, insbesondere des calvinistischen Glaubens eine Verhaltensethik entstand, in der das Streben nach materiellem und sozialem Erfolg zur moralischen Verpflichtung werden konnte.[188] Damit wurden nicht nur wichtige Grundlagen für das kapitalistische System gelegt, sondern auch für einen spezifischen Erfolgsmythos in den USA. Der calvinistische Glaube an die Gnadenwahl, in der der eigene Gnadenstand allein in der unergründlichen Gnade Gottes liegt und völlige Heilsgewissheit daher nie erreicht werden kann, konnte zum Antrieb werden, sich in rastlosem Streben nach materiellem Erfolg und sozialem Aufstieg selbst eine Illusion vom Auserwähltsein zu schaffen. Um Missverständnissen vorzubeugen, weist Blanke in „Origin and early Developments of Americas Mission" (1992) darauf hin, dass die neuenglischen Puritaner den Glauben an den göttlichen Schutz und an das Auserwähltsein nicht ausschließlich an ihren materiellen Erfolg knüpften. Ihrer religiösen Auffassung gemäß waren sie zwar zur Arbeit verpflichtet, aber nicht mit dem Ziel persönliche Luxusgüter zu häufen, sondern Profit zum Wohle der Kongregation bzw. der *Community* zu erwirtschaften, was wiederum soziale Anerkennung bedeuten konnte.[189] Die soziale Arbeit des calvinistischen Individuums, so schreibt es Max Weber, sei weniger als Arbeit am Nächsten, sondern vielmehr als Arbeit in *majorem gloriam dei* zu verstehen.[190]

Self-Made Man

Die Autobiographie Franklins ist die exemplarische Erfolgsgeschichte, die den Aufstieg des aus bescheidenen Verhältnissen stammenden *Self-Made Man* zum international geachteten Diplomaten und Erfinder erzählt.[191] Franklins Werdegang ist beispielhaft, weil er als Resultat eines tugendhaften Lebens erscheint und somit moralisch „verdient" ist. Tugend und Erfolg sind bei Franklin noch untrennbar verbunden. Er hat Erfolg, weil er ein tugendhaftes Leben führt, wofür sein Erfolg wiederum der Beweis ist. Dementsprechend ist Franklins Erfolgsrezept das der Charakterbildung. Deren Basis ist die Selbstkontrolle durch regelmäßige und regelgeleitete Lebensführung, die z. T. in wöchentlichen Tugendtabellen bereits

188 *M. Weber*, Die protestantische Ethik und der ‚Geist' des Kapitalismus, Klaus Lichtblau und Johannes Weiß (Hrsg.), Weinheim 2000, S. 122.

189 *G. Blanke*, Origin and early Developments of Americas Mission and of its universalist Rhetoric, in: Mission, Myth, Rhetoric, and Politics in American History, Gustav Blanke u. Knud Krakau (Hrsg.), Berlin 1992, S. 10 f. Als Beleg führt Blanke das „Model of Christian Charity" (1630) von John Winthrop an.

190 *M. Weber* nach *D. Kaesler*, Max Weber. Einführung in Leben, Werk und Wirkung, Frankfurt a. M. 1998, S. 111.

191 *M. Weber*, a. a. O., S. 11-16.

stark reglementierende Züge annimmt. Schon in diesem ersten Erfolgshandbuch der amerikanischen Kultur tritt jedoch auch die Möglichkeit hervor, dass da, wo moralische Selbstdisziplin nicht gelingen will, es ausreichen könnte, zumindest den Eindruck von Tugendhaftigkeit zu erwecken. Sobald Tugend eine nicht mehr primär religiöse, sondern eine soziale Funktion hat, gewinnt sie auch eine potenziell strategische Dimension. Man ist nicht nur tugendhaft, weil davon das eigene Seelenheil abhängt, sondern auch das eigene soziale Prestige. Hier deutet sich bereits eine Verschiebung von der Charakterbildung zur gekonnten Selbstdarstellung an, die in einer direkten Linie von Franklin zu unzähligen Selbsthilfebüchern des 19. und 20. Jahrhunderts geführt hat. Diese Verschiebung ist es auch, in der eine protestantische Kontinuität bleibt, auf die im Folgenden Bezug genommen wird.

Besitzindividualismus

In seiner Arbeit über die Grundlagen des Besitzindividualismus (1980) führt Crawford Macpherson in die Wurzeln der liberaldemokratischen Theorien ein.[192] Seine Untersuchung geht davon aus, dass jene Ursprünge wahrscheinlich in der politischen Theorie und Praxis im England des 17. Jahrhunderts zu finden sind. Der Individualismus im religiösen Sinne, wie er einem puritanischen Denken zu eigen war, so der Autor, betonte den gleichen sittlichen Wert aller Individuen. Einen ähnlichen Wert nimmt, vereinfacht gesagt, der Individualismus in John Lockes politischer Theorie ein. Alle diese Theorien gingen einher mit dem Kampf um einen liberalen Staat. Eine grundlegende Rechtfertigung erfuhr dieser durch die puritanischen Theorien und die in etwa zur selben Zeit entstandene Theorie Lockes.[193] Macphersons These geht davon aus, dass sich der Charakter des Individuums in seiner Besitzbezogenheit spiegelt. Das Individuum ist Eigentümer seiner Person und seiner Fähigkeiten[194], für die es der Gesellschaft nichts schuldet; ein Grundsatz, der auch zu einem Teil des wirtschaftlichen Ethos in den USA werden sollte und vor dessen Hintergrund die Bedeutung der „Arbeit" ermessen werden kann, die ja bei den Puritanern ganz besonders stringent religiös motiviert war. Überdies wird durch jenen Grundsatz als Eigenschaftsbeschreibung insbesondere die Leitfigur des *Business Man* weiter komplettiert.

„Die Beziehung zum Besitzen, die für immer mehr Menschen die fundamental wichtige Beziehung geworden war, welche ihre konkrete Freiheit und ihre konkrete Chance, all ihre Möglichkeiten zu entfalten, bestimmte, wurde in die Natur des Individuums zurückinterpretiert."[195]

192 *C. Macpherson*, Die politische Theorie des Besitzindividualismus, Frankfurt a. M. 1980, S. 13 ff.

193 Ebda., S. 14.

194 Siehe hierzu insbesondere die Bedeutung der „Arbeit" in Unterkapitel 5.1.

195 *C. Macpherson*, a. a. O., S. 15.

Demnach wird die Gesellschaft zu einer Anzahl freier und gleicher Individuen, die zueinander in Beziehung als Eigentümer ihrer Fähigkeiten stehen und durch das, was sie durch deren Anwendung erwerben. Gesellschaft basiert auf Tauschbeziehungen. Der Staat, so Macpherson, wird dann zu einem kalkulierten Mittel zum Schutz des Eigentums und der Aufrechterhaltung einer geordneten Tauschbeziehung.

Auf die Bedeutung der politischen Dimension der Unabhängigkeitsideale und des Individualismus sowie insbesondere auf die ökonomische Relevanz des Besitzindividualismus, der unbedingt auch als ideale Triebkraft zur ökonomischen Realisierung politischer Siedlungsleitbilder betrachtet werden sollte, wird in den folgenden Unterkapiteln Bezug genommen.

Thomas Jefferson ist es, der von einer auf individuellem Eigentum gegründeten Gesellschaft spricht. Er ist es auch, der den Gebäudetyp der *Family Farm* mit seinen politischen Idealen verknüpft, also mit einer typologisch ruralen Siedlungsweise, wie sie in etwa dem Lebensmodell des *Common Man* entsprechen würde. Überdies wird bei Jefferson die Belegung dieser Lebens- und Siedlungsform mit religiösen Deutungsmustern offensichtlich. Zuvor wird die Kontinuität eines bei Puritanern zu beobachtenden Besitzprinzips im Siedlungstyp des *New England Village*, der *Main Street of Middle America* und der *Suburbs* dargestellt.

Sich allein durchzuschlagen, für sich selbst aufzukommen und schließlich, wie P. Marcuse in „Wohnungsversorgung in den USA" (1982) sagt, sein Haus selbst zu bauen, ist nach wie vor auch in den USA ein gültiges bürgerliches Motiv.[196] Damit aber der *Self-Made Man* sein dezentrales Ideal, wenn man so möchte, seinen privaten Garten Eden selbst verwirklichen kann, ist er unter arbeitsteiligen bzw. unter industriekapitalistischen Bedingungen gewissermaßen auf eine zentralisierte ökonomische *Frontier* angewiesen. Denn dort kann er sich ökonomisch durchschlagen und behaupten. So kommt dem *Self-Made Man* eine geradezu protagonistische Mittlerrolle zu, die ihn vom *Common Man*, der sich eher in einer ruralen Topologie bewegen dürfte, und dem *Business Man*, der sich ausschließlich durch seinen Erfolg und, um es im Sinne Calvins auszusprechen, durch bestandene geschäftliche Prüfungen am ökonomisch zentralen Ort definiert, signifikant unterscheidet. So ist der *Self-Made Man* zum einen die Leitfigur, die protestantische Werte kontinuiert, zum anderen auch diejenige, für deren Lebensmodell die Topologie der *City* und der *Suburbs* als notwendige räumlich-materielle Bedingung noch am ehesten herangezogen werden kann.

196 *P. Marcuse*, Wohnungsversorgung in den USA, in: Bauwelt, Bd. 73, Heft 31/32, 1982, S. 1292.

Eben diese politisch ländliche und ökonomisch städtische Dimension wird weiter vertieft. Die Bedeutung der autoritativen Ressourcen für die politische Dimension und die allokativen Ressourcen für die ökonomische Dimension sei ebenfalls bereits an dieser Stelle angekündigt. Letztlich soll nämlich auf deren Spannungsverhältnis aufmerksam gemacht werden, vor dessen Hintergrund die Entwicklung einer zentralisierten Topologie zu einem modellhaft reinen Marktort und der Wandel einer dezentralisierten Topologie zu einem der Tendenz nach reinen Wohnort verständlicher wird.

3.4 Immigration und Binnenwanderung

Die Besiedlung des amerikanischen Kontinents vom Atlantik bis zum Pazifik ist eines der zentralen Themen in der Geschichte der USA. In ihrer fortwährenden Dynamik ging sie einher mit tiefgreifenden gesellschaftlichen Umwälzungen. Allgemein lässt sich sagen, dass die Besiedlung wellenartig verlief und die komplexen religiösen, ökonomischen und politischen Prozesse der amerikanischen Gesellschaft widerspiegelt. Gründe und Intentionen der Siedler und Immigranten waren immer vielschichtig. Die ersten Einwanderer in Virginia betonten insgesamt die Verbesserung ihres Schicksals, die Pilgerväter suchten die völlige Separation von England und die Gründer von Massachusetts strebten ein Modell an, auf dem die Augen der ganzen Welt ruhen sollten.[197]

Dieses Unterkapitel möchte allgemeine Informationen zum historischen Kontext geben und aus der hier eingeschlagenen Perspektive die Gelegenheit nutzen, einige Nebenimplikationen exkursorisch anzusprechen.

Erste Siedler

Die Siedlungen Jamestown (Virginia) und Plymouth (Massachusetts) lassen sich nach Holzners „Stadtland USA" (1996) auf englische Einflüsse aus dem 17. Jahrhundert zurückführen. Zwischen 1629 und 1640 wanderten die vorwiegend bürgerlichen Puritaner in den Norden der amerikanischen Kolonien, vor allem nach Massachusetts, ein. Sie kamen in erster Linie aus dem Osten Englands und waren, so Holzners Darstellung, Händler und Handwerker. Sie galten als kleine, aber sehr einflussreiche Gruppe der WASP-Kultur.[198] Nach Virginia im Süden der Kolonien kamen zwischen 1642 und 1675 überwiegend englische Royalisten, so der Autor weiter, die zunächst dem englischen Mutterland verbunden blieben. Es waren vor allem, so steht es bei Daniels „Coming to America" (1990), nachgeborene Söhne Adliger und anglikanischer Führungspersönlichkeiten zusammen mit ihren zahlreichen Arbeitern und Bediensteten, den so genannten *Intendured Servants*.[199] Sie übertru-

197 Vgl. *G. Blanke*, Origin and early Developments of Americas Mission and of its universalist Rhetoric, in: Mission, Myth, Rhetoric, and Politics in American History, Gustav Blanke und Knud Krakau (Hrsg.), Berlin 1992, S. 1.

198 WASP steht für „White-Anglo-Saxon-Protestant". Siehe: *L. Holzner*, Stadtland USA: Die Kulturlandschaft des American Way of Life, Gotha 1996, S. 17-22.

199 *R. Daniels*, Coming to America. A History of Immigration and Ethnicity in American Life, New York 1990; *C. Eysberg*, The Origins of the American Urban System. Historical Accident and initial Advantage, in: Exploring Urban America. An introductory Reader, Roger W. Caves (Hrsg.), London 1995, S. 66.

gen die in ihrer Heimat Wessex in England übliche Landadeltradition, welche wirtschaftlich auf abhängige Lohnarbeiter gegründet war. Zahlreiche nonkonformistische Religionsgemeinschaften, darunter auch die eine eher egalitäre Religionsphilosophie vertretenden Quäker, siedelten sich im Mittelbereich Nordamerikas, vor allem in Pennsylvania, an. Sie kamen zumeist aus den nördlichen Midlands Englands und aus Wales. Sie waren frei gesinnte Bauern und Bürger und stellten nicht nur geographisch, sondern auch ideologisch eine Brücke zwischen der „elitären Landadelkultur" im Süden und dem „intolerant-eifernden Yankeetum" der Puritaner im Norden dar.[200]

Drei Etappen der Erschließung

Nagler (1998) unterteilt die Erschließung und Besiedlung des Landes in drei Etappen, natürlich mit fließendem Übergang. Zunächst waren es die *Trapper*, Pelzjäger und Fallensteller, die sich in noch unerschlossene Gebiete vorwagten. Ihnen folgten die *Squatter*, die ohne Zustimmung des formalen Eigentümers Land urbar machten, aber nur vorübergehend blieben. In der letzten Etappe lösten dann bäuerliche Siedler, die *Farmer*, die *Squatter* ab, nachdem diese noch weiter westwärts gezogen waren. Nach Nagler existierten neben der Ackerbau-Frontier auch die der Viehhaltung, an denen es teilweise zu Kleinkriegen zwischen *Cowboys* und *Farmern* kam, und schließlich diejenige des Bergbaus mit chaotisch kurzlebigen *Mining Towns*.[201]

Die *Northwest Ordinance* von 1785 hatte als Mindestbevölkerung für die Aufnahme eines Territoriums als Staat in die Union 60.000 Siedler festgelegt. Aus der chronologischen Folge der Aufnahmejahre lässt sich die Wanderungsbewegung geographisch ablesen. Zwischen 1816 und 1821 wurden in die Union aufgenommen: Indiana (1816), Mississippi (1817), Illinois (1818), Alabama (1819), Maine (1820) und Missouri (1821). Nach dem Frieden von 1814 bis zum Beginn des Sezessionskrieges gewann die Union durchschnittlich alle drei Jahre einen neuen Einzelstaat hinzu.[202] Im Unterkapitel 4.2 wird der Aspekt der Landaufteilung hinsichtlich Jeffersons gesellschaftlicher Visionen und der politischen Bedeutung des *Grid* nochmals aufgegriffen werden.

In seinem Buch „The Rise of the Common Man" (1950) beschreibt Carl Fish die Vereinigten Staaten um 1830 als unterteilt in den besiedelten Osten, der von der Atlantikküste bis zu den Bergen mit New Orleans als entfernte Enklave reichte, und dem „settling

200 *L. Holzner*, a. a. O., S. 22.

201 *J. Nagler*, Territoriale Expansion, Sklavenfrage, Sezessionskrieg, Rekonstruktion. 1815-1877, in: Länderbericht USA, Willi Paul Adams und Peter Lösche (Hrsg.), Bonn 1998, S. 47.

202 Jahreszahlen entnommen aus: ebda., S. 47.

West".[203] Die bedeutendsten Städte waren New York, Philadelphia, Baltimore, Boston und Charleston. In jenem Jahr lebten in den USA bereits 13 Millionen Weiße europäischer Herkunft. 400.000 von ihnen waren „foreign born".[204]

Auf dem Flussnetzwerk von Ohio, Mississippi und Missouri brachten in zunehmender Zahl Dampfschiffe die Siedler zu ihren Bestimmungsorten. Nach „The Origins of the American Urban System" (1995) von Eysberg traten viele von ihnen nach der Schiffsreise dann den beschwerlichen Überlandweg an. Zum Beispiel Cincinnati und St. Louis waren Städte, die ihre rasche Entwicklung unter anderem der Funktion als Umschlagplatz westwärts ziehender Siedler verdankten.[205]

Erste große Einwanderungswelle

Den Beginn der ersten großen Einwanderungswelle in die USA datiert M. Fix in der Studie „Immigration and Immigrants" (1994) auf ca. 1840. Sie erreichte ihren Höhepunkt 1880. In der Regel sind Immigranten durch Städte wie Boston, New York, Philadelphia und Baltimore „geschleust" worden. Sie kamen in der Mehrzahl aus Nord- und Westeuropa, überwiegend aus Großbritannien, Irland, Deutschland und den skandinavischen Ländern.[206] Europäische Einwanderer und Siedler stammten zu großen Teilen aus ländlichen Regionen Europas.

Sie mochten auch deshalb von Beginn an eine große Affinität zu ländlichen Lebensformen gehabt haben. Missernten und daraus resultierende Hungersnöte sorgten 1840 bspw. in Irland für große Auswanderungswellen der armen und ungelernten Landbevölkerung in die USA. Das führte in den Städten der amerikanischen Ostküste zu radikalen Veränderungen in der Bevölkerungsstruktur. In Boston lebten 1875 bereits 6.000 Iren. Diese Einwanderungswellen nahmen derartige Ausmaße an, dass trotz eines generellen Wachstums der Anteil der Iren an der Bevölkerung Bostons in jenen Jahren zwischen 30 und 40 % lag.[207]

Public Land Act & Landspekulation

Da die Bundesregierung das Land im Westen jenseits der dreizehn Gründungsstaaten besaß, stellte sich die Frage, wie und unter welchen Kriterien es verteilt werden sollte. Der Kongress entschied sich für Areale, die sich mehr für Familien-Farmen eigneten und weniger für groß angelegte Plantagen. Dies ließ, glaubt man Nagler (1998), eine Gesellschaftsform freier Bauern entstehen[208], die nach

203 *C. Fish*, The Rise of the Common Man. 1830-1850, Westport/Connecticut 1983, S. 13.

204 Ebda., S. 109.

205 *C. Eysberg*, a. a. O., S. 68.

206 *M. Fix et al.*, Immigration and Immigrants. Setting the Record straight, Washington D.C. 1994, S. 19.

207 *S. Warner (Jr.)*, Streetcar Suburbs. The Progress of Growth in Boston. 1870-1900, Cambridge/Massachusetts 1962, S. 6.

208 *J. Nagler*, a. a. O., S. 47.

der Turner-These einen demokratisierenden Einfluss auf die nationale Gesamtentwicklung ausübte. 1815 hatten die westwärts strömenden Siedler viertausend Quadratkilometer bundeseigenen Landes erworben. Nur vier Jahre später hatte sich diese Zahl verfünffacht. Die Westwärtsbewegung wurde nach Nagler (1998) vorübergehend durch die Wirtschaftskrise von 1819 unterbrochen. Um den durch die Krise am meisten betroffenen *Farmern* des Westens zu helfen, wurde der *Public Land Act* von 1820 erlassen, der das Mindestareal für eine *Farm* von 160 *Acres* (ca. 65 Hektar; 1 *Acre* = 4.047 m^2) auf die Hälfte und den Mindestpreis für einen *Acre* erheblich reduzierte. So konnten überschuldete *Farmer* zumindest die Hälfte ihres Besitzes retten. 1832 wurde das Mindestareal nochmals reduziert. Besonders in den 1830er wurde das Land im Westen zum Spekulationsobjekt. Fast drei Viertel des Bundeslandes wurden in großen Arealen von Spekulanten erworben, in der Hoffnung, es möglichst profitabel weiter zu verkaufen. Es folgten noch mehrere Landverteilungsgesetze, wobei das Familien-Farm-Gesetz *(Homestead Act)* von 1862 bedeutende Konsequenzen für die Westwanderung der Siedler hatte. Jedem Siedler wurde gegen eine geringe Gebühr 160 *Acres* zugesprochen, sobald er dieses Areal fünf Jahre bewirtschaftete.[209] Eben jene Siedlungspolitik erinnert stark an die Philosophie des Engländers John Locke.

Zweite große Einwanderungswelle

Ohne die immensen Einwanderungswellen, die nach 1840 die für die Landerschließung notwendigen Arbeitskräfte in die Vereinigten Staaten brachten, wären die Besiedlung und der rapide wirtschaftliche Aufschwung des Landes undenkbar gewesen.[210] Während zwischen 1820 und 1830 lediglich 152.000 Immigranten „ihr Glück in der Neuen Welt" suchten, erfolgte in den darauf folgenden Jahrzehnten ein dramatischer Anstieg der Einwanderungszahlen. Im Jahrzehnt vor 1850 verbuchte man 1,7 Millionen Einwanderer. Um die Jahrhundertmitte war fast jeder zehnte der 23,2 Millionen Amerikaner nicht in den USA geboren. In den 1880er Jahren erreichten fünf Millionen Menschen die amerikanische Ostküste.[211]

Die zweite Welle hatte ihren Höhepunkt im ersten Jahrzehnt des letzten Jahrhunderts. Neun Millionen Menschen immigrierten in die USA. Süd- und Mitteleuropäer, darunter Italiener, Polen und auch Osteuropäer jüdischen Glaubens erreichten zu dieser Zeit den Kontinent. Die restriktive Gesetzgebung der 1920er und die *Great Depression* sorgten für einen Einwanderungsrückgang bis zum zwei-

209 Eine ausführliche Darstellung, wie von Seiten der Planung und der amerikanischen Regierung eine derartige Siedlungspolitik angestrebt wurde, ist zu finden in: *B. Cullingworth*, Planning in the USA. Policies, Issues and Processes, London/New York 1997.

210 *J. Nagler*, a. a. O., S. 48.

211 *M. Fix et al.*, a. a. O., S. 19-27.

ten Weltkrieg. Seitdem steigt die Zahl der Immigranten stetig.[212] So komplex die Motive für die Einwanderung auch waren, und es häufig auch offen bleiben muss, ob nun die „Zugkräfte" des Einwanderungslandes (z. B. höhere Löhne) oder die „Druckkräfte" der Herkunftsnation (z. B. Wirtschaftskrisen, Hungersnöte) bei diesem Schritt überwogen, Nagler resümiert, dass die überwiegende Mehrheit der Immigranten ihre Heimat aus wirtschaftlichen Gründen verließ und sich in den USA eine bessere Zukunft erhoffte.[213]

Genozid an den indianischen Ureinwohnern (Exkurs)

In diesem Kontext sollte nicht verschwiegen werden, dass die Binnenwanderung in den Westen und die damit verbundene Inbesitznahme riesiger Landflächen mit einem hohen Maß an Gewalt verbunden war und fatale Konsequenzen für die indianische Urbevölkerung hatte. Im Vergleich zu den zahlreichen Kriegen spielten die puritanischen Missionierungen eine eher untergeordnete Rolle.[214] Durch Kriege sowie durch Kontakt mit bislang unbekannten Krankheitserregern, gegen die die Indianer nicht resistent waren, hatte sich ihre demographische Stärke im heutigen Gebiet der USA von geschätzten bis zu drei Millionen Menschen auf etwa die Hälfte verringert.[215] Katja Schwyn berichtet in ihrer Studie zur amerikanischen Reservatspolitik (1996), dass unzählige, traditionell lebende Gemeinschaften durch die entstehende amerikanische Nation „vertrieben, ermordet und eingesperrt" wurden.[216] In ihrer Schilderung der historischen Ereignisfolge unterscheidet sie drei „Massnahmenpakete", die für die territoriale Organisation während der Begegnung zwischen der Stammesgesellschaft der Apachen und der modernen Gesellschaft der Amerikaner wichtig waren. Es handelte sich erstens um Völkermord, d. h. Eliminierung der Apachen aus dem Territorium der Vereinigten Staaten, zweitens um Assimilation, was mit Integration der Apachen in den „nationalen Schmelztiegel und Vernichtung der kulturellen Eigenständigkeit" gleichzustellen ist, und drittens Überwachung und Kontrolle in Reservaten.[217] Zunächst gab es Versuche der Bundesregierung, permanente Lebensräume für die amerikanische Urbevölkerung festzulegen, in

212 Ebda., S. 19-27.

213 *J. Nagler*, a. a. O., S. 48 f.

214 *G. Blanke*, a. a. O., S. 17.

215 *R. Daniels*, a. a. O. In der entsprechenden Literatur sind die Angaben über die Stärke der indianischen Bevölkerung sehr unterschiedlich. Wie Thornton treffend bemerkt, würde die Idee, die Sozialwissenschaftler von der demographischen Entwicklung der Indianer hätten, bereits deren Interpretation von Zivilisation und Kultur in der Neuen Welt beeinflussen. Siehe: *R. Thornton*, American Indian Holocaust and Survival. A Population History since 1492, Norman/London 1987, S. 15.

216 *K. Schwyn*, Territorialität und Regionalisierung am Beispiel der Amerikanischen Reservatspolitik, Diplomarbeit am Geographischen Institut der Universität Zürich 1996, S. 41.

217 Ebda., S. 58.

denen sie unbehelligt leben sollten, und zwar westlich der Staaten Arkansas und Missouri.

Nach einiger Zeit wurde der Strom der religiösen Siedler auch dorthin so groß, recherchiert Fish (1950), dass diese Grenze von der Bundesregierung aufgegeben wurde. Die Regierung schloss oft Verträge zum Zweck des Landerwerbs mit den Indianern ab.[218] Gegen ein geringes Entgelt wurden auf diese Weise riesige Landflächen erworben. Da die *Frontier* immer mehr in den Westen vordrang, blieben bald keine Ausweichmöglichkeiten für die Indianer. Sie wurden dann zunehmend in kleinere Reservate verbannt. Allein in Kalifornien wurden den Angaben Naglers zufolge durch das „tragische Aufeinandertreffen" zweier vollkommen unterschiedlicher Zivilisationen die geschätzte Zahl der amerikanischen Urbevölkerung im Zeitraum von 1845 bis 1860 von 150.000 auf 35.000 Menschen dezimiert.[219]

Sklaverei (Exkurs)

Hohe Bedeutung sowohl für die „Urbarmachung" des neuen geographischen Kontextes als auch für die städtische Entwicklung muss der Sklaverei zugemessen werden. Überdies wurden an der Sklavenfrage tiefgreifende Differenzen innerhalb der amerikanischen Gesellschaft sichtbar. Als der Kongress im Jahre 1808 die Sklaveneinfuhr offiziell untersagte, ahnte jedoch kaum jemand in den USA die dramatische Entwicklung der kommenden Jahrzehnte.[220] Der Konflikt zwischen Nord- und Südstaaten sollte sich zunehmend verschärfen und schließlich im Bürgerkrieg (1861-1865) enden. Für Nagler (1998) ist es dabei unerheblich, ob man von zwei unterschiedlichen Zivilisationen oder von lediglich regionalen Unterschieden in einer sonst eher auf Gemeinsamkeiten beruhenden Nation spricht. Die Sklaverei bewirkte letztlich, dass diese Divergenzen zu einem unerbittlichen Verschleißkrieg zwischen beiden Regionen führten.[221]

Alle größeren Einwanderungsstädte der USA lagen im Norden, sodass alle Immigranten zunächst einmal weit vom Süden entfernt die Neue Welt betraten. Von dort aus war der Transportweg mehr oder weniger vorgezeichnet, wie etwa durch Eisenbahnrouten, die die Immigranten Richtung Westen weiterführten. Insofern verstärkte diese geographische Verteilung der Neuankömmlinge die kulturelle, politische und wirtschaftliche Ausprägung der Unterschiede zwischen Nord und Süd. Diese Entwicklung mag im Süden die Annahme gefördert haben, von der Sklavenarbeit der Schwarzafrikaner abhängig zu sein.

218 *C. Fish*, a. a. O., S. 126.

219 *J. Nagler*, a. a. O., S. 48.

220 Der erste schwarze Sklave ist bereits 1619 in Jamestown angekommen: *C. Eysberg*, a. a. O., S. 67.

221 Ebda., S. 57-64.

Die Baumwollindustrie des Südens war in der Tat auf billigsten Arbeitskräften gegründet. Eysberg (1995) spricht deutlich aus, dass im Vergleich zu den Nordstaaten die städtische Entwicklung und Industrialisierung im Süden nie durch großmaßstäbliche Einwanderungswellen stimuliert waren. Auch er führt dies auf den zunehmenden Ausschluss der westwärts führenden Transportwege sowie auf das eher negative ökonomische und soziale Image der Südstaaten zurück. Die Abschaffung der Sklaverei sollte nachhaltige Folgen für die Stadtentwicklung haben. Als sich ein Sieg der Nordstaaten 1863 abzeichnete, erlebte bspw. Washington D.C. einen noch nicht da gewesenen Bauboom, begleitet von einem rapiden Bevölkerungswachstum.[222] Die Stadt lag in etwa an der geographischen Grenze der kriegführenden Parteien, war allerdings stets in den Händen der Union, also den Nordstaaten zugeordnet. Für die befreiten Sklaven aus dem Süden wurden zumeist Hütten ohne Wasser, Licht und/oder Kanalisation gebaut. Diese hauptsächlich als Blockinnenbebauung angelegten Strukturen *(alley dwellings)* wurden zu den Zentren der Slums in der Hauptstadt.[223] Im Jahre 1870 lag der Bevölkerungsanteil der Schwarzen bereits bei 33 %.[224] Gewissermaßen die Spätfolgen der Sklaverei greift Thomas Sugrue (1996) in seiner Detroit-Studie auf. Er führt die Entstehung von *City* und *Suburbs* auf Rassismus und Segregation zurück. Er argumentiert, vereinfacht gesagt, wie folgt: Weil sich die Schwarzen in den Innenstadtbereichen niederließen, kam bei den Weißen der Wunsch nach Homogenität auf und die *Suburbs* seien entstanden.[225] Nach Gottdiener in „Krisentheorie und räumliche Umstrukturierung" (1990) wurden viele Stadtgebiete in den USA bereits in den 1950er Jahren rassisch segregiert. Der Autor bezeichnet diesen „Bevölkerungsaustausch" u. a. als eine Folge der Suburbanisierung und der industriellen Entwicklung. In den 1970 Jahren zeige sich bereits ein städtisches Milieu, das eine extreme Form von Rassismus und Klassenunterschieden verkörpere und für die dekonzentrierte metropolitane Region typisch sei.[226]

Zusammenfassend ist völlig unzweifelhaft, dass die Geschichte der Stadtentwicklung in den USA zugleich als eine Geschichte der

222 *L. Horton*, The Days of Jubilee. Black Migration during the Civil War and Reconstruction, in: Urban Odyssey. A Multicultural History of Washington, D.C., Cary Francine (Hrsg.), Washington/London 1995, S. 65 ff.

223 *K. Müller et al.*, Washington und St. Petersburg, in: Amerikanische Stadt – Europäische Stadt, Johann Jessen (Hrsg.), Stuttgart 1997, S. 55.

224 *D. Dodd*, Historical Statistics of the United States: Two Centuries of the Census. 1790-1990, Washington D.C. 1993.

225 *Th. Sugrue*, The Origins of the urban Crisis: Race and Inequality in postwar Detroit, Princeton N. J. 1996.

226 *M. Gottdiener*, Krisentheorie und räumliche Umstrukturierung: Das Beispiel USA, in: Das neue Gesicht der Städte, Renate Borst und Stefan Krätke et. al. (Hrsg.), Berlin 1990, zum Beispiel S. 151 und S. 162.

Einwanderung interpretiert werden kann. P. Hall findet in „Cities in Civilization" (1998) hierfür die umschreibenden Worte: „(...) city's growth was largely fuelled by immigration."[227]

Aus der hier eingeschlagenen Perspektive sollten in diesem Unterkapitel überdies jedoch auch auf Nebenimplikationen wie die Siedlungspolitik, die Landspekulation, die Sklaverei, die Behandlung der indianischen Urbevölkerung sowie auf Segregation und Rassismus exkursorisch aufmerksam gemacht werden, wobei sicherlich jedes Thema für sich genommen noch einer weiteren Vertiefung hinsichtlich seiner Konsequenzen für die Stadtentwicklung bedürfte.

227 *P. Hall*, Cities in Civilization. Culture, Innovation and Urban Order, London 1998, S. 749.

4. POLITISCHE DEZENTRALISIERUNG

Das folgende Kapitel schließt an die Erörterung protestantischer Leitbilder und Motive des vorangegangenen Kapitels an und schildert zunächst die puritanische Ablehnung der Stadt als positiven Ort anhand biblischer Rekurse (4.1). Ferner werden Konzepte der *Community* als ideale Siedlungsweisen daneben gestellt, um die Kontinuität eines besitzorientierten Prinzips, nämlich von einer religiös motivierten Dorfsiedlung zum modernen *Suburb*, zu veranschaulichen. In ihrer Veröffentlichung „An Image that will not die" (1973) argumentieren Hadden und Barton, dass ein Mangel an humanen Werten, die auf städtische Zivilisation anwendbar seien, eine „urban crisis" in Amerika verursacht hätte. Ihnen zufolge sei die Unzufriedenheit mit einer städtischen Lebensweise in einer tiefen und fundamentalen Ablehnung der Stadt als Idee begründet.[228]

Das protestantische Leitbild eines tugendhaften Lebens auf dem Land wird in eine politische Vision einer Gesellschaft freier und landbesitzender Bürger gewandelt. Wie nun die Sicht der Stadt in ein politisches, dezentralisiertes Siedlungsideal übersetzt werden konnte, zeigt Unterkapitel 4.2. Von keinem geringeren als vom einflussreichen Thomas Jefferson stammt der entscheidende Satz: „The country produces more virtuous citizen."[229] Was Jefferson der städtischen Gesellschaft vorzieht, ist nicht nur die ländliche Idylle, sondern auch eine ländlich orientierte und auf Landbesitz beruhende Gesellschaft. Die Stadt korrumpiere sowohl durch Reichtum als auch durch Armut und mache eine freie demokratische Gesellschaft so gut wie unmöglich. Carl Fish in „The Rise of the Common Man" (1950) berichtet schlicht, dass Mitte des 19. Jahrhunderts eine einfache *Farm* in den USA immer noch beliebter gewesen sei als ein Arbeiterhaus *(workhouse)* in England, „and [the farm] less often pressed the mind, because it was a contingency so much more remote."[230] Ausgehend vom Garten Eden und über den Wandel des Naturbegriffs lassen sich Punkte auf einer Kontinuitätslinie ansetzen, die auf eine Idealisierung des Landlebens und auf diesbezüglich belegte Topologie verweisen.

Wie sich die politisch postulierte Dezentralisierung im ruralen und suburbanen Familienbild Amerikas spiegelte, behandelt Unterkapitel 4.3. Schließlich sind die *Suburbs* zum Siedlungsleitbild der

228 *J. Hadden et. al.*, An Image that will not die: Thoughts on the History of Anti-Urban Ideology, in: The Urbanization of the Suburbs, Louis H. Massotti und Jeffrey K. Hadden (Hrsg.), Beverly Hills/London 1973, S. 73.

229 *Th. Jefferson* nach *L. Holzner*, Die kultur-genetische Forschungsrichtung in der Stadtgeographie. Eine nicht-positivistische Auffassung, in: Die Erde, Bd. 112, Jg. 1981, S. 181.

230 *C. Fish*, The Rise of the Common Man. 1830-1850, Westport/Connecticut 1983, S. 62.

so genannten *Middle Class* geworden.[231] Die *Suburbs* sind nicht nur Merkmal einer dezentralisierten Stadtentwicklung in Amerika. Es ist ebenfalls möglich, so die These, sie als Ausdruck eines rural motivierten, protestantischen Lebensideals zu verstehen.

Das Unterkapitel 4.4 nimmt den um 1800 bereits dominanten Siedlungstyp *(family farm)* und die disperse Einzelhausbebauung der *Suburbs* wieder auf. In der amerikanischen Stadttheorie werden sie als „städtische" Typen behandelt, hier also eine deutliche Verschiebung auch auf semantischer Ebene. In einer protestantischen Tradition, wie sie bereits um 1800 ausgebildet war, stellt die *Farm* in Frank Lloyd Wrights sozialen Visionen die topologische Grundeinheit dar. Allerdings ist die rurale Siedlungsform in seinem Community-Ideal der *Broadacre City* (1935) bereits in die Stadt integriert: „And the farm itself, notwithstanding its animals, becomes the most attractive unit of the city."[232]

231 *R. Fishman*, Bourgeois Utopias: The Rise and Fall of Suburbia, Basic Books, New York 1987 oder *A. Duany et al.*, Suburban Nation. The Rise of Sprawl and the Decline of the American Dream, New York 2000, S. 55 ff.

232 *F. L. Wright*, Broadacre City: A new Community Plan, in: The City Reader, Richard LeGates und Frederic Stout (Hrsg.), London/New York 2000, S. 347.

4.1 Biblischer Rekurs und das Ideal der Community

Wollte man eine Neue Welt sein, so musste man sich von der Alten Welt unterscheiden. Als einen potenziellen „Unterschied“ wird nun die puritanische Sicht auf die tradierte Stadt anhand biblischer Rekurse thematisiert. Dabei gibt Blanke in „Origin and early Developments of Americas Mission“ (1992) den verstärkenden Hinweis, dass gerade bei den calvinistischen Puritanern Neuenglands die Bibel als das „wahre Wort“ galt und ein bedeutender Sinn- und Ideengeber war.[233] Dieser Umstand wiegt auch deshalb so schwer, so stellt es jedenfalls De Gruchy in seinem Buch „Christianity, Art and Transformation“ (2001) dar, weil nach Calvins Lehre die darstellende Kunst nur das abbilden sollte, was das menschliche Auge sah, nicht aber versuchen sollte, die göttliche Majestät selbst darzustellen und womöglich kreativ zu erfinden.[234] Im England des 16. Jahrhunderts sind unter puritanischem Einfluss und in Kombination mit der monarchischen Agenda, so ist ebenda weiter zu lesen, nahezu alle Skulpturen und Malereien aus dem Alltagsleben verschwunden.[235]

Es zeichnet sich bereits eine positive, ja z. T. glorifizierende Haltung gegenüber einer ruralen, agrarisch motivierten Lebens- und Siedlungsweise in Amerika ab. Die Zeugnisse Winthrops (1630), Crèvecoeurs (1782) und Turners (1893) geben einflussreiche Beispiele einerseits. Auf der anderen Seite sind die Mythen des Garten Edens und der moralischen Wildnis nicht nur feste Bestandteile einer amerikanischen Identität, sondern auch Leitbilder, mit denen der neue geographische Kontext symbolisch aufgeladen und mit Bedeutung belegt wurde. Aus handlungstheoretischer Perspektive bilden diese Leitmotive und Bilder wichtige Handlungsorientierungen der Siedler und Immigranten und sind damit für die vergleichsweise dezentralisierte und disperse Siedlungsentwicklung in Amerika von hoher Relevanz. Zudem wird insbesondere an Turners Sicht deutlich, dass die Besiedlung Amerikas nicht nur als evolutionärer Prozess verstanden wird, sondern dass die Entwicklung einer amerikanischen Identität auch als Antithese zu Europa begriffen werden kann. Hadden und Barton (1973) gehen von der These aus, dass die Unzufriedenheit der Amerikaner mit städtischer Zivilisation „are a function of man’s deepseated and fundamental rejection

233 *G. Blanke*, Origin and early Developments of Americas Mission and of its universalist Rhetoric, in: Mission, Myth, Rhetoric, and Politics in American History, Gustav Blanke und Knud Krakau (Hrsg.), Berlin 1992, S. 24; *J. De Gruchy*, Christianity, Art and Transformation, Cambridge 2001, S. 43.

234 *J. De Gruchy*, a. a. O., S. 41.

235 Ebda., S. 44.

of the city as an idea."[236] Ohne die besonderen politischen, ökonomischen, technologischen und organisatorischen Dimensionen amerikanischer Stadtentwicklung zu ignorieren, so argumentieren Hadden und Barton, sei das negative Stadtbild *(image)* vieler Amerikaner das eigentliche Hindernis für die Reifung einer städtischen Zivilisation. Die Entwicklung der *Suburbs* ist nicht nur die bloße Konsequenz eines rapiden Bevölkerungswachstums und des Bedürfnisses nach billigem Bauland, sondern auch der Versuch, einen Kompromiss zwischen den Imperativen der industriellen Revolution und einem pastoralen Siedlungsideal – also der Verbindung von Natur und Kultur – zu schließen.

Als ein puritanisches Erbe kann die Sicht der Stadt als Symbol der moralischen Untugend und der Korruption interpretiert werden. Wie aber mag das ideale Siedlungsbild für viele Amerikaner aussehen? Bei der Beantwortung dieser Frage ist die Entwicklung von einer religiös motivierten Dorfsiedlung zu einem modernen *Suburb* von besonderem Interesse. Privateigentum und Dezentralität sind dabei kontinuierliche Prinzipien, die ebenfalls mit einem individualistischen Lebensstil korrespondieren. Carl Fish (1950) bestätigt für die 1830er Jahre, dass in New England, New Jersey, Pennsylvania und den früh besiedelten Gebieten von Ohio die *Farm* grundsätzlich das Eigentum ihrer Bewohner war.[237]

Biblische Schöpfung

Wegen der weitgehend tiefen Religiosität der Siedler liegt es nahe, die Bibel – und damit eine jüdisch-christliche Tradition – als eine Quelle zu betrachten, durch die das Image der Stadt wesentlich geprägt wurde. Kontrastierend hierzu sei nun abermals an den Garten Eden mittels biblischen Rekurses erinnert: Dem zweiten Kapitel Genesis, dem ersten Buch der Bibel zufolge, erschafft der christliche Gott einen idyllischen, wasserreichen Ort mit Nahrung im Überfluss, und darin den ersten Menschen, Adam. Um Adams Willen formt der Gott „allerlei Tiere des Feldes und alle Vögel des Himmels" und am sechsten Tag eine Frau namens Eva.[238] Gott setzte den Menschen in den Garten Eden, damit er ihn bebaue und erhalte. Über die äußere Beschaffenheit des Gartens verrät die Genesis kaum etwas. Oft wird er als umschlossen dargestellt, möglicherweise weil das griechische Wort *paradeisos* für Garten Eden aus dem Persischen abgeleitet ist und dort ein umschlossenes Stück Land bezeichnet.[239] Zahlreiche Gelehrte, Kommentatoren, Dichter und

236 *J. Hadden et. al.*, An Image that will not die: Thoughts on the History of Anti-Urban Ideology, in: The Urbanization of the Suburbs, Louis H. Massotti und Jeffrey K. Hadden (Hrsg.), Beverly Hills/London 1973, S. 79.

237 *C. Fish*, The Rise of the Common Man. 1830-1850, Westport/Connecticut 1983, S. 63.

238 *V. Hamp et al.*, Die heilige Schrift des Alten und Neuen Testamentes (Die Bibel), Aschaffenburg 1978, S. 2-3.

239 *J. Harpur et al.*, Legendäre Stätten der Menschheit, München 1996, S. 10 f.

Maler haben immer wieder Bezug auf das biblische Motiv genommen. So auch der englische Dichter John Milton (1608-1674), in dessen Epos „Das verlorene Paradies“ der Garten Eden sehr ausführlich beschrieben wird.[240]

Völlig konträr hierzu wird das Bild der Stadt in der Heiligen Schrift beschrieben. Der französische Philosoph Jacques Ellul hat diese Thematik in seiner Veröffentlichung „The Meaning of the City“ (1970) behandelt. Die Stadt stelle sich ihm zufolge als ein Ort dar, an dem sich der Mensch vor Gott verstecken wolle. Deshalb bliebe sie, so der Autor, für immer verflucht: „(The) city was, from the day of its creation, incapable, because of the motives behind its construction, (...).“[241] Der Franzose formuliert seine These sehr stringent, besticht aber durch die Darstellung, wie konsequent in der Bibel auf die Stadt eingegangen wird. Die Argumentation des Franzosen beginnt mit der Schöpfungsgeschichte.

Adam und Eva hatten zwei Söhne, Kain und Abel. Kain ermordete seinen Bruder, woraufhin er von Gott verbannt wurde. Dennoch versprach Gott ihn zu schützen. Kain lehnte den Schutz ab und wanderte in das Land des Nod, wo er die erste Stadt baute und sie nach seinem Sohn Henoch benannte.[242] Demzufolge war der erste Mörder der Welt ein Städtebauer. Die Stadt ist der Versuch, entgegen Gottes Willen sein eigenes Schicksal zu bestimmen. So steht die Stadt symbolisch als eine Festung, um sich vor Gottes Gericht zu verbergen.[243]

Nimrod erscheint im zehnten Kapitel Genesis. Er war, gemäß der Schöpfungsgeschichte, der erste mächtige Mann auf Erden. Er baute zahlreiche Städte, die seine Verurteilung bedeuten sollten. Die wohl berühmteste Stadt Nimrods war Babylon. Der Bibel nach wollten ihre Bewohner einen Turm bis zum Himmel bauen, um Gott gleich zu werden. Gott antwortete mit einem Fluch. Die Stadt wurde seitdem ein Ort, an dem die Menschen in Zwietracht und Feindschaft leben mussten.[244] Als ein weiteres Beispiel gibt Ellul die Israeliten an. Sie galten als ein nomadisches Volk, das bis zu seiner ägyptischen Gefangenschaft keine Städte kannte. Erst dort wurden sie gezwungen, diese zu bauen. Seitdem stünden sie für das Volk Israel als „sign of a curse, and the proclamation of slavery renewed (...)“. Israel sah sich selbst in Sklaverei im Land der Sünde und der Trauer „by the cities she built, cities that were always the imitation of what she had learned in Egypt, before the deliverance.“[245] Nun sei an die Darstellung Kodalles (1988) des amerika-

240 Ebda., S. 13.
241 *J. Ellul* nach *J. Hadden et. al.*, a. a. O., S. 85.
242 *V. Hamp et al.*, a. a. O., S. 5.
243 *J. Ellul* nach *J. Hadden et. al.*, a. a. O., S. 87.
244 *V. Hamp et al.*, a. a. O., S. 10-11.
245 *J. Ellul* nach *J. Hadden et. al.*, a. a. O., S. 87 f.

nischen Exzeptionalismus erinnert. Unter Einbezug der Beschreibung Elluls erscheinen dann die puritanischen Siedler nicht nur als das auserwählte Volk Israel, Amerika als das verheißene Land und das Alte Europa als der Ort des Exodus – nämlich Ägypten – jetzt erscheint auch die „europäische Stadt" als ein verfluchter Ort, von dem sich die Neue Welt befreien wollte. Einzig in dem biblischen Bild einer Heiligen Stadt, in dem nach Paul Badde (1999) erstmals ein Ort des Friedens für alle Menschen gefunden wird, mochten die religiösen Siedler einen Gegenentwurf zu den „Sklavenhäusern aller Tyrannen der Erde" erblickt haben.[246]

Nachdem bereits die positive Konnotation des agrarischen Lebens im „weiten Land" veranschaulicht wurde, sollen nun überwiegend anhand der Beschreibungen des amerikanischen Geographen Donald Meinig ideale amerikanische Siedlungskonzepte vorgestellt werden. Abgesehen von der dichten Bebauung direkt an der *Main Street* bestätigen alle drei Darstellungen eine disperse topologische Entwicklung.

New England Village

Das puritanische Konzept der Gemeinde *(community)* um 1750, von Meinig in „The Interpretation of ordinary Landscape" (1979) auch *New England Village* genannt, setzt eine Gruppe von Menschen und eine physisch-materielle Konstellation voraus, die Interaktion und sozialen Zusammenhalt fördert.[247] Die areale Grundeinheit war die *Town*, ein Gebiet von ein paar Quadratmeilen, das einer bestimmten Gruppe bewilligt wurde. Bei Vaugham in „The Puritan Tradition in America" (1972) ist zu erfahren, dass die *Town* mehr noch als die Kolonie sozialer, ökonomischer und politischer Bezugspunkt der Siedler war.[248] In der Nähe des Town-Zentrums wurde ein Ort für das Dorf ausgewählt. Jede Familie des Dorfes wurde mit einem Hausgrundstück sowie mit einer oder mehreren Parzellen zur landwirtschaftlichen Nutzung in der angrenzenden, anbaufähigen Umgebung ausgestattet. Ferner war jede Familie mit dem Recht verse-

246 *P. Badde*, Die himmlische Stadt. Der abendländische Traum von der gerechten Gesellschaft, München 1999, S. 23.
Holzner (1992) beschreibt die Stadt Washington D.C. eben auf jener religiösen Ebene als eine Ausnahme unter den amerikanischen Städten. Washington sollte von vornherein ein Symbol der Nation und ihrer großen utopischen Hoffnung werden. Als Erfüllung des neuenglischen Zivilisationsideal der „City upon the Hill", so versteht es der Geograph, sollte die Stadt Zukunftsvision und Selbstdarstellung der Idee von Demokratie und Freiheit in den USA werden: *L. Holzner*, Washington D.C.: Hauptstadt einer Weltmacht und Spiegelbild einer Nation, in: Geographische Rundschau, Jg. 44, Heft 6, 1992, S. 352.

247 *D. Meinig*, The Interpretation of ordinary Landscape. Geographical Essays, Oxford 1979, S. 164.

248 *A. Vaugham*, The Puritan Tradition in America. 1620-1730, Hanover/London 1972, S. 192.

hen, beiliegende Weiden, Wiesen und Wälder zu nutzen. Ein Gebäude, das als Kirche diente, und ein Versammlungsort *(assembly hall)* auf gemeinschaftlichem Dorfgrund war symbolisches Zentrum und regelmäßiger sozialer Mittelpunkt. Land und Rechte sind nicht gleichmäßig verteilt worden. Gemeindevorsteher mit hohem Ansehen und Familien von größerer Bedeutung konnten einen größeren Anteil Land erhalten. Dem Siedlungsmuster war keine Standardgeometrie vorgegeben. Einige *Towns* waren in rechteckigen Gebieten angelegt. Andere Dörfer, z. B. New Haven, sind in ihrer Grundform auf formale Quadrate zurückzuführen. Die große Mehrheit der Siedlungen jedoch war nicht symmetrisch angelegt und erscheint schlicht als eine Adaption auf die lokalen topographischen Bedingungen.

Die Expansion ist immer in ähnlichen Schritten verlaufen. Wenn die Landwirtschaft in Gebiete vordrang, die nur schlecht vom Dorf aus zu erreichen waren oder die Bevölkerung die lokalen Ressourcen überforderte, veranlasste die Dorfleitung *(authority)* die Bildung einer ausgewählten Gruppe *(cadre)*, um ein neues Dorf innerhalb derselben *Town* oder eine neue in einem anderen Distrikt zu gründen. Weil die Gemeinde eine eng verbundene *(convenanted)* Gruppe war und Rechte und Verantwortung teilte, wurde von gelegentlicher Migration abgeraten. Dieses Idealmuster einer puritanischen Kolonisation wurde ausreichend angewendet, um schließlich eine sehr distinktive Form und Landschaft der Gemeinde zu schaffen. Natürlich waren viele englische Elemente enthalten, aber nichtsdestotrotz, so Meinig, war es eine einheimische Kreation, eine neue Art von Gemeinde. Die *New England Town* war die amerikanische Version des englischen Pfarrbezirks, und das bäuerliche *Village* erinnerte mit seinem streifenförmigen Ackerland und dem Gemeinschaftsgut an mittelalterliche Strukturen. Es gab aber auch signifikante Unterschiede in Form, Inhalt und Funktion. So gab es in Neuengland weder Herrenhäuser noch Mietshäuser. Die Gesellschaft war wesentlich einfacher strukturiert. In „The Shaping of America“ (1986) charakterisiert sie Meinig als ländlich *(rural)* geprägt mit weniger formalen Institutionen. Sie bestand fast ausschließlich aus Eigentümern ohne eindeutigen Unterschied nach Klasse und Reichtum.[249] Sie wurde von lokalen Eliten mit kongregationaler Legitimation geführt. Der Geograph schreibt: „(...) the whole body explicitly bound together to create a way of life whose nature was continuously under examination.“[250] Meinig fasst zusammen, dass das *New England Village* weithin als Symbol für eine vertraute, familienzentrierte, gottesfürchtige, hoch moralische, fleißige, sparsame und demokratische *Community* steht.

249 *D. Meinig*, The Shaping of America. A geographical Perspective on 500 Years of History. 1492-1800, Bd. 1, New Haven/London 1986, S. 156.

250 *D. Meinig*, The Interpretation of ordinary Landscape. Geographical Essays, Oxford 1979, S. 165.

Theory of exclusion

Wie geschlossen das soziale Gefüge dieser Art Gemeinschaft gewesen sein könnte, kann anhand des vielfach zitierten Ausspruchs Nathaniel Wards erahnt werden (1647):

„All Familist, Antinomians, Anabaptists, and other Enthusiasts, shall have free Liberty to keep away from us, and such as will come to be gone as fast as they can, the sooner the better.“[251]

Der bereits erwähnte John Winthrop stellte diesbezüglich eigens die puritanische „Theory of Exclusion" (1630) auf.[252] Die Exklusion, also der Ausschluss nicht gleichgesinnter Fremder ist soziologisch eng mit dem Exzeptionalismus verwandt. Das Gefühl, auserwählt zu sein, lässt sich auch dadurch bestätigen, indem andersgesinnte Menschen ausgegrenzt werden. Denn dieser Theorie nach können schließlich nicht alle Individuen von Gott auserwählt sein. Die Ironie einer geschlossenen *Community*, so die kritischen Worte Carl Abbotts (1995), liege darin, dass gerade ihr ökonomischer Erfolg jedoch den Druck auf die Öffnung für weitere Bewohner erhöhe. Demnach sei das puritanische Streben nach Einheitlichkeit dann gescheitert, so der Autor weiter, wenn der Lebensunterhalt der Gemeinschaft vom Kontakt zur übrigen Welt abhänge.[253]

Main Street of Middle America

Meinig (1986) beschreibt weitere „model landscapes“ der amerikanischen *Community*. Sehr erfolgreich und ein Konkurrent zum *New England Village* ist ein Schauplatz, der nicht auf Kirche und Dorfgrün fokussiert ist, sondern auf eine drei bis vier geschossige, im roten Ziegel gehaltene Geschäftsblockbebauung entlang einer Straße. Die Bebauung verrät ihren Ursprung, so der Geograph, durch reich verzierte Fensteranordnungen und ornamentale Gesimse im 19. Jahrhundert. Über den Geschäften mit ihren Vordächern befinden sich der Beschreibung zufolge die Büros von Anwälten und Ärzten sowie darüber wiederum die Konferenzräume *(meeting rooms)*. Ein Gerichtsgebäude *(courthouse)* hat seinen eigenen Block, ist sichtbar, spielt aber keine dominierende Rolle. Die großen klassizistischen Säulen vor dem steinernen Geschäftstempel verkünden, so Meinig, die wahre Macht, die Bank. Die Rede ist von der *Main Street*. Parallel zu ihr verläuft die *Church Street*, eine Straße mit vielen Kirchen. „Methodist, Presbyterian, Baptist, Episcopalian, and if there are Yankees present, Congrational.“[254] In der Nähe befinden sich Akademien und konfessionelle Hochschulen. Das Wohnareal beginnt mit großzügigen italienischen oder viktorianischen Häusern auf weiträumigen Parzellen. Auf der anderen Sei-

251 *N. Ward* nach *A. Vaugham*, a. a. O., S. 199.

252 Ebda., S. 199.

253 *C. Abbott*, Introduction to Urban History, in: Exploring Urban America. An introductory Reader, Roger W. Caves (Hrsg.), London 1995, S. 59.

254 *D. Meinig*, a. a. O., S. 167.

te der *Town* liegen die Waren- und Lagerhäuser sowie kleine Fabriken. Und rings um die beschriebene Ansiedlung befindet sich das prosperierende Farm-Land *(farming country)*, in dem ansehnliche Bauernhöfe *(farmhouses)* mit großen roten Ställen punktuell verstreut liegen.

Die nordamerikanischen Einwanderer, so Prahl in ihrer Dissertationsschrift (1999), gründeten ihre Ansiedlungen an Handelswegen, Güterumschlagsplätzen und später an Eisenbahnkreuzungen im Osten des Kontinents. Mitte des 18. Jahrhunderts bildete sich die *Main Street* als Hauptstraße und Zentrum dieser jungen Städte heraus. Als die Siedler Anfang des 19. Jahrhunderts westwärts wanderten, entstanden Hunderte von Gemeinden und Städten mit einer *Main Street* als Zentrum.[255] Meinig nennt diese Siedlungslandschaft *Main Street of Middle America.*[256] Er beschreibt ihre grundsätzliche Anordnung als linear. Die *Main Street* verläuft von Ost nach West und ist eine Geschäfts- und Hauptverkehrsstraße. Modellhaft ist ihre Lage zwischen der *Frontier* im Westen und den weltläufigen Einwanderungshäfen im Osten angesiedelt. Ökonomisch bildet sie ein kommerzielles Zentrum umgeben von landwirtschaftlicher und lokaler Industrie.

In sozialer Hinsicht zeichnet sie keine extremen Unterschiede von arm und reich aus. Es gibt zwar, so Meinig, soziale Unterschiede, daraus würden allerdings keine strikten Gesellschaftsschichten resultieren. Sie sei zwar eine genuine amerikanische *Community*, aber sozial nicht so stark geschlossen und kohäsiv. Die *Main Street* ist der Sitz einer eigentumsbewussten Geschäftskultur, rechtschaffender Bürger, die dem freien Unternehmen und sozialer Moral verpflichtet sind. Die *Main Street* ist eine *Community* von geradlinigen, einfühlsamen und praktisch veranlagten Menschen. Die „Chamber of Commerce" und die protestantischen Kirchen sind, so schreibt der Geograph, „naturally linked in support of ‚progress' and ‚improvement'(...)."[257] Für viele ist die *Main Street* zum Symbol amerikanischer Stadtentwicklung geworden.

California Suburbs

Ein dritter Schauplatz der amerikanischen *Community* wird von Meinig wie folgt beschrieben: Niedrige, weit angelegte, eingeschossige Häuser stehen auf breiten und zur Frontseite geöffneten Parzellen auf perfekt grünem Rasen. Das prominenteste Merkmal des Hauses ist die Doppelgarage, die hin zu einer breiten Privatauffahrt geöffnet ist, die wiederum an eine breite, kurvige Straße anschließt. Meinig bemerkt, dass dort Bürgersteige *(side walks)* unbekannt und unerwünscht sind. Die breiten Straßen führen dann auf

255 *S. Prahl*, Der öffentliche Raum der Stadt. Parallelen zwischen nordamerikanischen Main Streets und der Berliner Friedrichstraße, Weimar 1999, S. 7.

256 *D. Meinig*, a. a. O., S. 167.

257 Ebda., S. 167.

große *Freeways*, auf denen die wohlhabende durchschnittliche Familie in klimatisierten Autos zum Surfen, Wasserski, Golfen oder „country clubbing" fährt, wenn sie nicht gerade zum großem *Shopping Plaza* oder den sonstigen *Drive-In* Angeboten unterwegs ist. Meinig spricht von *Suburbia*, genauer gesagt von den *California Suburbs*, die sich nach dem ersten Weltkrieg herausbildeten. Natürlich sind die *Suburbs* nicht in Kalifornien entstanden. Aber die idealisierte suburbane Landschaft hat sich seit der Entstehung der ersten *Suburbs* nochmals weiter entwickelt. Sie sind nicht mehr bloß die Attribute älterer städtischer Areale. Sie sind diskrete und unabhängige Landschaften. „(...) not sub-ordinate, but the dominant pattern"[258], urteilt der Geograph. Dabei geht er davon aus, dass durch die massenhafte Verbreitung des Autos jeder Familie Bewegungsfreiheit gegeben wurde, die ihrerseits die Entwicklung eines neuen „städtischen" Areals förderte, das für das Auto entworfen wurde: „The East built the cars, but California taught us how to live with them."[259] Los Angeles wird in diesem Kontext von Peter Hall in „Cities in Civilization" (1998) gar als eine Art Laboratorium für den Rest der Welt bezeichnet.[260] So wurde nach Elazar (1986) das generalisierte Konzept der *Suburbia* zum „equivalent of small town America as the symbol of the country's grass roots and the fountainhead of the American Way of Life."[261]

258 Ebda., S. 169.

259 Ebda., S. 169.

260 *P. Hall*, Cities in Civilization. Culture, Innovation and Urban Order, London 1998, S. 813.

261 *Elazar* nach *D. Meinig*, a. a. O., S. 172.

4.2 Die Country-Ideologie und das Grid

Thomas Jefferson

Die politische Dimension im amerikanischen Siedlungsideal reflektierte als erster prominenter Vertreter Thomas Jefferson (1743-1826) Ende des 18. Jahrhunderts. Er besprach das ländliche Ideal amerikanischer Zivilisation in seinen Demokratievorstellungen weitgehend bereits in den „Notes on the State of Virginia" (1782). Nach Darstellung des Kulturhistorikers Leo Marx in „The Machine in the Garden" (1964) beruht das Ideal auf einem tiefen Glauben in ein ländliches Leben, das tugendhaft und gut für die menschliche Seele sei, weil es persönliche Sünden zurückhalte.[262] Nach Ansicht Jeffersons finde es seinen räumlichen Ausdruck in dezentral organisierten, kleinen und ländlichen Gemeinden *(communities)*. Politisch könne so eine gleichberechtigte Kontrolle über die Arbeit der örtlichen Regierung praktiziert werden. Zugleich fasst die Jefferson'sche Landethik die europäisch tradierte Stadt als Symbol der Korruption, Unordnung und der sozialen Ungerechtigkeit auf und steht damit in motivischer Kontinuität einer calvinistisch-puritanischen Interpretation.

Schließlich führte diese Ethik zu einer moralischen Dichotomie, welche die Stadt als künstlich, unvollständig und temporär und das Land – den neuen geographischen Kontext – als einfach, vollendet und zeitlos betrachtete.[263] Nach Jefferson ist es die feudale Vergangenheit, durchtrieben von korrupten und repressiven Institutionen, welche die teuflische Ökonomie und die militärische Verwüstung Europas erkläre.[264] Wenn die auserwählte Landschaft Virginias demokratische Tugenden fördere, was würde, so gab Jefferson zu bedenken, dann erst mit den Menschen auf europäischem Terrain, mit seinen dunklen überfüllten Städten, mit seinen gotischen Ruinen und den überfüllten Werkstätten geschehen. Für die amerikanische Lebensführung gab er bereits um 1800 folgendes Bild aus:

The chosen people of God

„Is it best then that all our citizens should be employed in its improvement, or that one half should be called off from that to exercise manufactures and handicraft arts for the other? Those who labour in the earth are the chosen people of God, if ever he had a chosen people, whose breasts he has made his peculiar deposit for substantial and genuine virtue. (...) While we have land to labour then, let us never wish to see our citizens occupied at a work-bench, or twirling distaff. Carpenters, masons, smiths, are wanting in husbandry: but, for the general operation of manufacture, let our workshop remain in Europe. (...) The mobs of great cities add just so

262 *L. Marx*, The Machine in the Garden. Technology and the pastoral Ideal in America, New York 2000, S. 121-144.

263 Ebda., S. 128.

264 Ebda., S. 138.

much to the support of pure government, as sores do to the strength of human body. It is the manners and spirit of a people which preserve a republic in vigour. A degeneracy in these is a canker which soon eats to the heart of its laws and constitution."[265]

Nach Marx wird gewöhnlich die Bezeichnung „agrarian" gebraucht, um das hier von Jefferson beschriebene politische Ideal zu charakterisieren. Der Kulturhistoriker hält es für plausibler, eher von einem pastoralen Ideal zu sprechen. Pastoral meint in diesem Zusammenhang die Verbindung von Kultur und Natur. Jefferson war stets ein Befürworter der kleinen Familien-Farm. Allerdings nicht nur aus wirtschaftlichen Gründen, sondern auch, weil er in der Landwirtschaft die Erhaltung ländlicher Sitten sah, der so genannten „rural virtues".[266] In einer solchen Gesellschaft würde ein jeder eine zurückhaltende Einstellung gegenüber habgierigem Verhalten annehmen. Hier wird die Verknüpfung des von John Locke postulierten Rechts auf Privateigentum mit Jeffersons „natural principles" einer ruralen Gesellschaft deutlich.[267] In dem egalitär sozialen Klima Amerikas, so Marx, läuft das pastorale Ideal, anstatt intellektuell beladen zu werden, auf ein pragmatisches Denken über das alltägliche Leben *(real life)* hinaus.

Jefferson übertrug den grundsätzlichen Kontrast zwischen der Einfachheit und der Kultiviertheit auf zahlreiche Situationen des täglichen Lebens. „State a moral case", sagte er,

„to a ploughman and a professor. The former will decide it as well, and often better than the latter, because he has not been led astray by artificial rules."[268]

In diesem anti-intellektuellen Gleichnis wird das pastorale Element deutlich. So ist der wahre Amerikaner nach Jefferson der Bauer *(ploughman)*, der seine moralischen Werte aus seiner Beziehung zu Grund und Boden gewinnt und nicht aus „artificial rules". Die Überführung, mit der Jefferson zu dieser Einschätzung gelangt, stammt womöglich aus seinem Glauben an die unverdorbene amerikanische Landschaft, die insbesondere auf die Natur eines „moral sense" deute. Das ländliche Leben sei das richtige und „natural" Leben für einen Amerikaner.[269] Das „weite freie Land", die unbesiedelte Wildnis, bedeutete für Jefferson nicht mehr Versuchung und existentielle Gefährdung, sondern versprach die dauerhafte Si-

265 *Th. Jefferson* nach *L. Marx*, ebda., S. 124.
266 Ebda., S. 126.
267 Ebda., S. 128.
268 *Th. Jefferson* nach *L. Marx*, ebda., S. 130.
269 Ebda., S. 137.

cherheit einer agrarischen Demokratie. *Nature* wurde so zu einem Schlüsselbegriff der politischen Theorie Jeffersons.[270]

Ambivalenz

Nach dem Erscheinen der „Notes on the State of Virginia“ (1782) verwies Jefferson darauf, dass die Idee eines dauerhaft unentwickelten und ruralen Amerikas ausschließlich als eine Theorie gedacht sei, „which the servants of America are not at liberty to follow.“[271] An die Zukunft Amerikas denkend, so berichtet Marx, hat Jefferson einige Jahre später die tragische Ambivalenz erkannt, die das Kennzeichen des wohl am weitesten verbreiteten Leitbildes als Handlungsorientierung in Amerika ist. „Our enemy“, schrieb Jefferson 1812 während des Krieges gegen Großbritannien,

„has indeed the consolation of Satan on removing our first parents from Paradies: from a peaceable and agricultural nation, he makes us a military and manufacturing one.“[272]

Etwa 80 Jahre später sollte diese Ambivalenz in Turners Frontier-These noch deutlicher werden. Turner selbst war sowohl agrarischen als auch evolutionistischen Leitbildern verhaftet. Gemäß eines evolutionistischen Denkens ist aber ein agrarischer Gesellschaftszustand selbst nur eine Zwischenstufe zu einem höheren Ziel, kann also demnach nicht beibehalten werden.

Bereits zu Jeffersons Lebzeiten war die amerikanische Siedlungskultur durch das bestimmende Leitbild einer ruralen Landschaft und einem wohlgeordneten grünen Garten von einmaliger kontinentaler Größe geprägt. Marx beschreibt es wie folgt: Obwohl sie wahrscheinlich ein Bauernhaus *(farmhouse)* oder ein reinliches weißes Dorf zeigt, wird die pastorale Szene durch natürliche Objekte dominiert. Im Vordergrund eine Weide und ein plätschernder Bach mit einigen grasenden Rindern. Am westlichen Horizont ist eine Linie von dunklen Bergen zu sehen. Das, so verknüpft es der Historiker, ist die Landschaft des alten Republikanismus, ein schlichtes, unkompliziertes Land mit ruralen Tugenden.[273]

270 Vgl. *M. Waechter*, Die Erfindung des amerikanischen Westens. Die Geschichte der Frontier-Debatte, Freiburg i. B. 1996, S. 39.
Weiterführende Texte: *D. Hall*, From Edwards to Emerson: A study of the teleology of Nature, in: Studies in puritan American Spirituality. Early Protestantism and American Culture, Michael Schuldiner (Hrsg.), Lewiston 1996; *C. Miller*, Jefferson and Nature. An Interpretation, Baltimore/London 1988.

271 *Th. Jefferson* nach *L. Marx*, a. a. O., S. 133.

272 *Th. Jefferson* nach *L. Marx*, ebda., S. 144.

273 Ebda., S. 141.

Country-Ideologie

Das Siedlungsideal, das Jefferson als Leitbild ausgab, mag der so genannten „Country-Ideologie“[274] entlehnt sein. Jefferson war wohl der prominenteste Vertreter der Idee einer agrarisch fundierten Republik. Nach Jürgen Heideking (1998) bekennt sich das Ideal zu einer auf Harmonie und Beständigkeit gegründeten agrarischen Gemeinschaft freier und gleicher Männer, wie sie angeblich in angelsächsischer Frühzeit existiert hatte.[275] Von einem zyklischen Geschichtsbild ausgehend galt eine republikanisch-freiheitliche Staatsverfassung als grundsätzlich instabil. Zu deren Erhalt bedurfte es einer unabhängigen, tugendhaften, am Gemeinwohl orientierten Bürgerschaft, die sich vor Dekadenz und Korruption zu schützen hatte. Als Garantie bürgerlicher Tugend galt insbesondere Landeigentum *(freehold property)*, während man Handel und Geldgeschäfte noch Mitte des 18. Jahrhunderts oft mit dem Verlust persönlicher Freiheit assoziierte. Als nun die britische Regierung koloniale bzw. amerikanische Freiheiten angriff, tadelte man dieses Vorgehen in der Sprache der Country-Ideologie.[276]

Die Bedeutung dieser Ideologie, darauf macht Bailyn in „The ideological Origins of the American Revolution“ (1967) aufmerksam, wird bei der Betrachtung des britisch-amerikanischen Disputs jener Zeit sichtbar.[277] Seine Ursprünge waren sowohl ökonomischer als auch ideologischer Natur. Sicherlich hatten die Kolonien durch Bevölkerungs- und Wirtschaftswachstum, Verbesserungen im Verkehrswesen sowie die Ausbildung lokaler Eliten schon Mitte des 18. Jahrhunderts einen Grad an Autonomie erreicht, der den Gedanken an die politische Unabhängigkeit nahe legen konnte. Das Beharren und Pochen auf die „alten englischen Rechte“, mit dem die Siedler den Herrschaftsansprüchen der Krone und des Parlaments begegneten, diente keineswegs nur der Verschleierung wirtschaftlicher Interessen. Man forderte eine Rückkehr zu den freiheitlichen Prinzipien der britischen Verfassung, um die Sicherung bürgerlicher Tugenden zu garantieren und die persönliche Integrität eines jeden Amerikaners nicht zu gefährden.[278] So erklärte 1770 das Bostoner *Town Meeting* vor der Repräsentantenversammlung:

274 *B. Bailyn*, The ideological Origins of the American Revolution, Cambridge/Lon-don 1967; *J. Heideking*, Revolution, Verfassung und Nationalstaatsgründung. 1763-1815, in: Länderbericht USA, Willi Paul Adams und Peter Lösche (Hrsg.), Bd. 357, Bonn 1998; *M. Waechter*, a. a. O.

275 Das Bild einer agrarischen Gemeinschaft ist in England durch den Philosophen James Harrington 1656 in Form einer Utopie „Commenwealth of Oceana“ wiederbelebt worden. Siehe hierzu: *J. Heideking*, a. a. O., S. 19.

276 *M. Waechter*, a. a. O., S. 37.

277 *B. Bailyn*, a. a. O., S. 94-159.

278 *J. Heideking*, a. a. O., S. 18.

„A series of occurrences, many recent events, (...) afford great reason to believe that a deep-laid and desperate plan of imperial despotism has been laid, and partly executed, for the extinction of all civil liberty (...) The august and once reveres fortress of English freedom –the admirable work of ages- the British Constitution seems fast tottering into fatal and inevitable ruin. The dreadful catastrophe threatens universal havoc, and presents an awful warning to hazard all if, peradventure, we in these distant confines of the earth may prevent being totally overwhelmed and buried under the ruins of our most established rights."[279]

Die Country-Ideologie nach Heideking (1998), die den englischen Parteikämpfen des 17. Jahrhunderts entstammte, zeichnete sich durch Misstrauen gegenüber den Herrschenden aus, die fast naturnotwendig den Versuchungen der Macht erlägen. Den einzigen Schutz gegen die Gefahren, die einer freien Gesellschaft von Willkür, maßlosem Ehrgeiz und Korruption drohten, bildeten die Tugenden ihrer Bürger. Während das Ideal im England des 18. Jahrhunderts selbst an Bedeutung verlor, gedieh es unter kolonialen Bedingungen weiter und gewann sogar an innerer Geschlossenheit. Am wirksamsten erwies sich der Appell an den der Ideologie innewohnenden Verdacht und die von ihr geschürten Ängste der „Versklavung". Durch diese Brille gesehen, erschien jeder einzelne Beschluss der „korrupten" Londoner Regierung als Verletzung der Fürsorgepflicht und als Anschlag auf verbriefte Rechte und Freiheiten.[280]

Waechter (1996) stellt heraus, dass unter zahlreichen amerikanischen historischen Denkern der Revolutionszeit die Annahme verbreitet war, dass mit der dauerhaften Sicherung religiöser und politischer Freiheit in Amerika die zyklische Abfolge von *Empires* ein Ende finden und das nordamerikanische Reich den glorreichen Schlusspunkt des „Dramas" der Weltgeschichte bilden würde. Hier würde *Civic Virtue* überleben, nachdem Europa hoffnungslos der Korruption anheim gefallen war.[281] Ebenso wie Crèvecoeur und Jefferson betonten Historiker der nachrevolutionären Zeit, wie wichtig die natürlichen Bedingungen des Kontinents – des neuen geographischen Kontextes – für die Entwicklung der USA waren.

Der Entwurf der formellen Unabhängigkeitserklärung aus dem Jahre 1776 entstammte der Feder Jeffersons. Er verband das Gedankengut der Aufklärung mit angelsächsischen Rechtsauffassungen und den Glaubenssätzen der Country-Ideologie. Die Präambel leitete das Recht auf Widerstand gegen illegitime Herrschaft aus den so

279 *Bonstoner Town Meeting* nach *B. Bailyn*, a. a. O., S. 94. Die Wörter „British Constitution" ist im Quelltext mit Großbuchstaben hervorgehoben.

280 Vgl. *J. Heideking*, a. a. O., S. 20.

281 *M. Waechter*, a. a. O., S. 37 f. und S. 42.

genannten *Laws of Nature* ab. Der Schlussabschnitt besiegelt unter feierlicher Ausrufung der göttlichen Vorsehung die Loslösung von Großbritannien und die Souveränität der amerikanischen Staaten.[282] Am Beispiel der Abschiedsbotschaft von George Washington (1732-1799) aus dem Jahr 1796 führt Blanke in „Das amerikanische Sendungsbewußtsein“ (1988) aus, dass die Spannungen zwischen „New England“ und „Old England“ zunehmend als Teil der Spannungen zwischen Neuer und Alter Welt empfunden wurden und dass der *New England Way* schließlich „unter Hinzunahme anderer Ingredienzien“ durch den *American Way of Life* ersetzt wurde.[283] Dadurch erhält der amerikanische Missionarismus einen neuen zentrifugalen Impuls, der eines Antriebs durch ein englisches Nationalgefühl nicht mehr bedurfte.

Kommunitarismus

Das politische Ideal der Country-Ideologie zeichnet sich durch das radikal demokratische Element des *Common Man*, einen absoluten Anti-Zentralismus und einen Bürgerbegriff aus, der sich durch Eigentum von Grund und Boden bestätigt und keineswegs an europäisch, städtisch tradierte Siedlungsweisen gebunden ist. Seit der amerikanischen Revolution ist aus der politischen Teilhabe die Utopie der politischen Selbstbestimmung und schließlich das republikanische Freiheitsideal, der *Republicanism*, entstanden. Demnach hat jeder Bürger das Recht, sich politisch einzumischen und in Bürgerschaften zu organisieren. Wie von Reese-Schäfer in „Was ist Kommunitarismus?“ (1995) geschildert, ließen sich vielleicht sogar Pfade von diesem Wertesystem zum zeitgenössischen Diskurs des Kommunitarismus zeigen, der eine Anleitung zu einer politisch-philosophischen Rückbesinnung auf die Wirklichkeit des Basiskonsens liefern möchte. Damit wäre ein Bezug zum aktuellen politischen Diskurs in den USA hergestellt.[284] Zur Tradition einer bürgerlichen Unabhängigkeit zählt nach „On the Ambiguities of Self-Help in Housing in the U.S.A.“ (1984) von P. Marcuse die Pflege direkter lokaler Basisdemokratie und das verbreitete Misstrauen gegenüber dem Staat und seiner Verwaltung[285]; ein Moment, das bereits bei den puritanischen Siedlern angetroffen werden konnte, die ja eine zentrale Kirchenverwaltung überwiegend zu Gunsten einer lokalen gemeindeeigenen Verwaltung ablehnten.

282 Vgl. *J. Heideking*, a. a. O., S. 22.

283 *G. Blanke*, Das amerikanische Sendungsbewußtsein: Zur Kontinuität rhetorischer Grundmuster im öffentlichen Leben der USA, in: Gott und die Politik in den USA. Über den Einfluß des Religiösen, Klaus Kodalle (Hrsg.), Frankfurt a. M. 1988, S. 175.

284 *W. Reese-Schäfer*, Was ist Kommunitarismus?, Frankfurt/New York 1995, S. 10.

285 *P. Marcuse*, On the Ambiguities of Self-Help in Housing in the U.S.A., in: Mitteilungen der Deutschen Akademie für Städtebau und Landesplanung, Heft 2, 1984, S. 218; *P. Marcuse*, Wohnungsversorgung in den USA, in: Bauwelt, Bd. 73, Heft 31/32, 1982, S. 1290-1292.

Grid

Vom Misstrauen gegen die Stadt erfüllt propagierte Jefferson das ländliche Lebensideal, wonach das Land die tugendhafteren Bürger hervorbringe. Der landbesitzende und landgebundene unabhängige Bürger war demzufolge der demokratische Bürger. Dieses Ziel zu erreichen, diente nach „The Making of urban America" (1965) von Reps auch der *Land Survey* mit seinem *rectangular Grid.*[286] Diese von Jefferson durchgesetzte Landaufteilung diente als raumplanerisches Instrument, um die politische Vision einer Gesellschaft tugendhafter Bürger zu fördern.

Das kontinentale *Grid* in der Grundeinheit von einer Meile, so interpretiert es Gandelsonas in „X-Urbanism" (1999), markiert die Aneignung des Landes durch die neue Gesellschaft.[287] Vollzogen wurde jenes durch die *Land Ordinance* aus dem Jahre 1785, die durch den zweiten kontinentalen Kongress initiiert wurde. Die städtischen Implikationen, so der Architekturtheoretiker, seien auch heute noch in ihrer Assoziation mit den *Townships* präsent. Die Ursprünge des *U. S. Land Survey System* stehen in direkter Verbindung zu Thomas Jefferson. Binder Johnson schreibt in „Towards a national Landscape" (1990), dass er 1784 ein Komitee einberief, um einen Plan für die Regierbarkeit des *Western Territory* vorzubereiten.[288] Die *Land Ordinance* unterteilte für den Verkauf des westlichen Landes sechs Quadratmeilen große *Townships.* Diese wiederum wurden in 36 Sektionen in der Größe von einer Quadratmeile untergliedert. Bereits 1786 waren auf dieser Grundlage die ersten Gebiete vermessen.[289]

Carl Fish (1950) beschreibt die weitere Landaufteilung der Ein-Meilen-Quadrate in Viertel-Sektoren, die je 160 *Arces* beinhalteten. Diese Einheiten wurden wiederum geteilt und geviertelt und in kleinere Parzellen aufgeteilt, wobei „certain portions were set aside for towns sides."[290] Alle Unterteilungen *(subdivisons)* wurden durchnumeriert. Ein Gebiet *(district)* wurde schließlich auf Auktionen zum Verkauf angeboten. Nach Fish waren es vor allem angekommene Migranten, die von dieser Praxis profitierten.

Die städtischen Implikationen des gerasterten Amerikas, so Gandelsonas (1999), seien deshalb nicht vor Mitte des 19. Jahrhunderts in Erscheinung getreten, weil die Konzentration der jungen

286 *J. Reps*, The Making of urban America. A History of City Planning in the United States, Princeton/New Jersey 1965, S. 314-322.

287 *M. Gandelsonas*, X-Urbanism: Architecture and the American City, New York 1999, S. 21-23.

288 *H. Binder Johnson*, Towards a national Landscape, in: The Making of the American Landscape, Michael Conzen (Hrsg.), New York 1994, S. 127 ff.

289 *J. Reps*, a. a. O., S. 216.

290 *C. Fish*, The Rise of the Common Man. 1830-1850, Westport/Connecticut 1983, S. 126.

Republik auf dem Atlantik und der Schifffahrt lag und nicht auf dem Land. Den Prozess vom ruralen zum städtischen *Grid* beschreibt der Architekturtheoretiker wie folgt:

„*The rural grid will become urban when the single line of geometric grid will be doubled to become a road, when the line as boundary or property line is transformed into the double line of a space of circulation, (...).*"[291]

Erst mit der Eroberung des weiten Landes gen Westen und dem Bau der Eisenbahn wird das *Grid* zur formalen Grundlage für den Austausch der *Frontier* als materielles und spirituelles Abenteuer sichtbar. Es war die Basis für die Planung der meisten Städte westlich der Appalachen bis zur Westküste. Gandelsonas mystifiziert schließlich die Verbreitung des *Grids* als einen kartographischen, ökonomischen und politischen Kunstgriff, das Territorium der Union abzubilden und die Landspekulation zu fördern.[292]

291 *M. Gandelsonas*, a. a. O., S. 22.
292 Ebda., S. 22.

4.3 Die ‚democratic Suburbs'

Der topologische Fokus der vorliegenden Arbeit ist die Entwicklung der dezentralisierten *Suburbs* im Verhältnis zur zentralisierten *City*. Nachdem der argumentative Schwerpunkt zunächst auf den protestantischen Deutungsmustern lag, mit denen der neue geographische Kontext mit Bedeutung belegt wurde, ist danach ein agrarisches bzw. pastorales Lebensideal erörtert und teils als biblischer Rekurs, teils als ein besitzorientiertes Ideal der *Community* in die protestantisch-calvinistische Lebenswelt eingeordnet worden. Während der Revolutionszeit sind diese religiösen Ideale quasi politisch verweltlicht worden. Politische Vision war eine auf Grundbesitz beruhende Gesellschaft tugendhafter Bürger. Wie bereits angesprochen, wurde in den Gründungsjahren der Republik zunächst noch ein Siedlungstyp favorisiert, der idealer Weise das Lebensmodell des *Common Man* bediente.

Ab etwa 1840 begann die Bedeutung industrieller Ballungszentren zu zunehmen. Sie waren nicht nur Ort der Immigrantenankunft, sondern idealtypisch ebenfalls Ort der arbeitsteiligen Ökonomie und jedenfalls z. T. auch Ort des Wohnens. Es wurde bereits eine Ambivalenz angedeutet, die sich zwischen einem politischen Ideal, das sich an einer ruralen und dispersen Topologie orientierte, und einem ökonomischen Ideal, das auf eine verdichtete und zentralisierte Topologie angewiesen war, aufspannt. Denn modellhaft war die *City* der Ort der Arbeit – so jedenfalls das *Zonal Model* von Burgess. Die „Arbeit", das hat bereits Max Weber zum Ausdruck gebracht, ist von hoher Bedeutung für die von calvinistisch-puritanischen Werten geprägten Amerikaner. Durch den ökonomischen Erfolg konnten sie sich der göttlichen Gnadenwahl und später, wie der Soziologe zeigte, entsprechenden sozialen Prestiges versichern. So kann hier im Rahmen der Handlungsorientierungen ein Pfad von Leitbildern aufgezeigt werden, der vom religiösen Exzeptionalismus (John Winthrop), bis zum vergleichsweise säkularisierten *Self-Made Man* (Franklin) reicht. Bei aller moralischer Ablehnung und Skepsis gegenüber der Stadt gibt es auch in protestantisch-calvinistischen Siedlungsbildern, so die Interpretation, einen Bedarf an ökonomischer Zentralität. Denn im Bild der *Frontier* gelesen, ist die *City* auch der Ort, an dem sich der *Business Man* und der *Self-Made Man* ökonomisch behaupten können.

Ein Konsens über Demokratie schien die europäisch tradierte städtische Siedlungsform, wie sie z. B. Weber als ein besonderes politisches Stadtgebiet beschrieb[293], nicht mehr zu benötigen. Der

293 *M. Weber*, Die Stadt, Teilbd. 5 (Studienausgabe), aus: Wirtschaft und Gesellschaft. Die Wirtschaft und die gesellschaftlichen Ordnungen und Mächte (Nachlaß), Wilfried Nippel (Hrsg.), Tübingen 2000, S. 7.

Konflikt zwischen den ruralen Leitbildern des „genuinen" Amerikaners, sei es der *Common Man* im Garten Eden, der *Farmer* auf Gottes Erden oder der *Pioneer* in der moralischen Wildnis einerseits und der städtischen Attraktivität andererseits, die die Stadt als einen technologischen Wirtschafts- und Arbeitsstandort auslegt, wie ihn der *Business Man* benötigte, schien in einem suburbanen Siedlungsarrangement gelöst zu sein. Die herausragende Mittlerfigur übernimmt hierbei der *Self-Made Man*. Der mit Abstand größte Teil amerikanischer Städte, so Holzner in „Stadtland USA" (1996), wird durch das *Single Detached House* bestimmt.[294] Materieller Erfolg und soziales Prestige konnten z. B. durch den Besitz eines Einzelhauses in den *Suburbs* demonstriert werden. Die Entwicklung der dispersen Topologie stellt Vance (1990) schließlich als eine Utopie des „democratic suburb" dar.[295] Ist die *Family Farm* wirtschaftlich noch eine relativ autarke Siedlungseinheit, sind die *Suburbs* vergleichsweise abhängig von der zentralisierten *City*. In Abzug muss ihnen folglich in ihrer politischen Dimension besonders hohe Bedeutung beigemessen werden. Die städtische Topologie wandelt sich, indem vormals rural motivierte Siedlungsformen in den Stadtbegriff integriert werden. Jetzt ist es auch schlüssig, weshalb idealtypisch die Topologie der *City* und der *Suburbs* die notwendige Bedingung dafür ist, dass der *Self-Made Man* seinen Lebensstil, sprich den *American Way of Life*, praktizieren kann.

Vorläufer in England

Nach Darstellung von Southworth und Ben-Joseph (1997) wählten zuerst wohlhabende Bürger neue Siedlungsformen am „urban-rural edge".[296] Die „Ursprünge" der Siedlungsentwicklung am Stadtrand, der *Suburbia*, können zeitlich auf das späte 18. und frühe 19. Jahrhundert eingegrenzt werden – also noch deutlich vor den großen Auswanderungswellen in die USA.[297] Gut situierte Bankiers und Kaufleute experimentierten mit unterschiedlichen Haustypen, die vor allem die veränderte Einstellung zur Industriestadt dokumentierten. Den Autoren zufolge sei durch die Intensität des Lebens in klassendurchmischten Quartieren und durch die Bedingungen der städtischen Umwelt der Wunsch nach Segregation entstanden. „The bourgeoisie wanted neighborhoods", erklärt Stone, „that were both

294 *L. Holzner*, Stadtland USA: Die Kulturlandschaft des American Way of Life, Gotha 1996, S. 44.

295 *J. Vance (Jr.)*, Democratic Utopia and the American Landscape, in: The Making of the American Landscape, M. Conzen (Hrsg.), New York 1994, S. 204 ff.

296 *M. Southworth et al.*, Streets and the Shaping of Towns and Cities, McGraw Hill, New York 1997, S. 21.

297 Der Erklärungsansatz von *M. Southworth et al.* ist sicherlich recht schlicht, genügt der vorliegenden Argumentation aber, um eine Verknüpfung zum europäischen Kontext zu belegen. Einen wesentlich komplexeren historiographischen Blick auf die Suburb-Genese liefert: *R. Harris et al.*, Changing Suburbs: Foundation, Form and Function, London 1999.

class segregated and purely residential, focusing on the emerging nuclear family."[298] Diese Familien wollten sich von den Störungen durch Arbeitsplätze im Besonderen und der *City* im Allgemeinen separieren und suchten die Trennung von Arbeitsort und Wohnort. Die Londoner Eliten sollen, so die Darstellung, die ersten gewesen sein, die die Kombination von Wohn- und Bürohaus aufgaben und mit ihren Familien aus der Stadt an den ländlich geprägten Rand zogen. Je mehr die suburbanen Siedlungsideen auch Anklang in den mittleren Gesellschaftsschichten fanden, desto größer war der Bedarf an Bauplätzen. Landeigentümer am Stadtrand profitierten von der Entwicklung der neuen Lebensführung. Ihre Herausforderung bestand nun darin, Gemeinschaften *(communities)* zu entwickeln, die die Nachfrage der neuen Käuferschicht befriedigten.

Die gestalterischen Vorbilder der idyllischen *Suburbs* werden vom Autorenduo in die Malerei, Philosophie und Literatur des 17. und 18. Jahrhunderts gelegt. Kennzeichnend war die Idealisierung ruraler Werte und malerischer Landschaften.[299] Das würde in etwa der Zeit entsprechen, in der die ersten puritanischen Siedler in die britischen Kolonien immigrierten.[300]

Entwicklung in den USA

Das Vorbild für den erfolgreichen *Business Man*, Unternehmer und Bürger in Amerika war, so berichtet Fishman in „American Suburbs/English Suburbs" (1987), die englische metropolitane Lebensweise des exklusiven *Suburbs*.[301] Diese wurde vom *Protestant Establishment* schon nachgeahmt, als die Lebensverhältnisse in den Innenstädten noch keinerlei notwendige Bedingung (z. B. durch Umweltbelastungen) für eine rural motivierte Siedlungsform bieten konnten. Die Amerikaner „folgten nicht einfach zufällig dem englischen Vorbild der Suburbs, sie ahmten sie vielmehr ganz bewußt nach."[302] Die amerikanischen *Suburbs* kurz vor 1840, und das ist Fishmans zentrale These, wichen in ihrer räumlich-materiellen Gestaltung grundsätzlich nicht von den Wohnformen ab, die ca. 25 Jahre früher außerhalb Londons und am Rande der Industriestädte Nordenglands entstanden waren.[303]

298 *L. Stone* nach *M. Southworth et al.*, ebda., S. 21.

299 Ebda., S. 21.

300 Weiterführendes zur religiösen Belegung einer asketischen Kunst und deren Bedeutung für Calvinismus und Puritanismus ist zu finden in: *J. De Gruchy*, Christianity, Art and Transformation, Cambridge 2001.

301 Vgl. *R. Fishman*, American Suburbs/English Suburbs. A transatlantic Comparison, in: Journal of urban History, Bd. 13, Nr. 3, Mai 1987, S. 239.

302 *R. Fishman* nach *L. Holzner*, a. a. O., S. 40.

303 *R. Fishman*, a. a. O., S. 238. Fishman widerspricht damit der These Kenneth Jacksons, wonach der „middle class residential suburb represents a distinctly American contribution to modern urban forms." (ebda., S. 237). Die hier vorgelegte Arbeit bezieht sich im Folgenden auf die analytischen Aussagen Jacksons, um die hier relevante religiöse Belegung der suburbanen Wohnform in Amerika näher zu bringen.

Frederick Law Olmstedt

Beispielhaft für den Import solcher Ideen steht der Architekt Frederick Law Olmstedt (1870). Der Amerikaner besuchte in den 1850er Jahren England. Zuvor studierte er in der öffentlichen Bibliothek Hartford (USA) die Arbeiten von Uvedale Price, William Gilpin und anderen Gründern des englischen *Picturesque Design*.[304]

„Probably the advantages of civilization can be found illustrated and demonstrated under no other circumstances so completely as in some suburban neighborhoods where each family abode stands fifty or a hundred feet or more from all others, and at some distance from the public road."[305]

Olmstedt und sein Partner Calvert Vaux sind 1869 von E E Child und der Riverside Improvement Company beauftragt worden, ein „suburban village" auf einem 1.600 *Acre* großen Areal am Des Plaines River, ca. 9 Meilen westlich vom *Central Business District* Chicagos, zu entwickeln.[306] Eine Besonderheit von Riverside, so der Name dieser Ansiedlung, war es, dass der geplante Ort – im Unterschied zu anderen geplanten *Suburbs* jener Zeit (z. B. Llewllyn Park in New Jersey) – über ein Zentrum verfügte, das eine Eisenbahnstation, ein Hotel, kommerzielle und institutionelle Einrichtungen sowie einen Wasserturm aufwies, der wiederum zum Wahrzeichen der *Community* werden sollte.[307] Nach dem hier analysierten Diskurs hatte sich 1840 trotz erster Tendenzen der Suburbanisierung außer der *City* oder der *Farm* noch keine quantitativ bedeutsame Siedlungsform in Amerika entwickelt. Selbst periphere *Towns*, so Jackson in „Crabgrass Frontier" (1985), waren kleinere Versionen von *Cities*. Außerhalb wohnende Menschen betrachteten das städtische Zentrum als Mittelpunkt des Fortschritts und der Kultur. So wurden bedeutende Innovationen in der Stadt entwickelt: in Philadelphia 1799 das öffentliche Wasserversorgungssystem, in Boston 1818 das öffentliche Schulsystem, in New York 1829 das öffentliche Transportsystem. Über die östlichen Städte Amerikas wurde der Stil des *Georgian London Town Houses* importiert. Die Städte boten teilweise Straßenbeleuchtung und öffentliche Krankenversorgung. In jeder Hinsicht, so schreibt der Autor, war der städtische Service dem suburbanen Angebot überlegen.[308]

304 Ebda., S. 243.

305 *F. L. Olmsted* nach *K. Jackson*, Crabgrass Frontier. The Suburbanization of the United States, New York/Oxford 1985, S. 45.

306 Vgl. *S. Sutton*, Civilizing American Cities. A Selection of Frederick Law Olmsted's Writings on City Landscapes, o. O. 1979, S. 292 ff.
Wie Ebenezer Howard von Olmstedts Vorarbeit und davon wiederum Frank Lloyd Wright profitierte, wird in 4.4 angesprochen.

307 *O. A.*, Railroad Suburbs, in: Architectural Design, Bd. 51, Heft 10/11, 1981, S. 24.

308 *K. Jackson*, a. a. O., S. 45.

Reine Wohnquartiere nach „Democratic Utopia and the American Landscape" (1990) von Vance kamen zunächst auf der Grundlage einer fußläufig machbaren Entfernung zwischen Wohnen und Arbeiten zustande. Erst mit der Einführung der Eisenbahn ab 1830 kann überhaupt von einer Pendlerbewegung gesprochen werden. Vance betont, dass der Wunsch nach einer suburbanen Lebensform vor allem durch den Glauben an das „social asylum" des Landes gefördert wurde[309], der hier wiederum als ein Naturbezug gedeutet wird. Begonnen hatte es mit der *Family Farm* und fortgesetzt mit der aufgelockerten Ansiedlung von Einfamilienhäusern. Sowohl die *Family Farm* als auch die *Suburbs* lassen sich in ihrer Bedeutung mehr als einen geographischen Ausdruck der Lage als einen rein architektonischen Ausdruck verstehen:

„The forms that the family farm and the suburbs assumed were the results of a social objective, the abolition of the vestigial feudalism, rather than the result of an operative social engineering."[310]

Ab 1890 ist es in den USA möglich, das suburbane Siedlungsbild deutlich von der Form dichter Städte zu unterscheiden. Die Vorstellung von Wohnraum, so Jackson (1985), die von den meisten Amerikanern bevorzugt werde, sei damals zu einem Teil der Lebenswelt der so genannten Mittelklasse geworden.[311] Die Bevorzugung einer rural motivierten Siedlungsform erklärt sich im Grundsatz nach ebenda wie folgt:

„This shift had many dimensions and sprang from many causes, but the suburban ideal of a detached dwelling in a semirural setting was related to an emerging distinction between Gemeinschaft, the primary, face to face relationships of home and family, and Gesellschaft, the impersonal and sometimes hostile outside society."[312]

309 *J. Vance (Jr.)*, a. a. O., S. 218.

310 Ebda., S. 218.

311 *K. Jackson*, a. a. O., S. 46.

312 Die Wörter „Gemeinschaft" und „Gesellschaft" sind im Quelltext (kursiv) hervorgehoben. Ebda., S. 46.
Anm.: Ähnliche Worte – „*Gemeinschaft* is replaced by *Gesellschaft*" – findet auch Peter Hall, um in einem breiteren Zusammenhang auf sozialer und moralischer Ebene die Entwicklung von einem eher ländlich und klein-städtischen Leben zu einem städtisch und groß-städtischen Leben zu erklären: *P. Hall*, Cities in Civilization. Culture, Innovation and Urban Order, London 1998, S. 612 f.
Mit dem Begriffspaar „Gemeinschaft" und „Gesellschaft" beziehen sich K. Jackson und P. Hall womöglich auf den soziologischen Klassiker von Ferdinand Tönnies, der in der amerikanischen Soziologie so selbstverständlich zum Kanon gehören mag, dass es dort offensichtlich nicht einmal eines Hinweises auf den Autor bedarf: *F. Tönnies*, Gemeinschaft und Gesellschaft. Grundbegriffe der reinen Soziologie, Darmstadt 1991.

1840 hatten nur New York und Philadelphia über 125.000 Einwohner. Die Industrialisierung in Amerika war gerade in ihren Anfängen. Der typische Arbeiter in der Stadt arbeitete in Betrieben, die nur selten mehr als ein Dutzend Beschäftigte hatten. Wohn- und Arbeitsort waren demnach bereits getrennt. 1890 war die USA eine der bedeutenden Industrienationen der Welt geworden. Nach der offiziellen Zensusdefinition war die Fläche Amerikas zu diesem Zeitpunkt zu einem Drittel städtisch – der Nordosten sogar zur Hälfte. Als städtisch galten demnach *Communities* mit mehr als 2.500 Bewohnern. Gemessen an der Anzahl der Einwohner war New York nach London die größte Stadt der Welt.[313] Chicago und Philadelphia zählten über eine Million Einwohner. Minneapolis, Denver, Seattle, San Francisco und Atlanta existierten im Jahre 1840 kaum. 50 Jahre später waren sie regionale Zentren. Industriefabriken beschäftigten Hunderte und z. T. Tausende von Arbeitern. Für Jackson (1985) ist nun diese rasante Entwicklung von zentraler Bedeutung, weshalb gerade in diesem Zeitraum ein neues Denken über die Familie, das Haus, den Hof und letztlich über „new ways of building cities“ einsetzte.[314]

Für die hier vorliegende Argumentation ist nun weniger wichtig, in diesem vermeintlichen *Shift* einen neuen Stadttypus zu entdecken. Nein, bedeutsam ist, dass Jackson die Genese einer Topologie nachzeichnet, in der auf protagonistische Weise die Mittlerfigur des *Self-Made Man* seinen Lebensstil im Spannungsfeld zwischen zentralisiertem Arbeits- und Marktort auf der einen Seite und dezentralisiertem Familien- und Wohnort auf der anderen Seite arrangieren kann.

Wohnform für die Mittelklasse

Nach Darstellung Jacksons (1985) nimmt die Familie in der christlich-jüdischen Kultur eine besondere Position ein, in der sie das von Gott gewählte Instrument darstelle, um die Erhaltung der Spezies, die Erziehung der Kinder und die Entwicklung moralischer Prinzipien zu sichern. Auch in dieser Auffassung kann ein Prädestinationsgedanke gesehen werden, wie er schon von Johannes Calvin aufgenommen wurde. Erst im 18. Jahrhundert entwickelte sich die Familie zu einer festen Gruppe von Eltern und Kindern. Dem Autor zufolge wurde die Familie zu einer persönlichen Bastion gegen die Gesellschaft, zu einem Ort der Zuflucht und zwar frei von äußerer Kontrolle. Das Zurückziehen in einen privaten Lebensbereich drücke sich in der Aufteilung des Hauses und der Entwicklung individueller Räume aus. Obwohl es diesen „Behavioral Shift“ auch in Europa gegeben hatte, erreichte das private, häusliche und isolierte Leben seine stärkste Ausprägung in den USA in der Mitte des 19.

313 Vgl. *K. Jackson*, a. a. O., S. 47.
314 Ebda., S. 47.

Jahrhunderts.[315] Stellvertretend für viele amerikanische Autoren zitiert Jackson den protestantischen Theologen Timothy Dwight. Er belegte das Einfamilienhaus mit zahlenreichen Werten:

„The habitation has not little influence on the mode of living, and the mode of living sensibly affects the taste, manners, and even the morals of the inhabitants. If the poor man builds a poor house, without any design or hope of possessing better, he will (...) conform his aims and expectations to the style of his house. His dress, his food, his manners, his taste, his sentiments, his education of his children, and their character as well as his own, will be seriously affected by this ugly circumstances."[316]

So wurde das Einfamilienhaus zum Leitbild *(paragon)* der Wohnwünsche für die amerikanische Mittelklasse. Es war das sichtbarste Zeichen, in der Gesellschaft angekommen zu sein, ein Ziel, das jede „decent family" anstrebte.[317] Eine Investition in ein Einfamilienhaus verbanden viele mit der Hoffnung auf höheren sozialen Status und Prestigegewinn. Ein Immigrant, so die These, der in der Regel in der Innenstadt ankam, mochte den suburbanen Lebensstil, ganz gleich, ob er ihn vor seiner Einwanderung schon kannte oder nicht, als eine Möglichkeit der gesellschaftlichen Integration gesehen haben. Wer sich gemäß der politischen Vision gesellschaftlich integrieren wollte, zog in die *Suburbs*. „A man is not a whole and complete man unless he owns a house and the ground it stands on"[318], gab der einflussreiche Walt Whitman (um 1850) als Leitbild aus. Das soziale Gewicht der Aussage als Handlungsorientierung der Neuankömmlinge – also als Befähigung zur Realisierung ihrer Handlungsentwürfe – kann dadurch ermessen werden, dass an das calvinistische Prinzip des Exzeptionalismus *(choseness)* erinnert wird. Denn zur Gruppe der „ganzen" und „kompletten" Männer ist eben nur derjenige zugehörig, der Haus und Grund sein Eigen nennen kann. Das einst religiöse Prinzip mag sich zu einer säkularisierten Form gewandelt haben. Die kontinuierliche Wirksamkeit, wie sie dem Ausspruch Whitmans innewohnt, unterstreicht jedoch seine Relevanz als Verstärker eines suburbanen Siedlungsarrangements. Das Einfamilienhaus wird für den Immigranten zur Vergewisserung und zum Symbol der gesellschaftlichen Integration.

Real Estate

Ferner sei an dieser Stelle noch einmal an die politische Vision einer auf Grundbesitz beruhenden Bürgergesellschaft und an die Besitzbezogenheit des Individuums erinnert, wie sie in den Idealfiguren des *Common Man*, des *Self-Made Man* und des *Business Man*

315 Ebda., S. 48.
316 *T. Dwight* nach *K. Jackson*, ebda., S. 49 f.
317 *K. Jackson*, a. a. O., S. 50.
318 *W. Whitman* nach *K. Jackson*, ebda., S. 50.

erblickt werden kann. Das *Grid* wurde dazu schon frühzeitig, dem Diskurs folgend spätestens ab 1784, als planerisches Steuerungsinstrument eingesetzt, um Landerschließung, Landaufteilung und letztlich die Entwicklung einer dezentralisierten Siedlungsform zu fördern. War es um 1800 noch die *Family Farm*, die in der Tradition des protestantischen Landschaftsideals als tugendhafte Siedlungsform galt, entwickelten sich Mitte des 19. Jahrhunderts die *Suburbs* zu dem dominanten Siedlungsmuster der amerikanischen Mittelklasse.[319] Denn um die Umsetzung der politischen Vision durchzuhalten, mussten möglichst viele Amerikaner zu Landbesitzern werden. Der *Public Land Act* von 1820 und der *Homestead Act* von 1862 sind bereits erwähnt worden. Im Grundsatz unterstützen beide Gesetze die Farmer-Familie auf der Suche nach Landeigentum. Es erscheint daher auch nicht zufällig, dass Grund- und Hauseigentum in den USA als *Real Estate* bezeichnet wird. Das Investieren in Grundbesitz und in Immobilien bezeichnet Gottdiener in „Krisentheorie und räumliche Umstrukturierung" (1990) als einen der Hauptwege, um in den USA „Geld zu machen."[320] Jackson (1985) bezeichnet die Idee, dass Landeigentum ein Statussymbol und eine subtile Versicherung gegen „ill fortune" sei, als einen kulturellen Import der protestantischen Siedler aus Europa.[321]

Schon im religiösen Community-Ideal des *New England Village* wird eine Gesellschaftsbildung auf der Basis von Landbesitz und Privateigentum deutlich. Im Siedlungsbild der *Suburbs*, wie durch Meinig beschrieben, ließ sich das politische Ziel der landbesitzenden Bürger als Gesellschaftsideal kontinuieren, das sich zuvor im Ideal der *Farm* manifestiert hatte. Ab 1870 sind getrennte Wohnhäuser zu einem bestimmenden Merkmal suburbaner Siedlungsformen geworden. Der Hof des Hauses, der zur öffentlichen Straße lag, war privat und groß.[322] Das neue Ideal war nicht mehr die sozial kohäsive *Community*, sondern nach Jackson ein „private wonderland walled off from the rest of the world."[323]

Für Amerikaner, so erklärt John Adams in seinem Aufsatz „The Meaning of Housing in America" (1984), sind die Wohnverhältnisse *(housing)* Zeichen des Reichtums, um zu zeigen, wer man ist. Durch sie wird demonstriert, zu welcher sozialen Schicht man ge-

319 Vgl. *A. Duany et al.*, Suburban Nation. The Rise of Sprawl and the Decline of the American Dream, New York 2000, S. 55 ff.

320 *M. Gottdiener*, Krisentheorie und räumliche Umstrukturierung: Das Beispiel USA, in: Das neue Gesicht der Städte, Renate Borst und Stefan Krätke et. al. (Hrsg.), Berlin 1990, S. 152; *P. Marcuse*, On the Ambiguities of Self-Help in Housing in the U.S.A., in: Mitteilungen der Deutschen Akademie für Städtebau und Landesplanung, Heft 2, 1984, S. 189-218.

321 *K. Jackson*, *a. a. O.*, S. 53.

322 Vgl. *C. Fish*, The Rise of the Common Man. 1830-1850, Westport/Connecticut 1983, S. 62.

323 *K. Jackson*, a. a. O., S. 58.

hört und, erklärt der Autor weiter, „to exclude others from their group.“[324] Für Choko und Harris in „The Local Culture of Property“ (1990) beinhaltet Hauseigentum die amerikanische Tugend der Selbsthilfe. Sie vermuten darin ein demokratisches Angebot für eine moderate Absicherung und einen guten Gewinn für Kleininvestoren. *Home Ownership*, oder wie das Autorenduo präzisiert, *Owner-Occupation*, sei ein bedeutsames Element der amerikanischen Kultur des Besitzindividualismus *(possessive individualism)* und mithin, wie sie fortfahren, integraler Bestandteil des *American Way of Life*.[325]

324 *J. Adams*, The Meaning of Housing in America, in: Annals of the Association of American Geographers, 74 (4), 1984, S. 515 ff.

325 *M. Choko et al.*, The Local Culture of Property: A Comparative History of Housing Tenure in Montreal and Toronto, in: Annals of the Association of American Geographers, 80 (1), 1990, S. 73 f.; *R. Harris et al.*, Changing Suburbs: Foundation, Form and Function, London 1999, S. 12-16.

4.4 Die Vision der ‚Broadacre City'

White und White unterstreichen mit ihrer Publikation „The Intellectual versus the City" (1962) die generelle Bedeutung der hier verhandelten Leitbilder und deren breite gesellschaftliche Akzeptanz, ja Dominanz, in den USA. Aus verschiedenen Gründen, so das Autorenduo, hätten in den USA bekannte Denker und Theoretiker ihre Ambivalenz und Animosität gegenüber der Stadt zahlreich auf unterschiedliche Art und Weise verbreitet.[326] Der Art negative Stadtansichten sind nicht nur selbst Träger bestimmter Leitbilder, sondern ihrerseits wiederum Vorbilder und damit Handlungsorientierung und Verstärker im Handlungsprozess vieler Amerikaner.

Zwar thematisieren White und White nicht den kontinuierlichen Einfluss protestantischer Werte, dennoch kann sich die vorliegende Arbeit sehr zweckmäßig ihres Werkes bedienen. Anhand der Person Frank Lloyd Wright soll nun die kontinuierliche Bedeutung einer Naturästhetik aufgezeigt werden, die mit den protestantischen Siedlern und ihrem Leitbild des Garten Edens begann und mit der Integration eines ländlich motivierten Siedlungstyps, der *Family Farm*, in das Planungsmodell der *Broadacre City* (1935) einen vorläufigen Höhepunkt fand. „The nation's ambivalence toward cities", so der amerikanische Stadttheoretiker Carl Abbott (1995), trete in einer Planungstradition hervor, die sich zum einen von sozialen Idealen und zum anderen dem Wachstum der Nation verpflichtet sähe.[327] Seit der puritanischen Besiedlung Neuenglands im 17. Jahrhundert gäbe es das Bestreben der Planung, sozialen Wandel zu kontrollieren, indem z. T. sehr deutlich auf die Ideale einer geschlossenen, ja statischen Gemeinschaft zurückgegriffen werde.[328]

Zweifellos sind die Ideen Wrights im Kontext seiner Zeit entstanden. Auf besondere Weise lässt sich aber von seinen Gesellschaftsvorstellungen, bspw. über Thomas Jefferson und der Country-Ideologie, eine Linie zum Gesellschaftsideal der ersten Siedler und in Assoziation zu den entsprechenden Siedlungsidealen finden, die einen Bezug zu protestantischen Leitbildern sinnvoll machen. Denn ähnlich wie Louis Sullivan in „Kindergarten Chats" (1902) bezieht auch Wright in seinen theoretischen Arbeiten wie z. B. „Broadacre City: A new Community Plan" (1935) und „The Living City" (1958) Anregung und Inspiration aus den literarischen Werken E-

326 *M. White et al.*, The Intellectual versus the City. From Thomas Jefferson to Frank Lloyd Wright, Cambridge 1962, S. 1.

327 *C. Abbott*, Introduction to Urban History, in: Exploring Urban America. An introductory Reader, Roger W. Caves (Hrsg.), London 1995, S. 58.

328 Vgl. ebda., S. 58; vgl. *P. Hall*, Cities of Tomorrow. An Intellectual History of Urban Planning and Design in the Twentieth Century, Oxford 1996, S. 2.

mersons (1836), Thoreaus (1854) und Whitmans (1855). Bei ihnen handelt es sich um Vertreter des so genannten Transzendentalismus, die aus protestantischen Werten und dem Hegel'schen Idealismus eine organische Naturästhetik zu entwickeln suchten.[329] Vorgenannte Autoren setzen ihren Naturbegriff, sofern er näher bestimmt ist, in Beziehung zum amerikanischen Kontinent, zum Individuum und zur Demokratie. Nochmals seien zusammenfassend wichtige, in zurückliegenden Unterkapiteln bereits besprochene Punkte auf der Kontinuitätslinie genannt:

a) vom protestantischen Ideal des Garten Edens als das Reich Gottes auf Erden für den *Common Man*, über

b) die Vorstellung, dass Gott durch die Natur spreche, bei Jonathan Edwards und den *Great Awakenings*,

c) vom Glaube an die tugendhafte, demokratisierende Wirkung des Landes bei Jefferson und dem sich durch Eigentum definierenden *Farmer* über

d) die Transzendentalisten, bei denen die Natur zum Schlüsselbegriff für das Individuum und der Demokratie wird, bis hin zu

e) F. L. Wright, der seinen Naturbegriff schließlich auf eine dezentralisierte Formensprache für Architektur und Städtebau überträgt und zugleich eine soziale Vision vertritt, in der der demokratische Amerikaner zum freien Individuum wird.

Das o. g. Autorenduo konstatiert, dass die Siedlungsentwicklung in den USA kein durchgängiges und überzeugendes positives Stadtbild aus Philosophie und Literatur kenne, auf das heutige Stadtplaner in irgendeiner Form Bezug nehmen könnten.[330] Es gebe keine Tradition, geschweige denn eine positiv belegte Mythologie, wie sie z. B. die Griechen gegenüber der Polis und französische Künstler und Schriftsteller in ihrer Zuneigung gegenüber Paris entwickelt hätten. Im Gegenteil, während die amerikanische Gesellschaft im 19. Jahrhundert im Zuge der Einwanderungswellen und der Industrialisierung der Tendenz nach immer städtischer wurde, hat die Literatur, die gegen die Stadt propagierte, an Umfang und Intensität

329 Vgl. hierzu weiterführende Texte: *J. Cook*, Nineteenth Century Idealist Sources for the 21st Century. Organic American Origins and Sustainability, in: Thesis. Wissenschaftliche Zeitschrift der Bauhaus-Universität Weimar, Heft 6, 1997, S. 16-27 und *W. Nedderhut-Heeschen*, Schule von Chicago. Ein architekturgeschichtlicher Essay, Deutsche Bauzeitschrift DBZ, Bd. 38, Heft 5, 1990, S. 685-692.

330 *M. White et al.*, a. a. O., S. 1.

zugenommen.[331] Das Stadtwachstum, das wohl eines der signifikanten Merkmale amerikanischer Siedlungsentwicklung darstellt, ist auf diese Weise entscheidend zu einem negativen Prozess stigmatisiert worden. White und White zufolge sind es insbesondere die Schriften und Werke von Jefferson, Emerson, Thoreau, Hawthorne, Melville, Poe, Henry Adams, William Dean Howells, John Dewey, Richard Hofstadter, Louis Sullivan, Robert Park und Frank Lloyd Wright, die gewissermaßen das „national literary pantheon" der Großstadtfeindlichkeit in den USA abbilden.[332] Diese Personen dominierten nicht nur bestimmte Denkrichtungen, sie können symbolisch auch als ein Filtrat identifiziert werden, das auch heute noch die Einstellung vieler Amerikaner gegenüber der Stadt motiviert und demonstriert.

Frank Lloyd Wright

Frank Lloyd Wright gilt als einer der berühmtesten Architekten Amerikas. Für viele steht seine Architektur als unverwechselbares Synonym für „the architecture of American democracy."[333] Er war bekannt als „unabashed egotist" und als Pionier der medialen Vermarktung. Wright sah sich selbst gern als Vertreter des „American Spirit".[334] Politisch und sozial vertrat er ein Leitbild einer flach hierarchischen Demokratie und suchte selbst einen radikalen Individualismus zu verkörpern. Wright sprach sich für eine umfangreiche Transformation der amerikanischen Gesellschaft aus, um frühere Jefferson'sche Tugenden wiederherzustellen. Seine sozialen Konzepte übersetzte er als deren gedachter räumlich-materieller Ausdruck in die Vision der *Broadacre City*.[335]

Wright schätzte in Anlehnung zu Jefferson die Stadt als einen Ort der Untugend und der Kriminalität ein. Er prägte den Begriff der *Mobocracy* und beobachtete den Verfall der amerikanischen Kultur zu einem Zustand der Korruption. Wright kritisierte prinzipienlose Bankiers und Politiker, die diesen Prozess förderten.[336]

„Once upon a time the Jeffersonian democratic ideal of these United States was, ‚that government best governs that governs least.' But in order to keep the peace and some show of equity between the lower passions so busily begotten in begetting, the complicated forms of super-money-increase-money-making are legitimatized by government. Government, too, thus becomes monstrosity. Again enormous armies of white-collarites arise."[337]

331 Vgl. ebda., S. 2.
332 Ebda., S. 2.
333 *R. LeGates et al.*, The City Reader, London/New York 2000, S. 344.
334 Ebda., S. 344.
335 Vgl. ebda., S. 344.
336 Ebda., S. 344.
337 *F. L. Wright* nach *M. White et al.*, a. a. O., S. 193.

Aus diesem Grunde, so Wright, „bureaucratic mobocracy is the corruption that would destroy the fruit of every democratic instinct we have developed.“[338] Wo, fragte Wright weiter, könne *Mobocracy* gebildet werden, wenn nicht in der Stadt? Die Aufgabe eines „organic“ Architekten sei es demnach:

„(...) to take away all urban stricture and depravity (...) and then – as is the case with all inadvertent health absorb and regenerate the tissue poisoned by cancerous overgrowth (Urbanism).“[339]

In seinen frühen Arbeiten hatte Wright noch argumentiert, dass die Stadt menschliche Bedürfnisse, wie sie nun einmal wären, einfach befriedigte. Eine solche Stadt betrachtete er als einen Organismus und als ein natürliches Resultat: „Acceleration of tissue by circulation and chemical activity such as characterize a malignant tumor did not then manifest itself. The city then was not malignant.“[340] Die Dinge hätten sich geändert, fährt Wright in seiner letzten Veröffentlichung „The Living City“ aus dem Jahre 1958 fort. Er stellt seine Stadtvorstellung ausdrücklich in Verbindung zu Thomas Jefferson und stellt heraus: „To look at the crosssection of any plan of a big city, is to look at something like the section of a fibrious tumor.“[341]

Naturästhetik

Die organische Architektur als eigene Disziplin, so sagt Jeffry Cook in seinem Essay „Nineteenth Century Idealist Sources for the 21st Century“ (1997), hat ihre Ursprünge mit Louis Sullivan (1856-1924) und Frank Lloyd Wright (1867-1959). Sie waren es, die nicht nur eine entsprechende Formensprache entwickelten, sondern ebenso eine adäquate Kommentierung und Theorie hervorbrachten. Ihre Philosophie war „nature-based“ und betonte den Ort des Individuums. Die organische Idee findet ihre Wurzeln nach Cook (1997) Mitte des 19. Jahrhunderts bei amerikanischen Schriftstellern und Dichtern, die für den Wert des Individuums und den Wert der Naturerfahrung über bloße Ästhetik hinaus warben. Ralph W. Emerson (1803-1882), Henry D. Thoreau (1819-1862) und Walt Whitman (1819-1892) gelten als die wohl bekanntesten Vertreter dieser Denkweise.[342] In der Kontinuität Jeffersons reduziert Thoreau in seinem Buch „Walden“ (1854) die Funktion der Architektur auf die Erfüllung primärer menschlicher Bedürfnisse. Architektur soll von höchster Einfachheit sein. Historisierende Monumentalarchitektur lehnte er ab.[343] Ähnliche Gedanken äußert Whitman in „Leaves of

338 Ebda., S. 193.
339 Ebda., S. 193.
340 Ebda., S. 193.
341 Ebda., S. 193.
342 *J. Cook*, a. a. O., S. 17-19.
343 Vgl. *W. Nedderhut-Heeschen*, a. a. O., S. 691.

Grass" (1955). Emerson, dem ebenfalls die Demokratievorstellungen Jeffersons geläufig waren, lieferte die eindrücklichsten Ideen, Philosophie in ein ästhetisches Konzept zu übersetzen.

„(...) Nothing is arbitrary, nothing is insulated in beauty. It depends forever on the necessary and the useful. (...) We feel, in seeing a noble building, which rhymes well, as we do in hearing a perfect song, that is spiritually organic; that is, had a necessity, in Nature, (...).“[344]

In seinem Buch „The Living City“ (1958) fügte Wright lange Auszüge aus den Emerson'schen Farming-Essays ein. Zur Betonung druckte er sie in roter Schrift. Im letzten Absatz schließlich heißt es: „Cities force growth and make men talkative and entertaining, but they make them artificial.“[345] Diese Worte sind einer der zahlreichen Stadtkritiken Emersons entlehnt. Wrights Ideen entstammen nicht nur Jeffersons Werken, sondern auch einer romantischen Naturästhetik, wie sie Emerson in „Nature“ (1836) veröffentlichte. Diese Ästhetik spricht sich gegen jede von außen kommende mechanische Form aus und plädiert für eine organische Form, die aus dem Inneren entwickelt sei und nützlich sein müsse. Wright unterschied zwischen guten (organischen und natürlichen) und schlechten (nicht-organischen und nicht-natürlichen) Städten. Die Stadt der Zukunft ist ihm zufolge nicht eine Stadt „in our meaning“.[346] Sie könnte organisch und natürlich sein, aber nur indem sie im Vergleich zu den geläufigen Stadtkonzepten zu einer Nicht-Stadt würde.

Ebenezer Howard

An dieser Stelle sei ein kurzer Passus über die Vorarbeit Ebenezer Howards (1850-1928) erlaubt, weil so nicht nur Kontinuität, sondern im Vergleich auch Wandel an Wrights Planung nachvollzogen werden kann. Howard selbst machte als 21-Jähriger die Erfahrung als Pionier und *Farmer* in Nebraska (USA) und zwar unter den politischen Bedingungen des *Homestead Act* von 1862, der das „weite freie Land“ zu günstigsten Konditionen an die weißen Siedler weitergeben sollte. Während seiner Zeit in Chicago (1872-1876) als Kurzgeschichtenschreiber muss der Engländer, so ein Hinweis Peter Halls in „Cities of Tomorrow“ (1996), die Bekanntschaft mit Olmstedts Garten-Suburb Riverside (1869) gemacht haben.[347] Mit diesen Eindrücken wieder zurück im viktorianischen London, erarbeitete er in den 1880er und 1890er Jahren seine Ideen zur Garten-Stadt, die er schließlich 1902 unter dem Titel „Garden Cities of Tomorrow“ publizierte. Hall legt Wert darauf, Howards Werk nicht

344 *R. Emerson* nach *J. Cook*, a. a. O., S. 24.
345 *F. L. Wright* nach *M. White et al.*, a. a. O., S. 194.
346 Ebda., S. 194.
347 *P. Hall*, a. a. O., S. 89.

nur als reine Planung zu betrachten, sondern auch als eine soziale Vision einer „progressive reconstruction of capitalist society into an infinity of co-operative commenwealth“ zu sehen.[348] Er brachte so eine besonders amerikanische Vision, das meint jedenfalls Hall, in das industrielle England zurück, nämlich den „homesteading spirit“.[349]

Erinnert sei in diesem Zusammenhang auch an den Besitzindividualismus Macphersons, der auch den puritanischen Individualismus und die Philosophie des Engländers John Locke mit einbezieht. So sind Jefferson, Emerson, Howard und Wright Persönlichkeiten, die ihre sozialen Ideale, hier z. B. den demokratischen *Homesteading Spirit* an eine dezentrale Figur knüpften, hier an die *Family Farm*, an „nützliche naturnahe Architektur“, an die Garten-Stadt und an das Modell der *Broadacre City*.

Im Zusammenhang mit der Philosophie der damaligen *Regional Planning Association of America* tätigt Hall einen interessanten Vergleich zwischen den Konzepten Wrights und einigen Ideen Howards. Er bescheinigt den Persönlichkeiten ihre Vorliebe zum amerikanischen Transzendentalismus. Beide lehnten die große Stadt ab, beiden sei eine Antipathie gegenüber Großkapital und Großgrundbesitzern *(land-lordism)* gemein. Beide glaubten an die Befreiung, die hier als Determinismus interpretiert wird, durch technologische Innovationen. Schließlich kann beiden Persönlichkeiten eine Ablehnung großer zentraler Regierungen nachgesagt werden. Bedeutsam allerdings ist, dass dies bei Wright zu Gunsten eines freien Individuums vertreten wird und bei Howard eher im Sinne einer freiwilligen Einbindung in eine selbstbestimmte Kooperation verstanden wird.[350] Eben jenes ablehnende Moment war bereits bei den religiösen Einwanderern als ein sozial konstitutives, weil sinnhaft verbindendes Element, zugegen. Denn sie lehnten eine zentrale Kirchenverwaltung stets ab. Ebenso war dieses Moment als emanzipatorische Triebkraft in der Country-Ideologie entdeckt worden, die ja die Unabhängigkeitsbewegung der jungen Kolonien bestimmt motiviert hatte.

Broadacre City

Nun aber zurück zur *Broadacre City*. Wright stellte sie der Öffentlichkeit im Frühjahr 1935 auf der von der *National Alliance of Art and Industry* im New Yorker Rockefeller-Center veranstalteten *Industrial Arts Exibition* vor.[351] Er präsentierte seinen Entwurf in Gestalt eines Modells mit mehreren kleinen Nebenmodellen. Es war seine Vision einer hochgradig dezentralisierten und technisierten,

348 Ebda., S. 87.
349 Ebda., S. 94.
350 Ebda., S. 287.
351 *P. Zellner*, Die Großstadt ist nicht mehr modern. Broadacre City von Frank Lloyd Wright, in: Daidalos, Heft 69/70, 1999, S. 68.

halbautonomen, agrarorientierten Stadt, die sich in etwa über ein Gebiet von zehn Quadratkilometern erstrecken sollte und zunächst für 4.000 Einwohner entwickelt wurde; bis hierher ganz ähnliche Motive wie bei Ebenezer Howard. *Broadacre City* lag an keiner bestimmten Stelle, sondern war als Teil eines umfassenden zusammenhängenden Siedlungsgefüges gedacht, das sich über die gesamten Vereinigten Staaten *(Usonia)* erstrecken und so mit dem ganzen Land deckungsgleich werden sollte.[352] Seinem Modell zufolge sollte jeder Bürger der Vereinigten Staaten mit mindestens einem *Acre* an Land ausgestattet sein und mit dem *Family Homestead* die kleinste zivilisatorische Basis bilden.

Die Familien konnten in Einfamilienhäusern leben, in Arbeiterunterkünften über den Arbeitsstätten, in kleineren Wohnungen oder in größeren Landhäusern. Über ganz *Broadacre City* sollten zwölf 15-stöckige Wohntürme mit jeweils 33 Apartments gebaut werden. Die Wohngebiete sollten mit Parks und Schnellstraßen so eingeordnet sein, dass Arbeitsstätten und Freizeitmöglichkeiten schnell erreichbar sind. Die Hauptverkehrsstraßen sollten die Modellstadt an eine Autobahn anbinden, die eine Verbindung zu anderen *Broadacre Cities* herstellt.[353]

Wright glaubte daran, dass zwei Innovationen – das Telefon und das Auto – die alte Stadt „no longer modern" machten und freute sich auf den Tag, an dem die dichten und überfüllten Ansiedlungen wie New York und Chicago niedergehen und verderben würden.[354] An ihrer Stelle würden die Amerikaner die rurale Landschaft wieder bewohnen und die ländlichen Tugenden der individuellen Freiheit und der Unabhängigkeit einfordern. Die *Broadacre City* besteht aus unabhängigen Haus- und Grundstückseinheiten. Dort sind die Menschen isoliert genug, um ihre Familien zu sichern, und verbunden genug, um durch moderne Telekommunikation und Transportmedien einen „real sense of community" zu erreichen.[355] Wright vermutete, dass ein System auf der Grundlage von persönlicher Freiheit und Würde in Verbindung mit privatem Grundeigentum die Garantie zur sozialen Harmonie und die Garantie zur Vermeidung von Klassenkämpfen sei.

„To reiterate: the basis of the whole is general decentralization as an applied principle and architectural reintegration of all units into

352 Vgl. *St. Grabow*, Frank Lloyd Wright and the American City: The Broadacre Debate, in: Journal of the American Institute of Planners, Bd. 43, Heft 2, 1977, S. 116 f.

353 *P. Zellner*, a. a. O., S. 71 f.

354 *R. LeGates et al.*, a. a. O., S. 344.

355 *F. L. Wright* nach *R. LeGates et al.*, ebda., S. 344.

one fabric; free use of the ground held only by use and improvements (...)."[356]

Die Vision erinnert in vielerlei Hinsicht an die politischen Ziele des Protestanten Jefferson. Auch ihm schwebte eine Gesellschaft freier Bürger auf der Grundlage von Grundeigentum vor. Wie bei Wright stellte schon bei Jefferson die *Farm* die topologische Grundeinheit eines dezentralisierten Lebensstils dar. Und schließlich wird ähnlich wie im puritanischen Leitbild des Garten Edens auch von Wright der ruralen Landschaft und dem Leben auf dem Land eine Wirkkraft zugewiesen, die deutlich über die Eigenschaften der reinen Materialität hinaus geht und die infolge ihrer zugeschriebenen Eigenschaften den Menschen im Sinne persönlicher Freiheit und Unabhängigkeit tugendhaft machen würde.

Getreu einer puritanischen Perspektive versteht auch Wright die alte Stadt, für die bei ihm symbolisch New York steht, als Ort der Gefährdung und des Selbstverlustes. Im Unterschied zu Jeffersons Vorstellungen ist in der *Broadacre City* die *Farm* in das Stadtgefüge eingebettet, um auf diese Weise, wie es sein Ziel war, „Stadt und Land" zu fusionieren. Wright versteht seine Vision nicht als endgültig, sondern als eine Interpretation, um auf die unvermeidlichen Veränderungen der amerikanischen Nation infolge von Wachstum zu reagieren, also als einen Prozess.[357] Ebenfalls basiert Wrights Naturästhetik auf sozialer Ebene dem Prinzip nach ähnlich wie im puritanischen *New England Village* und ähnlich wie bei Jefferson auf Eigentum, allerdings nicht so sehr zu Gunsten einer *Community*, sondern eher im Interesse eines freien Individuums.

356 *F. L. Wright*, Broadacre City: A new Community Plan, in: The City Reader, Richard LeGates und Frederic Stout (Hrsg.), London/New York 2000, S. 349.
357 Ebda., S. 349.

5. ÖKONOMISCHE ZENTRALISIERUNG

Der *Self-Made Man* und der erfolgreiche *Business Man* sind Leitfiguren im wirtschaftlichen Ethos der USA. Ebenso kann in ihnen die Kontinuität protestantischer Werte gelesen und überdies ein Zusammenhang zur zentralisierten *City* aufgezeigt werden, wenn auch in säkularisierter Form und unter Einbeziehung anderer Parameter (3.4), wie bspw. der Industrialisierung (5.4). Um ihren Lebensstil zu praktizieren, benötigen beide Figuren die *Suburbs*, aber eben auch, und das soll im folgenden Unterkapitel betont werden, die zentralisierte *City*.[358]

William Dean Howells, ein amerikanischer Politiker um die vorletzte Jahrhundertwende, charakterisiert die *City* seiner Zeit als den typischen Aufenthaltsort des *Business Man* und des Immigranten.[359] Über die religiöse Bedeutung der „Arbeit", oder besser, über den idealtypisch notwendigen Ort der „Arbeit" lässt sich eine Beziehung zum *American Way of Life* und zur Siedlungsentwicklung herstellen. In säkularisierter Form war es dann das soziale Prestige, das Ansporn zur „Arbeit" geben konnte. So soll zunächst ein historischer Abriss über beispielhafte Vordenker dieser Grundwerte auch deshalb erfolgen, um den nötigen theoretischen Vorlauf für Unterkapitel 5.2 zu leisten.

Denn kulturelle Träger der Werte stellen amerikanische Stadtentwicklungsmodelle wie bspw. das *Zonal Model* des einflussreichen Sozialökologen Burgess dar. Er prägte in „The Growth of the City" (1925) womöglich den Begriff des *Central Business District* (5.2).[360] Solche Modelle dokumentieren den wissenschaftlichen Versuch, gesellschaftliche Verhältnisse mit räumlichen Kategorien zu erklären. Sie werden schließlich selbst zur Handlungsorientierung und zum Ideal, weil ganze Generationen von Wissenschaftlern und Stadtplanern durch sie die amerikanische Stadt perzipierten. Dies wiesen Harris und Lewis in ihrer Studie „Constructing a Fault(y) Zone: Misrepresentations of American Cities and Suburbs" (1998) nach.[361]

358 Vgl. *C. Abbott*, Introduction to Urban History, in: Exploring Urban America. An introductory Reader, Roger W. Caves (Hrsg.), London 1995, S. 56.

359 *W. Howells* nach *M. White et al.*, The Intellectual versus the City. From Thomas Jefferson to Frank Lloyd Wright, Cambridge 1962, S. 96.

360 „[Figure 1] represents an ideal construction of tendencies of any town or city to expand radially from its central business district – on the map ‚the Loop' (I)", *E. Burgess*, The Growth of the City: An Introduction to a Research Project, in: The City Reader, Richard LeGates und Frederic Stout (Hrsg.), London/New York 2000, S. 156 f.

361 *R. Harris et al.*, Constructing a Fault(y) Zone: Misrepresentations of American Cities and Suburbs. 1900-1950, in: Annals of the Association of American Geographers, 88 (4), 1998, S. 622-639.

Für die Argumentation der vorliegenden Arbeit stellen Stadtmodelle ein interessantes Bindeglied zwischen den gesellschaftlichen Grundwerten einerseits und der Siedlungsentwicklung andererseits dar, beanspruchen sie doch selbst, theoretische Abbildung der städtebaulichen Praxis zu sein.

Die Entwicklung der Transporttechnologie ist ein zum *Zonal Model* vergleichsweise anschauliches Medium, um die wirtschaftlichen Grundwerte hinsichtlich ihrer Relevanz für das City-Suburb-Phänomen zu diskutieren (5.3). Im städtischen Transport handelt es sich fast ausschließlich um die Verbindung von *City* und *Suburbs*. Jede transporttechnische Innovation, so die Annahme von Berton in „The Car as a cultural Driving Force“ (1990), kann als Katalysator der topologischen Entwicklung ausgelegt werden.[362] Entgegen einem technologischen Determinismus ist demnach die Siedlungsentwicklung stets durch die Bedienung von Leitbildern, also letztlich die Förderung bestimmter Lebensstile, geprägt. Anwendbar ist diese These auch auf den technologischen Wandel, der mit der Industrialisierung einher ging. Denn in handlungstheoretischer Perspektive ist die Anwendung der technologischen Errungenschaft durch die handelnden Subjekte, hier insbesondere deren Handlungsorientierung, bedeutsam. Zahlreiche Stadtgründungen fielen zeitlich mit der Industrialisierung zusammen. Sie versinnbildlicht die Zentralisierung, zugleich jedoch auch die Dezentralisierung der amerikanischen Stadt besonders deutlich (5.4).

362 *P. Berton*, The Car as a cultural Driving Force, in: Canadian Geographic, Dezember 89/Januar 90, S. 44.

5.1 Zum kapitalistischen Ethos

Das kapitalistische Ethos in den USA ist zum einen auf religiöse und evolutionistische Grundüberzeugungen und zum anderen auf Erfahrungen, die die Menschen bei der Besiedlung des Kontinents machten, zurück zu führen. Individuelle Freiheit und Gleichheit gelten als die amerikanischen Grundwerte schlechthin und lassen sich in der Kontinuität protestantischer Ideale lesen. Individualismus richtet sich gegen jede politische Machtkonzentration, wie es bereits in den vorhergehenden Kapiteln angesprochen wurde. Sozialdemokratische, geschweige denn sozialistische Organisationen konnten in den USA von je her kaum Einfluss gewinnen. P. Marcuse berichtet in seinem Aufsatz „On the Ambiguities of Self-Help in Housing in the U.S.A.“ (1984), dass eine Tradition „berechtigter Ansprüche“ auf Sozialleistungen in den USA nicht existiert.[363] Gleichheit wird auf wirtschaftlicher Ebene als Chancengleichheit, nicht als Gleichheit der Ergebnisse verstanden. Die meisten Amerikaner glauben daran, so berichtet Vorländer (1998), dass jedem Einzelnen gleiche Aufstiegsmöglichkeiten gegeben seien und dass Wirtschaft und Staat die erforderlichen Möglichkeiten dafür bereitstellten.[364]

Zu dieser amerikanischen Einstellung dürfte auch der Puritanismus der Gründer mit seiner religiösen Arbeitsethik beigetragen haben. Dieser wiederum mochte von Vordenkern wie Martin Luther und Johannes Calvin beeinflusst worden sein. Der Sozialdarwinismus Herbert Spencers, der, vereinfacht gesagt, die Erkenntnis des Biologen Charles Darwin für die Übertragung auf gesellschaftliche Verhältnisse adaptierte, wird als natürliche Erweiterung einer protestantischen Ethik bzw. als dessen säkularisierte Variante angesehen. Max Weber spricht in diesem Zusammenhang von *Utilitarismus*.[365]

Von der Gründung der USA bis zum Sezessionskrieg wurde nach Avery und Steinisch (1998) die Wirtschaftspolitik vom Prinzip des *Laisser-Faire*[366] bestimmt, also von weitgehender Autonomie der Wirtschaft und limitierter staatlicher Intervention.

363 *P. Marcuse*, On the Ambiguities of Self-Help in Housing in the U.S.A., in: Mitteilungen der Deutschen Akademie für Städtebau und Landesplanung, Heft 2, 1984, S. 218.

364 *H. Vorländer*, Das kapitalistische Ethos. Politische und ökonomische Einstellungen, in: Länderbericht USA, Willi Paul Adams und Peter Lösche (Hrsg.), Bonn 1998, S. 293.

365 *M. Weber*, Die protestantische Ethik und der ‚Geist‘ des Kapitalismus, Klaus Lichtblau und Johannes Weiß (Hrsg.), Weinheim 2000, S. 14 ff.

366 *D. Avery et al.*, Industrialisierung und ihre sozialen und politischen Folgen. 1877-1914, in: Länderbericht USA, Willi Paul Adams und Peter Lösche (Hrsg.), Bonn 1998, S. 76.

Als wichtige Grundlage des amerikanischen Lebensstils erkennt Sam Warner in „The private City“ (1968) das unantastbare Recht zur Selbstentfaltung und das Durchsetzen der eigenen Ansprüche im persönlichen Streben nach Glück und Erfolg, vor allem aber nach materiellem Besitz. In der vorliegenden Argumentation stehen hierfür insbesondere die Leitfiguren des *Self-Made Man* und des *Business Man*. Warner nennt als erstes Ziel eines Bürgers den Wunsch nach Wohlstand und Reichtum: „(...) the goal of a city is to be a community of private money makers.“[367] Vom ersten Augenblick an seien Erfolg und Versagen der amerikanischen Stadt an die Gesetze des privaten Marktes gebunden gewesen. Er verlange nach Arbeitern, nach der Unterteilung des Landes in Areale, nach Häusern, Geschäften und Fabriken. Nach Warner hätten letztlich die Bedürfnisse des Marktes nach öffentlicher Infrastruktur die Form der Stadt geprägt. Lutz Holzner spricht in seiner Publikation „Stadtland USA“ (1996) von der amerikanischen Stadt als Maschine und Wirtschaftsplattform.[368]

Die puritanischen Gründer

Der größte Teil der amerikanischen Siedler rekrutierte sich zunächst aus englischen Puritanern. Diese so importierten kulturellen Grundwerte, die auch als Kultur der WASP (White-Anglo-Saxon-Protestant) bezeichnet werden[369], dominierten seit etwa 1620 den Lebensstil, der zunächst als *New England Way* bekannt werden und später zum so genannten *American Way of Life* avancieren sollte. Der amerikanische Wirtschaftshistoriker Cavanagh stellt in seinem Werk „American Business Values“ (1976) das puritanische Ideal noch heute als ein heikles, ja mysteriöses Paradoxon dar. Er zitiert John Cotton (1584-1652) als einen führenden Theologen der ersten Puritanergeneration:

„There is another combination of virtues strangely mixed in every lively, holy Christian: (...), diligence in worldly business, and yet deadness to the world. Such a mystery as none can read but they that know it.“[370]

Die Puritaner konnten sich nur deshalb, so Cavanagh, mit einer solchen Hingabe in die tägliche Arbeit stürzen, weil sie sich durch ihren Gott dazu berufen fühlten. Wieder zitiert er Cotton: „First, faith draws the heart of a Christian to live in some warrantable calling

367 *S. Warner (Jr.)*, The private City. Philadelphia in three Periods of its Growth, Philadelphia 1968, S. X introduction.

368 *L. Holzner*, Stadtland USA: Die Kulturlandschaft des American Way of Life, Gotha 1996, S. 53 ff.

369 Siehe hierzu z. B.: Ebda., S. 17-53.

370 *J. Cotton* nach *G. Cavanagh*, American Business Values, New Jersey 1990, S. 35.

(...) though it be of an hired servant."[371] Die Puritaner verehrten ihren Gott nicht durch pompöse Gesänge oder aufwendige Gottesdienste, allerdings auch nicht, so der Wirtschaftshistoriker, durch steriles Mönchstum. Für Verehrung stand das „Wort", ein einfaches ehrfürchtiges Gebet. In „Christianity, Art and Transformation" (2001) stellt De Gruchy dar, dass aufwendige Malerei und Skulpturen zur Gottesverehrung abgelehnt wurden.[372] Dergleichen war in den Kolonien vermutlich jedoch ohnehin kaum vorhanden. Das puritanische Gebet sei nicht von der Arbeit getrennt gewesen. Arbeit an sich sei für die Puritaner, so Cavanagh, „the most effective means of giving glory to God."[373] Diese frühe puritanische Weltanschauung dominierte die sich formierende soziale Ordnung, in der jede Art der Arbeit als wichtig galt. Blanke schreibt in „Origin and early Developments of Americas Mission" (1992), dass Profit zum Wohle der Kongregation bzw. der *Community* erwirtschaftet wurde.[374] Selbstdisziplin wurde als wichtige Tugend angesehen, um sich nicht im eigenen Erfolg und Versagen zu verstricken. „A man must not only be pious, but useful"[375], postulierte schon Cotton Mather (1663-1728). Er entstammte derselben Familie wie der oben zitierte John Cotton.

Ein puritanischer Geschäftsmann sah Arbeit als integralen Bestandteil seiner Gottesverehrung an. In seiner Buchhaltung, schreibt Cavanagh (1976), dankte er Gott für seinen Profit oder aber akzeptierte seine Verluste. Arbeit wurde individuell verrichtet. Folglich wurde auch Gottes Wohlwollen und seine Erlösung nur individuell erreicht. Amerikanische Puritaner haben diese Lebenshaltung nicht erfunden. Sie beriefen sich auf die Theologie Johannes Calvins und bezogen sie auf das Wirtschaftsleben. Der Geschäftsmann mochte eifrig darauf bedacht gewesen sein, Anerkennung und Gerechtigkeit für seine Arbeit zu erfahren, so war er empfänglich für die puritanischen Gebete. Cavanagh fasst zusammen: „So there began a mutual understanding and support between preacher and businessman that became a hallmark of the New World society."[376] Bereits die ersten Puritaner Amerikas sahen sich, so seine Einschätzung, einem identitätsstiftenden Widerspruch ausgesetzt. Sie verstanden sich als Asketen in einer Welt, aus der sie sich entfernt hatten.

371 Ebda., S. 35 f.

372 *J. De Gruchy*, Christianity, Art and Transformation, Cambridge 2001, S. 44.

373 *G. Cavanagh*, a. a. O., S. 36.

374 *G. Blanke*, Origin and early Developments of Americas Mission and of its universalist Rhetoric, in: Mission, Myth, Rhetoric, and Politics in American History, Gustav Blanke u. Knud Krakau (Hrsg.), Berlin 1992, S. 10 f.

375 *Cotton M.* nach *G. Cavanagh*, a. a. O., S. 36 f.

376 Ebda., S. 36.

Martin Luther Im Protestantismus stellen harte Arbeit und Gewinnstreben zentrale Grundwerte eines christlichen Lebens dar. Martin Luther (1483-1546) missfiel die Kommerzialisierung und die wirtschaftliche Individualisierung seiner Zeit.[377] Er kritisierte den aufwendigen Lebensstil des Papstes, der Kaufleute und der Adligen. Die großen Unterschiede zwischen christlichen Idealen und dem, was er um sich sah, mochten ihn schließlich zur Reformation gedrängt haben. Was Luther bekämpft und verwirft, ist zunächst der Anspruch der Kirche auf alleinige Mittlerstellung zwischen Gott und Mensch.[378] Er trat für ein einfaches, arbeitsames und bäuerliches Leben ein. Das sollte angemessenen Wohlstand für alle bringen, jedoch exzessive Gewinne verhindern. Luther sah Untätigkeit und Stillstand durch viele kirchliche Institutionen gefördert. Der Bettelmönch wurde ihm zu sehr glorifiziert, er kritisierte die vielen kirchlichen Feiertage, und schließlich missbilligte er die klösterlichen Almosen für Untätige. Untätigkeit war Luther zufolge unnatürlich. Wohltätigkeit sollte nur demjenigen zugute kommen, der wirklich nicht arbeiten konnte.[379] Er betonte die Bedeutung des eigenen Berufes. Der beste Weg, Gott zu dienen, sei demnach, seine Arbeit so intensiv und gewissenhaft zu betreiben wie irgend möglich. Luther vertrat die Ansicht, dass der Mensch nur im Angesicht Gottes erlöst werden könne. Die Arbeit nimmt dabei noch keinen außerordentlichen Stellenwert ein. Alles menschliche Tun sei ein Akt der Gottesverehrung.[380] Luther betont, dass prinzipiell jede Arbeit gleichwertig sei. Er wandte sich vehement gegen kirchliche Autorität und zu starken Einfluss auf das alltägliche Leben durch religiöse Institutionen.[381]

Johannes Calvin Einen großen Einfluss auf protestantische Leitbilder in Amerika hatte der Schweizer Reformator und Anhänger Luthers Johannes Calvin (1509-1564). Calvins zentrale theologische Vorstellung war die so genannte Lehre der Vorherbestimmung (Prädestinationslehre).[382] Diese unterschied ihn von Luther und vom Katholizismus. Calvin zufolge ist Gott letztgültig, absolut und allen irdischen Dingen überlegen. Nach seiner Überzeugung hätte Gott durch seine Kraft und Weisheit alles determiniert, was seinem Ruhm diene, auch wenn dazu letztlich nur eine kleine Anzahl Frauen und Männer auserwählt und gerettet werden würde. Im Grunde könne der einzelne Mensch seine Erlösung nicht im geringsten beeinflussen.

377 Ebda., S. 71.
378 *H. J. Störig*, Kleine Weltgeschichte der Philosophie, Frankfurt a. M. 1991, S. 287.
379 *G. Cavanagh*, a. a. O., S. 71.
380 Ebda., S. 72.
381 *V. Joestel*, 1517. Luthers 95 Thesen: Der Beginn der Reformation. (Das Tagebuch Europas), Berlin 1995.
382 *H. J. Störig*, a. a. O., S. 289.

Ein Mensch lebe zu Gottes Ehren. Der beste Weg, das zu praktizieren, sei die Entfaltung seiner Talente und sein voller Einsatz bei der Arbeit.[383] Gewinne sollten nicht gehortet, sondern investiert werden. Wirtschaftlicher Erfolg könne dann als Gottes Wohlwollen verzeichnet werden oder gar ein vorsichtiges Zeichen sein, zum Kreis der Auserwählten zu gehören. Umgekehrt galten Untätigkeit und Erfolglosigkeit als sichere Merkmale, in Gottes Missgunst zu stehen. Protestantische Grundwerte sind in Amerika eng an die Lehre Calvins geknüpft. Er betonte den Sinn harter Arbeit. Das Individuum rückte in den Vordergrund, konnte es sich doch durch Fleiß und wirtschaftlichen Erfolg als äußeres Zeichen in der kleinen Runde der Auserwählten wähnen und sich gegenüber anderen so profilieren.[384] Schon bei Luther war die Ableitung der arbeitsteiligen Berufsarbeit aus „Nächstenliebe" zu beobachten. Aber was bei Luther noch ein unsicherer, rein konstruktivgedanklicher Ansatz blieb, so erklärt Max Weber (1905/1920), wurde bei den Calvinisten Teil ihres ethischen Systems:

„Die ‚Nächstenliebe' äußert sich – da sie ja nur Dienst am Ruhme Gottes, nicht der Kreatur, sein darf – in erster Linie in Erfüllung der durch die lex naturae gegebenen Berufsaufgaben, (...).“[385]

Mit der Lehre Calvins war es möglich, Vorherbestimmung und wirtschaftlichen Erfolg als Sendungsbewusstsein zu interpretieren. Der Schweizer war erfolgreicher Reformator in den Niederlanden und Schottland. Gerade von dort aus sollte seine Theologie mittels bedeutender Kontingente an gläubigen Immigranten nach Amerika eingeführt werden.

John Locke

Das Werk des englischen Philosophen und Politikers John Locke (1632-1704) hatte großen Einfluss auf die gesellschaftlichen Grundwerte Amerikas. Er erklärte Gleichheit, Freiheit und das Recht auf Unverletzlichkeit von Person und Eigentum zu den obersten Grundwerten *(natural rights)*. Er trat für die Trennung von Legislative und Exekutive ein.[386] Seine Staatstheorie hat die amerikanische Unabhängigkeitserklärung von 1776 sowie den Verfassungsstaat überhaupt entscheidend mitgeprägt. Große Bedeutung erlangte sein Eintreten für das Recht auf Privateigentum *(right to private property)*. Ihm zufolge hätte der Mensch das Recht auf Selbstentfaltung *(self-preservation)* und folglich ein Recht auf die Dinge, die dafür notwendig seien. In erster Linie sei es die Arbeit, die einer

383 *G. Cavanagh*, a. a. O., S. 72.
384 Ebda., S. 73.
385 *M. Weber* nach *D. Kaesler*, Max Weber. Einführung in Leben, Werk und Wirkung, Frankfurt a. M. 1998, S. 111. Die Worte „lex naturae" sind im Quelltext kursiv hervorgehoben.
386 *G. Cavanagh*, a. a. O., S. 76.

Person das Recht auf Eigentum übertrage. In seiner Philosophie hätten Individuen dann das Recht auf Landeigentum, wenn sie es zuvor besiedelt und bearbeitet hätten.[387] „In the beginning all the world was America (...)“[388], so das Leitbild des Philosophen.

Adam Smith

Der Schotte Adam Smith (1723-1790) gilt als der Theoretiker des Kapitalismus und der freien Marktwirtschaft. Seine „Theorie der moralischen Gefühle“ gründet auf David Humes Vorarbeit und macht Sympathie und das Gemeinschaftsgefühl zur Grundlage der ganzen Ethik. Smith spricht entschieden aus, dass die Stimme des Gewissens nur der Nachhall dessen sei, was andere über uns denken. Für Smith stellt demnach der Zusammenhang des ökonomischen Handelns ein sich selbst regulierendes System dar, das auch und gerade ohne staatliche Regulierung ein sinnvolles Ganzes ergeben würde.[389]

Grundlage seiner nationalökonomischen Theorie ist die Arbeitswertlehre, wonach der Wert einer Ware sich nach der in ihr vergegenständlichten notwendigen Arbeit bestimmt. In diesem Zusammenhang thematisiert er die Arbeitsteilung als wichtiges Prinzip des freien Marktes, des Wettbewerbes und der Profitmaximierung. Er wurde so zum Vordenker für Frederick Taylor und Henry Ford. Smith vertrat als einer der Ersten die Ansicht, wenn ein Individuum seine Eigeninteressen verfolge, komme dies letztlich der ganzen Gesellschaft zugute. Konkurrenz belebe das Geschäft.[390]

Herbert Spencer

Der Engländer Herbert Spencer (1820-1903) hat unter dem Eindruck des gesellschaftlichen Wandels seiner Zeit eine Theorie entwickelt, die als Sozialdarwinismus bekannt wurde.[391] Insbesondere Darwins Evolutionslehre hatte hierauf grundlegenden Einfluss. Die Idee der universalen Entwicklung lag Mitte des 19. Jahrhunderts – großenteils Dank Hegel – quasi in der Luft.[392] Sie begann die Einzelwissenschaften zu beherrschen. Der Mann, der dem Entwicklungsgedanken in der Biologie zum Sieg verhalf, war der Engländer Charles Darwin. Das Eindrucksvolle an Darwins Lehre war, dass hier nicht bloß, wie von anderen, das allgemeine Prinzip der Entwicklung aufgestellt, sondern eine höchst anschauliche Vorstellung von den tatsächlichen Entwicklungsvorgängen ermöglicht wurde. Der Entwicklungsgedanke begann die Natur- und Geisteswissenschaften zu beherrschen, welche sich dadurch übrigens auch unter-

387 Ebda., S. 76.

388 *J. Locke* nach *L. Marx*, The Machine in the Garden. Technology and the pastoral Ideal in America, New York 2000, S. 120.

389 Vgl. *H. J. Störig*, a. a. O., S. 361.

390 *G. Cavanagh*, a. a. O., S. 77.

391 Max Weber hielt den Sozialdarwinismus für eine säkularisierte Variante der protestantischen Arbeitsethik.

392 *H. J. Störig*, a. a. O., S. 477.

einander näher kamen.[393] Ein für die vorliegende Arbeit besonders bedeutsames Beispiel dafür liegt in der Forschungslogik und in der Begrifflichkeit der Amerikaner Robert Park und Ernest Burgess. Spencer betonte die mit der Biologie Darwins unterstützte Philosophie des *Survival of the Fittest.* Wenn den „natürlichen" Prinzipien gefolgt würde, könne die Evolution, das Überleben des Tüchtigsten und schließlich auch das menschliche Leben als ein Wettkampf begriffen werden. Spencer hat die Gesellschaft nicht in ihre Grundwerte zerlegt und verstand seine Kritik selbst deshalb als „culture-free".[394] Der Arme und Schwache fordere mehr von der Gesellschaft, als er ihr gebe. Spencer nahm zwar die Not der armen Bevölkerung zur Kenntnis, nichtsdestominder war er der Überzeugung, dass sich eine industrielle Gesellschaft nur durch Arbeit, Erhaltung und Selbstdisziplin entwickeln könne. Spencer vertrat die Ansicht, dass auf diese Weise ein Vorgang der natürlichen Selektion ablaufen würde, in dem der Talentierte, Intelligente und Fähige überleben und sich durchsetzen würde. Umgekehrt wären physisch und mental Benachteiligte *(handicapped)* unfähig, im Wettkampf des Lebens zu bestehen.[395] Wenn auch stark überzeichnet, kann auch hierin eine Parallele zu Calvins Prädestinationslehre erblickt werden. Spencer zufolge wäre es ein Fehler der Regierung, solche Personen zu unterstützen. Nach Spencer entwickelt sich eine Gesellschaft nur, indem der Tüchtigste überlebt. Allerdings sah er durchaus die sozialen Missstände seiner Zeit in England. Er suchte nach der „richtigen" Synthese zwischen den Belangen der Freiheit und der Notwendigkeit planvoller gesellschaftlicher Organisation in einem freiwilligen Zusammenschluss und auf genossenschaftlicher Basis *(charity).* So könnte auf der Grundlage der Mitbestimmung aller der Übergang von der zwangsweisen Zusammenarbeit zu einem Zustand erfolgen, in dem der Einzelne nicht mehr für den Staat, sondern der Staat für den Einzelnen da wäre, und in dem die Menschen nicht leben würden, um zu arbeiten, sondern arbeiteten, um zu leben. In dieser Sicht wird der Staat keine andere Aufgabe mehr haben als die Sicherstellung der Gerechtigkeit, d. h. also primär eine Sicherstellung der Chancengleichheit. In dem Streben des Einzelnen nach persönlichem Glück liege die oberste Bedingung auch für das Glück der Allgemeinheit[396], ein Ausspruch, der an das o. g. Zitat Warners erinnert.

Der theologische Konflikt

Die Philosophie Spencers ist Ausdruck einer evolutionistischen Haltung, die in der vorgelegten Arbeit bereits bei Frederick J. Turner angesprochen wurde. Bei Turner ist auch der Konflikt zwischen einer statischen Orientierung einer agrarischen Gesellschaft und

393 Ebda., S. 477.

394 *H. Spencer* nach *G. Cavanagh*, a. a. O., S. 42.

395 Ebda., S. 43 f.

396 *H. J. Störig*, a. a. O., S. 484.

einem entwicklungsorientierten Leitbild, das die Besiedlung des Kontinents als einen evolutionistischen Prozess nahe legt, benannt worden.

Moore erörtert eindrucksvoll in „The post-darwinian Controversies" (1979), dass auch im theologischen Diskurs jener Zeit die Lehre Darwins für erhebliche Spannungen sorgte.[397] Getreu des christlichen Glaubens war alles auf der Erde, ja die Erde selbst, das Ergebnis göttlicher Schöpfung. Dagegen sprach Darwin nur von einer biologischen Welt. Gott hat alles selbst entworfen, was er erschaffen hat. Bei Darwin war es die natürliche Selektion, welche die Spezies dem Grunde nach ziellos veränderte. Gott erschuf die Menschen nach seinem Ebenbild, und er sah, dass es gut war. Darwins zentraler Gedanke der Evolution war nach Moore „a brutal struggle for existence in which merely the fittest, not the best, survive."[398] Einem fortschrittsgläubigen Christen blieb daher nur die Schlussfolgerung, dass Gott alles durch Evolution kreiert und durch eine Art determinierte Evolution seine Schöpfung verwirklicht hatte. Ein von der calvinistischen Prädestinationslehre geprägter Puritaner, so die Einschätzung, mochte sich mit diesem nun auch biologistisch gewandelten Leitbild verhältnismäßig gut arrangieren.

Zu Beginn dieser Arbeit wurde auf die herausragende Bedeutung des angesprochenen Konfliktes bereits aufmerksam gemacht (1.2). Denn während das politische Leitbild einer Gesellschaft freier *Farmer* (vgl. *New England Village*) die Stabilität des politischen Systems garantieren sollte, musste ein evolutionistisch ökonomisches Leitbild damit in Widerspruch geraten. Ein Evolutionist konnte eine agrarische Gesellschaft selbst nur als ein vorübergehendes Entwicklungsstadium ansehen. Es ist nunmehr ein Zielkonflikt erkennbar, der für die hier vorgelegte Arbeit zweierlei bedeutet: Zum einen veranschaulicht er das Arrangement von einer protestantisch-calvinistischen und eher statischen Ideenwelt mit evolutionistischen, biologistischen und eher entwicklungsorientierten Denkansätzen. Max Weber würde an dieser Stelle möglicherweise von einer sinnhaften „Wahlverwandtschaft" zweier zunächst divergierender Auffassungen sprechen.[399] Zum anderen aber mag der Zielkonflikt als Teil der Bezugsrahmen der Handlungsorientierung der amerikanischen Siedler einen bedeutsamen Impetus geliefert haben, vor dessen Hintergrund nun auch der Wandel eines ruralen in ein suburbanes Siedlungsideal, oder trefflicher noch, in ein suburbanes Siedlungsarrangement, verständlicher wird.

397 *J. Moore*, The post-darwinian Controversies. A study of the Protestant struggle to come to terms with Darwin in Great Britain and America. 1870-1900, Cambridge/London 1979, S. 218 ff.

398 Ebda., S. 219.

399 In Anspielung auf: *M. Weber*, Die protestantische Ethik und der ‚Geist' des Kapitalismus, Klaus Lichtblau und Johannes Weiß (Hrsg.), Weinheim 2000 (2.2).

5.2 Der ‚Central Business District' im Modell

Als modellhaftes Kondensat bzw. als Träger kultureller Leitbilder, wie sie zuvor diskutiert wurden, kann jetzt auch die *Chicago School of Sociology*, hier insbesondere deren Forschungslogik und das *Zonal Model*, als Gegenstand der Untersuchung betrachtet werden. Die Schule ist von Robert Park begründet und von seinen Mitarbeitern Ernest Burgess, Roderick McKenzie und Louis Wirth fortgeführt und entwickelt worden. Die amerikanischen Soziologen führten den sozialökologischen Ansatz in die Stadtforschung ein. Es ging ihnen zunächst um die Verbindung natürlicher Ressourcen und sozialer Aspekte innerhalb des Stadtgefüges.

Darüber hinaus gibt es deutliche Hinweise, dass die Sozialökologen in ihren Schlussfolgerungen über die Stadt ebenfalls, wenn man so möchte, von „anti-städtischen" Wertvorstellungen geleitet waren und mithin, jedenfalls in diesem Punkt, in den Wandel der hier verhandelten protestantischen und calvinistischen Leitbilder mit eingereiht werden können. Denn nach Darstellung von Carl Abbott (1995) beurteilte bereits W. T. Stead in seinem Werk mit dem bezeichnenden Titel „If Christ came to Chicago" (1894) die große Stadt als einen unchristlichen Ort, weil sie das Leben ihrer Bewohner zerstöre.[400] Nicht einmal 30 Jahre später macht Robert Park die Städte in seiner Theorie dafür verantwortlich, die persönlichen Bande durch unpersönliche Beziehungen ersetzt zu haben.

Diese generelle Anklage des Stadtlebens, wie sie schließlich in Louis Wirths „Urbanism is a Way of Life" (1938) zusammengefasst wurde, kann als nicht weniger erkannt werden als die Kontinuität der in den vorhergehenden Unterkapiteln angeführten Wertvorstellungen. Auch Wirth charakterisiert die Stadt als einen Schauplatz oberflächlicher Beziehungen, einer rastlosen Suche nach sozialem Status und unpersönlichen Gesetzen, wobei die kulturellen Einrichtungen nur den niedrigsten gemeinsamen Nenner befriedigten.[401] Carl Abbott erinnert schließlich daran, dass diese Schlussfolgerungen nichts anderes kontinuierten als die Ideen und Werte von Thomas Jefferson, gewandelt in eine soziologische Sprache[402], versetzt jedoch auch, wie sich hier nun weiter zeigen soll, mit reichlich evolutionistischen Motiven.

Deshalb ist nun das *Zonal Model* – oder auch das Modell der konzentrischen Ringe genannt – wie es Burgess in „The Growth of the City" (1925) als Produkt seiner Forschung vorstellte, von be-

400 *C. Abbott*, Introduction to Urban History, in: Exploring Urban America. An introductory Reader, Roger W. Caves (Hrsg.), London 1995, S. 57.

401 *L. Wirth*, Urbanism is a Way of Life, in: Cities and Society. The revised Reader in urban Sociology, Paul K. Hatt und Albert J. Reiss (Jr.) (Hrsg.), Illinois 1957, S. 46-63.

402 Vgl. *C. Abbott*, a. a. O., S. 57.

sonderem Interesse. Es ist unter empirischer Bezugnahme auf die Stadt Chicago gewonnen. Burgess erhebt damit den Anspruch, ein modellhaftes Abbild der amerikanischen Stadt aufgewiesen zu haben. Im Jahre 1925 entwirft der Stadtsoziologe hierin den Kern der amerikanischen Stadt als ein reines Wirtschaftszentrum *(Loop)* und initiiert den Begriff des *Central Business District.*[403] Das viel rezipierte, ja einflussreiche Modell basiert auf der Forschungslogik und der Begrifflichkeit der Soziologieschule.

Der raumwirtschaftliche Ansatz

Dem *Zonal Model* folgend grenzt Murphy in „The American City" (1960) den *Central Business District* klar von der übrigen Stadt ab und unterscheidet City-Funktionen von Nicht-City-Funktionen. In diesem raumwirtschaftlichen Ansatz wird das Wohnen als nichtstädtische Funktion klassifiziert, also gewissermaßen *per* Modell aus der *City* verbannt. Um den wirtschaftlichen Ertrag pro Quadratmeter Grundfläche zu messen, entwickelt er den *Central Business Hight Index (CBHI)* und den *Central Business Intensity Index (CBII).*[404]

Mit dem Modell des städtischen Bodenmarktes, dargestellt in „A Theory of the Urban Land Market" (1960), erhebt Alonso den Anspruch, eine umfassende ökonomische Darstellung und Erklärung einer „optimalen" städtischen Bodennutzungsverteilung bei vollkommen unregulierter Marktwirtschaft zu liefern. Der Zustand eines räumlichen Gleichgewichts sei demnach dann erreicht, wenn die einzelnen Grundstücke verschiedener Nutzungen die bestmögliche Größe und relative Lage zum Stadtmittelpunkt haben, sodass der Stadt insgesamt der höchste wirtschaftliche Nutzen bzw. Gewinn entsteht.[405]

Die Besonderheit des raumwirtschaftlichen Ansatzes gegenüber der allgemeinen ökonomischen Theorie – wie sie bspw. Adam Smith vertreten hatte – ist in der konsequenten Berücksichtigung der Transportkosten zu sehen, die bei einer arbeitsteiligen Wirtschaft in die Produktion und in die Nachfrage eines Gutes eingehen. Je zugänglicher ein Ort im Zentrum der Stadt ist, desto höher fällt der Regel nach der Bodenpreis aus. Die Bedeutung der Erreichbarkeit für einen Standort wird dabei nicht jeder Nutzungsart zugesprochen. Auch in diesem Punkt scheint der sozialökologische Ansatz von Burgess, wonach „Mobility as the Pulse of the Community" eingestuft wird[406], als Orientierung mithin auch als Vorbild dem raumwirtschaftlichen Denkansatz vorausgegangen zu sein.

403 *E. Burgess*, The Growth of the City: An Introduction to a Research Project, in: The City Reader, Richard LeGates und Frederic Stout (Hrsg.), London/New York 2000, S. 156.

404 *R. Murphy*, The American City. An Urban Geography, New York 1966.

405 *W. Alonso*, A Theory of the Urban Land Market, in: Papers and Proceedings of the Regional Science Association, 6:1, 1960, S. 49 ff.

406 *E. Burgess*, a. a. O., S. 156.

Chicago School of Sociology

Die Theoriebildung der *Chicago School of Sociology* erfolgte nicht nur in Anlehnung an die damalige Pflanzen- und Tierökologie, sondern konzentrierte sich vielmehr auf soziale Konstellationen.[407] Wie bereits angesprochen dominierte zu Beginn des letzten Jahrhunderts an den meisten Universitäten das naturwissenschaftlich geprägte Wissenschaftsverständnis. Auch die entstehenden Sozialwissenschaften setzten sich vorwiegend aus sozialdarwinistischen und biologistischen Denkmustern zusammen.

Über den darwinistischen Erklärungsansatz aus der Biologie kann eine geistige „Verwandtschaft" zu raum- und marktwirtschaftlichen Modellen der amerikanischen Stadtentwicklung hergestellt werden. Insofern stellt das *Zonal Model* von Burgess ein interessantes Bindeglied zwischen den zuvor beschriebenen Grundwerten und der städtebaulichen Praxis dar. Auch unter Bezug auf das Autorenduo White und White und ihr Werk „The Intellectual versus the City" (1962) kann ihm ein großes Gewicht als Teil der Bezugsrahmen der Handlungsorientierung vieler Stadtplaner in den USA unterstellt werden. Das Modell liefert eine idealtypische Beschreibung der räumlichen Verteilungsprozesse in Städten unter marktwirtschaftlichen Bedingungen.

Forschungslogik

Die Pflanzenökologie des Dänen Johannes Eugenius Warming machte die *Chicago School of Sociology* darauf aufmerksam:

„(...), dass verschiedene Pflanzenarten dazu neigen, permanente Gruppen zu bilden. Diese Gruppen bezeichnet er als Gemeinschaften. Pflanzengemeinschaften weisen eine beträchtliche Anzahl von Eigenschaften lebender Organismen auf. Sie entstehen allmählich, werden dann von anderen Gemeinschaften ganz verschiedener Art ersetzt."[408]

Park studierte mehrere Jahre bei Georg Simmel in Berlin Soziologie. Dort wurde er auch mit der Anthropogeographie von Friedrich

407 Bei der Darstellung von Forschungslogik und Begrifflichkeit, hier insbesondere bei der Auswahl der Zitate, stand die folgende Veröffentlichung Pate: *B. Werlen*, Sozialgeographie, Bern/Stuttgart/Wien 2000, S. 243-245. Die *Chicago School of Sociology* und das *Zonal Model* sind in der einschlägigen Literatur bereits vielfach besprochen. Der vorliegenden Sekundäranalyse lagen weiterhin vor: *J. Jessen*, Amerikanische Stadt. Europäische Stadt, Stuttgart 1997; *B. Hamm et al.*, Siedlungs-, Umwelt- und Planungssoziologie, Ökologische Soziologie Bd. 2, Opladen 1996; *R. Harris et al.*, Constructing a Fault(y) Zone: Misrepresentations of American Cities and Suburbs. 1900-1950, in: Annals of the Association of American Geographers, 88 (4), 1998, S. 622-639; *P. Hall*, Cities of Tomorrow. An Intellectual History of Urban Planning and Design in the Twentieth Century, Oxford 1996.

408 *R. Park*, Die Stadt als räumliche Struktur und sinnliche Ordnung, in: Materialien zur Siedlungssoziologie, Peter Atteslânder und Bernd Hamm (Hrsg.), Köln 1974, S. 90.

Ratzel bekannt. In diesem Spannungsfeld zwischen Simmels kulturalistischer Soziologie und Ratzels biologistischer Geographie des Menschen ist auch Parks sozialökologische Theorie der Stadtentwicklung anzusiedeln.[409] Sensibilisierte ihn die Anthropogeographie für die Pflanzenökologie Warmings, so öffnete ihm Simmel den Zugang zu einem tieferen Verständnis der Äußerungsformen moderner Kultur sowie zur Bedeutung räumlicher Konstellationen für die soziale Kommunikation.

In Anlehnung an Durkheim geht Park davon aus, dass, vereinfacht ausgedrückt, die menschliche Natur grundsätzlich von Leidenschaften, Instinkten und Trieben beherrscht wird.[410] Park zufolge weisen die in Chicago beobachteten Prozesse große Ähnlichkeit mit den von Warming festgehaltenen pflanzenökologischen Prozessen auf. Auch im städtischen Kontext, so eine ganz zentrale These, seien Gemeinschaften beobachtbar, die auf einem Territorium zusammenlebten, allmählich entstünden und schließlich von anderen ersetzt würden. Aus dieser Übereinstimmung der pflanzenökologischen Theorie mit den Beobachtungen der Stadtentwicklungsprozesse von Chicago wird die theoretische Grundlage für eine sozialökologische Forschung entwickelt. In Übereinstimmung mit der biologischen Ökologie stellte man nach der Kartierung verschiedener sozialer Phänomene fest, dass auch bei den Menschen:

„(...) innerhalb der Grenzen jeden natürlichen Gebiets (natural area) die Verteilung der Bevölkerung bestimmte und typische Muster aufweist. (...) Die Form, welche diese Konstellation annimmt, oder, anders ausgedrückt, die Position, die jedes Individuum in der Gemeinschaft in bezug auf alle anderen einnimmt, ist das, was die Sozialökologie besonders interessiert."[411]

Nach der Darstellung Werlens gehen die Sozialökologen im Vergleich zur Pflanzenökologie nicht nur von einer, sondern, analog zu Durkheims Konzeption, von zwei Ebenen aus. Neben der biotischen bzw. gemeinschaftlichen (räumlichen Verteilung) spricht man auch von der sozialkulturellen bzw. gesellschaftlichen Ebene (soziale Konstellation). Dadurch werden menschliche Natur und moralischer Zwang genau wie bei Durkheim aufeinander bezogen.[412] Auf der biotischen Ebene herrscht Konkurrenz zwischen den Individuen und zwar so, wie dies Darwin in seiner Evolutionslehre beschrieben hat. Dieser Konkurrenzkampf um räumliche und soziale Positionen wird unter den Menschen über den ökonomischen Wettbewerb ausgetragen. Die ökonomische Konkurrenz um räumliche Positionen

409 *B. Werlen*, Sozialgeographie, Bern/Stuttgart/Wien 2000, S. 244.
410 Ebda., S. 244.
411 *R. Park*, a. a. O., S. 91.
412 *B. Werlen*, a. a. O., S. 245.

wird als Ausdruck einer natürlichen Auslese verstanden. Die sozialkulturelle Ebene sorgt dafür, dass bei diesem Konkurrenzkampf allzu große Konflikte der Kontrolle unterworfen werden. Ihr fällt die Aufgabe zu, die individuellen Überlebenskämpfe durch moralische Instanz zu kontrollieren und zu begrenzen, sodass eine Gemeinschaft längerfristig überleben kann. Die Auseinandersetzung zwischen individueller und gesellschaftlicher Ebene umfasst Konflikt, Anpassung und Assimilation.[413]

Unter „normalen" Bedingungen stellt sich nach Park ein Gleichgewicht – wenn auch kurzfristig von Konflikten gestört – durch die soziale Kontrolle innerhalb einer Gemeinde *(community)* „von selbst" her. Problematisch wird das Verhältnis von Konkurrenz, Konflikt und natürlichem Gleichgewicht jedoch unter der Bedingung beschleunigten Wandels, z. B. bei hohen Immigrationsraten, technologischem Wandel, Veränderung der Bräuche, der Religion usw.

Für eine differenzierte Erklärung des sozialen Wandels und der sozialen Organisation in räumlicher Hinsicht wird nun eine genaue Klärung des Gesellschaft-Raum-Verhältnisses notwendig. Diese erfolgt unter weiterer Bezugnahme der o. g. überzeugenden Analyse und Interpretation Benno Werlens. Eine grundlegende Aussage Parks zum Forschungsinteresse der Soziologieschule lautet:

„Da so vieles, was die Erforscher der Gesellschaft interessiert, in so enger Beziehung zu sozialer Position, Verteilung und Bewegung der Bevölkerung im Raum zu stehen scheint, ist es nicht unmöglich, all die Dinge, die wir normalerweise als sozial bezeichnen, schließlich in den Begriffen von Raum und Positionsveränderungen der Individuen innerhalb der Grenzen eines natürlichen Gebietes zu fassen und zu beschreiben."[414]

Die Einkommens-, Alters- und Statusdifferenzierungen der Bevölkerung der verschiedenen Stadtquartiere unterstrichen die Bedeutung der Wohnlage, Position und Mobilität als Index für Messungen, Beschreibungen und schließlich als, so Park, „Erklärungen sozialer Phänomene (...)."[415] Damit lassen sich nach Werlen die drei axiomatischen Grundannahmen, auf welchen die sozialökologische Theorie der Stadtentwicklung aufbaut, erschließen. Erstens wird davon ausgegangen, dass soziale Beziehungen mit räumlichen Beziehungen korrelieren. Zweitens wird postuliert, dass die physikalische Distanz zwischen Personen als Index für soziale Positionen anzusehen ist.[416] Das heißt, so Park, dass soziale Distanzen in phy-

413 Ebda., S. 245.
414 *R. Park*, a. a. O., S. 95.
415 Ebda., S. 96.
416 *B. Werlen*, a. a. O., S. 247.

sikalischen Distanzen auszudrücken sind: „Somit lassen sich soziale Beziehungen zu Beziehungen zum Raum reduzieren (...).“[417] Damit kann drittens postuliert werden, dass in „der Gesellschaft (...) physische Strukturen und kulturelle Eigenschaften Teile eines umfassenden Komplexes“ sind.[418] Auf der Grundlage einer definierten räumlichen Begrifflichkeit, die z. T. an die Darwin'sche Terminologie erinnert, stellt Park zusammenfassend fest, dass die Stadt bzw. der Stadtentwicklungsprozess einen großen Sortierungsmechanismus darstellt und jeweils die bestgeeigneten Individuen auswählt.

Zonal Model Auf der vorbeschriebenen Grundlage entwickelt schließlich Burgess sein Stadtmodell. Er gliedert die ökologischen Teilgebiete in fünf konzentrische Zonen. Dabei trifft er drei idealisierende Grundannahmen, dass erstens alle Nutzungen, die sich in den verschiedenen Zonen abspielen, ursprünglich im Stadtzentrum lokalisiert waren, dass zweitens die Expansion der Stadt zu gegensätzlichen „processes of concentration and decentralization“[419] führt und dass drittens in jeder Zone bestimmte Nutzungen und Bevölkerungsgruppen auf Grund ökologischer Prozesse überwiegen.

Die Zone I bildet das Zentrum. Es handelt sich um den zentralen Geschäftsbereich, der die großen Kaufhäuser, spezialisierte Geschäfte, Hotels, Restaurants, Unterhaltungsbetriebe sowie die Verwaltungsgebäude der großen Banken und Versicherungen umfasst. Kurz, Zone I ist die Zone des tertiären Sektors mit geringem Anteil an permanenter Bevölkerung.

Zone II ist als Übergangszone zu bezeichnen. Es ist der Bereich der Leichtindustrie und des Handwerks, einiger Geschäfte und zahlreicher Vergnügungsbetriebe, hauptsächlich ist Zone II jedoch Wohnbereich für die unteren sozialen Schichten, traditionell auch der Immigranten. Es ist gemäß Burgess eine Zone der hohen Scheidungs- und Kriminalitätsraten, mit geringer sozialer Kontrolle, florierender Prostitution, sozialer Desintegration und einer hohen Dichte psychischer Krankheiten.

Zone III ist das Arbeiterwohngebiet. Es wird von Mehrfamilienhäusern dominiert, in dem vorwiegend Facharbeiter zur Miete wohnen. Der Wohnstandort soll sich nicht zu nah und zu weit von den verschiedenen Arbeitsorten befinden. Es handelt sich hier dem Modell folgend vor allem um das Wohngebiet der zweiten Immigrantengeneration.

Zone IV ist das Wohngebiet der Mittel- und Oberschicht. Die Bevölkerung ist mehrheitlich in den USA geboren. Dominant sind

417 *R. Park*, a. a. O., S. 97.

418 *R. McKenzie*, Konzepte der Sozialökologie, in: Materialien zur Siedlungssoziologie, Peter Atteslânder und Bernd Hamm (Hrsg.), Köln 1974, S. 101.

419 *E. Burgess*, a. a. O., 157. Vgl. Zitat von *R. Beauregard* (1997) im einleitenden Unterkapitel 1.1.

Kleinfamilien, die in großzügigen Einfamilienhäusern leben. Der äußerste Bereich, die Zone V, ist das Wohngebiet der Pendler, die Pendlerzone. Neubausiedlungen mit typischer (unterer) Mittelschichtbevölkerung und Familien mit Kindern im Schulalter dominieren nach Burgess das Belegungsmuster. Die Tagesbevölkerung besteht nach Burgess überwiegend aus Frauen und Kindern.

Jede dieser Zonen zeichnet sich somit durch eine große Homogenität der Bevölkerungszusammensetzung und Nutzung aus. Das Modell mag als Momentaufnahme erscheinen, wird aber von Burgess als Ausdruck und Ergebnis dynamischer Prozesse (Segregation, Invasion und Sukzession) verstanden. In der räumlich begrenzten ökologischen Konstellation einer Großstadt führt damit vor allem die ökonomische Konkurrenz zu einer bestimmten Art der Zusammensetzung in jedem Gebiet.[420]

Zur Rezeption des Modells

Das *Zonal Model* ist eine vereinfachte Modellierung der amerikanischen Stadt, die oft übernommen, jedoch auch vielfach kritisiert und ergänzt wurde. Letzteres wohl auch deshalb, weil es viele empirische Phänomene nicht erfasst, obwohl sie für zahlreiche Städte in den USA prägend sind, z. B. die Ausbildung mehrerer unterschiedlicher Kerne innerhalb einer Agglomeration oder aber sektoraler Entwicklungen entlang von Trassen und Korridoren, die sich beide nicht in das Bild der konzentrischen Ringe fügen lassen. In „Constructing a Fault(y) Zone: Misrepresentations of American Cities and Suburbs" (1998) konstatieren Harris und Lewis zweierlei, zum einen, dass das Modell an sich fehlerhaft sei und zum anderen, dass viele Stadttheoretiker das Modell zudem noch fehlerhaft interpretiert hätten. Das Modell gewann an Einfluss:

„(...) as later scholars simplified its conception of the suburban commuter fringe, at first to a contrast between industrial and residential suburbs and then to the singular myth of the middle-class enclave. Suburban affluence came to be contrasted with inner-city poverty. This revised zonal model implied the existence of a political, social, and economic fault zone between city and suburbs and differed markedly from that which Burgess has developed."[421]

Harris und Lewis kritisieren nicht nur die „Anwender", sondern auch das Modell selbst. So wären die *Suburbs* immer schon heterogen *(divers)* gewesen, und hätten bis in die 1950er Jahre – völlig gegensätzlich zu dem, was vielfach angenommen werde – einen geringeren Status genossen als die *Central City*. Noch nicht einmal auf die Stadt Chicago, so resümieren sie, wäre das *Zonal Model* je-

420 Vgl. *B. Werlen*, a. a. O., S. 255.

421 *R. Harris et al.*, Constructing a Fault(y) Zone: Misrepresentations of American Cities and Suburbs. 1900-1950, in: Annals of the Association of American Geographers, 88 (4), 1998, S. 622.

mals anwendbar gewesen.[422] Für den Zeitraum von 1830-1850 können Carl Fishs Aussagen in „The Rise of the Common Man" (1950) als Bestätigung vorgenannter These herangezogen werden. Er schreibt, dass Fabriken generell eher in Dörfern *(villages)* als in Städten *(cities)* lokalisiert waren, häufig in der Nähe von Wasserfällen und Minen. Die meistem Arbeiter lebten, so der Autor, in separaten Landhäusern *(cottages)*; waren sie unverheiratet, in Fremdenheimen *(boarding houses)*.[423]

Bedeutsam ist die Einschätzung von Harris in seinem Beitrag „The Making of American Suburbs" (1999), dass gerade die Logik des Modells – erinnert sei hier an die ökologischen Verdrängungsprozesse – viele Rezipienten dazu verführt hätte, die soziale Heterogenität an den Stadträndern schlicht zu ignorieren.[424] Demnach erführe das Bild des *Residential Suburbs*, das Burgess zeichnete, eine fragwürdige Überhöhung und Verstärkung. Dies wird in der vorgelegten Arbeit vor allem als Dominanz eines Leitbildes interpretiert. Generell lehnt Harris die stark vereinfachende Sicht von Burgess ab. Das Bild der amerikanischen *Suburbs*, das sich „beyond city limits of the main urban centre" herausgebildet hätte, müsse sowohl topologisch als auch sozial wesentlich komplexer gezeichnet werden.[425]

Für Johann Jessen (1997) trifft das Modell „in wesentlichen Zügen recht genau die [amerikanischen] Stadtentwicklungsprozesse (...)."[426] Seit den 1950er Jahren hätten sich die Stadtstrukturen, wie er relativiert, allerdings wesentlich verändert. Er nennt beschleunigte Suburbanisierung des Wohnens, Suburbanisierung von Arbeitsplätzen, neue suburbane Zentren (*Edge Cities*), Rückzug des produzierenden Gewerbes, Funktionsverlust der Kernstädte, Verfall innerstädtischer Quartiere und wachsende sozialräumliche Polarisierung.[427]

Die beiden letzten Absätze deuten an, wie streitbar der Diskurs um die Trefflichkeit des *Zonal Model* geführt werden kann. Ferner ist von Belang, dass Burgess die *City* als einen zentralen Marktort versteht, also als einen idealen Ort für die Handlungen des *Business Man*. Der *Common Man* mag sich, wenn überhaupt, so die Einschätzung, in den rural motivierten *Suburbs* bewegen. In der Gesamtschau erlangt nun die Mittlerfigur des *Self-Made Man* heraus-

422 Vgl. *R. Harris*, The Making of American Suburbs, 1900-1950s: A Reconstruction, in: Changing Suburbs: Foundation, Form and Function, Richard Harris und Peter J. Larkham (Hrsg.), London 1999, S. 91 ff.

423 *C. Fish*, The Rise of the Common Man. 1830-1850, Westport/Connecticut 1983, S. 89.

424 *R. Harris*, a. a. O., S. 106.

425 Ebda., S. 94.

426 *J. Jessen*, Amerikanische Stadt. Europäische Stadt, Stuttgart 1997, S. 15.

427 Ebda., S. 15-17.

ragende Bedeutung. Denn er ist es, der den Idealen folgend in den *Suburbs* wohnt und in der *City* seinen Geschäften nachgeht. So kann das *Zonal Model* zum einen als ein massiver Verstärker im Sinne einer Handlungsorientierung im Siedlungsprozess verstanden werden, zum anderen aber entpuppt es sich unter industriekapitalistischen Bedingungen als die idealtypisch notwendige Topologie, in der der *Self-Made Man* seinen Lebensstil am ehesten praktizieren kann.

5.3 City, Suburbs und die Transporttechnologie

In Amerika war die Generierung, Verstärkung und Reproduktion einer räumlich-materiellen Grundstruktur eng an marktwirtschaftliche Prinzipien gebunden. Während das *Zonal Model* ein recht abstraktes Medium ist, das jedoch, wie gezeigt wurde, auch Werthaltungen und Grundorientierungen über die Stadt enthält, lässt sich an der Entwicklung der Transporttechnologie – und eng damit verknüpft an der Landspekulation – die Bedeutung der gesellschaftlichen Grundwerte für die amerikanische Entwicklung der Stadt vergleichsweise anschaulich darstellen. Das gilt sowohl für die Erschließung des weiten Kontinents gen Westen als auch für die demographische und topologische Entwicklung einer Stadt. Bei letzterer handelte es sich fast immer um die transporttechnische Verbindung der zentralen *City* mit den dezentralen *Suburbs*.

Städtischer Transport

Im Folgenden werden drei unterschiedliche Thesen vorgestellt, die das Verhältnis von Transporttechnologie und Stadt unterschiedlich beurteilen. Gemeinsam ist allen, dass es bei dem Einsatz der Transportmittel fast ausschließlich um die City-Suburb-Verbindung geht. Insofern sind die drei Perspektiven für den Leitgedanken der Arbeit – zunächst jedenfalls – von selbem Interesse. Zusammen genommen bestätigen die Thesen die Bedeutung von Leitbildern entgegen einem technologischen Determinismus. Gemessen an einem Grundsatz der Techniksoziologie, wonach die technologische Errungenschaft als notwendiges Kriterium der Siedlungsentwicklung stets auch kulturell überformt wird, unterscheiden sich die Thesen gravierend.

Der erste Standpunkt argumentiert, dass Neuerungen in der Transporttechnologie die Ursache für die Veränderung städtischer Topologie seien. Die zweite Perspektive spricht davon, dass räumliche Veränderungen selbst neue Technologien hervorbrächten, die in Rückkopplung einen Wandel der Topologie erleichterten. Eine dritte Sichtweise geht von der These aus, dass öffentliche Subventionen direkter oder indirekter Art bestimmte Transportmodi gefördert hätten. Die zuständigen Regierungen würden so ihrer politischen, sozialen und ökonomischen Umgebung zum topologischen Ausdruck verhelfen.[428]

428 Keine der Thesen bezieht sich explizit auf die Theorien der Techniksoziologie, sodass auch hier von einer derartigen breiteren Diskussion abgesehen werden darf. Wer sich jedoch in die Perspektive und Komplexität der Techniksoziologie begeben möchte, wer sich also – anders als hier – in einem näheren Sinne für die soziale Bedeutung gegenständlicher Technik interessiert, der sei verwiesen an: *I. Schulz-Schaeffer*, Sozialtheorie der Technik, Frankfurt a. M. 2000.

Sobald die Straßenbahn neue Häuser in außenliegende Gebiete gebracht hätte, so der Historiker Sam Warner in „Streetcar Suburbs" (1962), würde die zuständige Stadtabteilung mit infrastruktureller Versorgung nachziehen.[429] In seiner Boston-Studie vereinfacht der Autor die Ausweitung der *Suburbs* auf eine Analyse des Straßenbahnausbaus. In diesem Zusammenhang bemerkt er allerdings, dass bestimmte kulturelle Ideen allen institutionellen Entscheidungsträgern gemein gewesen wären. Erstens hätten sie alle versucht, ihr politisches Gebiet gleichmäßig mit Infrastruktur zu versorgen. Zweitens hätte sich keine Institution an Wohnbauinitiativen beteiligt oder sie irgendwie gefördert. Sozialen Wohnungsbau oder dergleichen gab es demnach nicht. **These 1**

„Though in today's terms there was no planning in the late nineteenth century Boston, the largely successful effort to give new services to the whole jurisdiction with its consequent aid to private development was a conscious policy designed to achieve the ends of society. (...) The works of the individual private profit makers were to be the return of the public costs and effort."[430]

Die dritte Gemeinsamkeit, so Warner weiter, sei die Sympathie zum ländlichen Ideal. Sie hätte der dispersen Siedlungsausbreitung großen Schwung verliehen. Vor dem Hintergrund [aber eben auch nur vor dem Hintergrund] dieser kulturellen Werte ist das Stadtwachstum allein im Zusammenhang mit dem Ausbau des Verkehrsnetzes zu verstehen. In dieser Perspektive ist der jeweilige Entwicklungsstand der Transportmedien der limitierende Faktor für die Ausbreitung der Siedlungsfläche. Veränderungen innerstädtischer Topologie reflektiert Warner in diesem Kontext kaum.

Die zweite Perspektive behauptet, dass der topologische Wandel selbst Veränderungen in Transportsystemen hervorgebracht hätte. Denn das Bedürfnis bzw. die Nachfrage hätte die Entwicklung dieser Systeme überhaupt erst motiviert. Zu diesem Schluss kommt Theodore Hershberg in seiner Philadelphia-Studie (1981).[431] Die Straßenbahn sei häufig dazu verwendet worden, suburbanen Grundbesitz, d. h. bspw. Einfamilienhäuser auf unbesiedelten Flächen, zu entwickeln. Land- und Immobilienspekulation waren in den USA eng mit dem Ausbau von Straßenbahnlinien verknüpft. Vielfach sind Straßenbahnlinien in gänzlich unbesiedelte Flächen verlegt worden, um die neu erschlossene Fläche zu Wohnzwecken zu vermarkten. Nur die räumlichen Verhältnisse in der *City*, so die These, hätten eine solche Nachfrage generiert. Am Ende des 19. **These 2**

429 *S. Warner (Jr.)*, Streetcar Suburbs. The progress of Growth in Boston. 1870-1900, Cambridge/Massachusetts 1962, S. 31.

430 Ebda., S. 33.

431 *T. Hershberg*, Philadelphia: Work, Space, family, and group experience in nineteenth Century, New York 1981, S. 128.

Jahrhunderts unterstützte eine Tageszeitung in Milwaukee die Förderung des Straßenbahnsystems mit den Worten: „Milwaukee is in the business of growing."[432] 1912 sah die sozialistische Regierung Milwaukees die Erweiterung des Verkehrsnetzes als eine Lösung innerstädtischer Übervölkerung an. Eine Limitierung des Fahrpreises kam der Regierung nicht in den Sinn.[433] Selbst die günstigsten Tarife lagen außerhalb der finanziellen Möglichkeiten eines Arbeiters. Theodore Hershberg untersuchte die Entfernung von Wohnort zu Arbeitsplatz in Philadelphia zwischen 1850 und 1880. 80 % der Bewohner erreichten ihren Arbeitsplatz zu Fuß. Der Studie zufolge hat sich die durchschnittliche Entfernung von Wohnort zu Arbeitsort eines durchschnittlichen Industriearbeiters von einer halben Meile auf eine Meile verdoppelt. In seiner Zusammenfassung begründet der Autor diese Erweiterung mit verkürzten Arbeitszeiten und verbesserten Wohnmöglichkeiten. Der Wechsel von pferdebetriebenen Omnibussen zu Straßenbahnen spielte keine Rolle.[434] In erster Linie sei demnach die Massenfertigung von Häusern auf erschwinglichen Grundstücken Ursache topologischer Erweiterung der Siedlungsfläche. Obwohl die These bereits Veränderungen zentraler Topologie berücksichtigt, wird Stadtwachstum primär als reine Ausweitung der Siedlungsfläche verstanden.

These 3 Die dritte Denkweise ist weniger kausaldeterministisch bestimmt als ihre beiden Vorgänger. Sie verhandelt das Siedlungswachstum als eine komplexe Interaktion dynamischer Verhältnisse und räumt dabei öffentlichen Entscheidungsträgern eine besondere Relevanz ein. Sie erweitert die vorhergehenden Perspektiven um die These, dass die jeweils zuständigen Regierungen, häufig waren das lokale Stadträte und Stadtverwaltungen, für eine irgendwie geartete Steuerung bzw. Förderung oder gar Subventionierung der Transportmedien verantwortlich seien. Eric Monkkonen sieht in seinem Buch „America becomes urban" (1988) so der politischen, sozialen und ökonomischen Umgebung auf einer lokalen Ebene zu ihrem räumlichen Ausdruck verholfen.[435] An Washington D.C. ließe sich dieses Szenario beispielhaft nachzeichnen. Die Verkehrssituation spiegelt eine Abhängigkeit von politischen Entscheidungen wider. So beschloss der Kongress im *Transportation Act* (1956): „(...) to provide for an adequate and economically sound transportation system or systems to serve the District of Columbia and its environs, (...)."[436] Er konstituierte zu diesem Zweck eine „Franchi-

432 *E. Monkkonen*, America becomes urban. The Development of U.S. Cities & Towns. 1780-1980, Berkeley/Los Angeles/London 1988, S. 161.

433 Ebda., S. 161.

434 *T. Hershberg*, a. a. O., S. 170 f.

435 *E. Monkkonen*, a. a. O., S. 158.

436 *House of Representatives (USA)*: Mass Transportation in the District of Columbia. Conference Report (Harris), (Vor-) Bericht zum Beschluss vom 24. Juli 1956, Nr. 2751, 17. Juli 1956, Washington D.C., S. 1.

sing Corporation“, die als privates Unternehmen operieren und eine attraktive Investmentmöglichkeit für Privatinvestoren bieten sollte. Die Corporation war verpflichtet „(...) to initiate and carry out a plan of gradual conversion of its street railway operation to bus operation within seven years (...).“[437] Damit beendete der Kongress die fast hundertjährige Tradition eines schienenbezogenen Verkehrsnetzes in Washington.

Historische Entwicklungen in der Transporttechnologie

Es gehört zu den Grundsätzen der Techniksoziologie, dass sich Richtung, Geschwindigkeit und Ausprägung des technischen Fortschritts nicht allein aus einer möglicherweise vermuteten inhärenten Eigenlogik der Technologien selbst bestimmen lassen, sondern diese immer sozial und kulturell überformt sind. Im Folgenden wird die historische Entwicklung wesentlicher Neuerungen in der Transporttechnologie skizziert. Obwohl die vorliegende Arbeit keinen technologisch-funktionalistischen Ansatz verfolgt, ist ein additives Überblickswissen diesbezüglich hilfreich, um letztlich die Relevanz der hier verhandelten Leitbilder als Orientierungen kontrastierend zu verstehen. Um etwa 1820 nahmen die ersten amerikanischen Siedlungen eine Größe an, die fußläufig nur sehr schwer zu erschließen waren. Pferdekutschen, Omnibusse, Straßenbahnen und Automobile sind Innovationen in der Transporttechnologie, die die Möglichkeiten des Menschen, den Raum zu überwinden, erheblich erweiterten, sprich seine Mobilität erhöhten.

Omnibus

Omnibus – Zu den ersten intraurbanen Transportmedien zählt der pferdebetriebene Omnibus. 1827 war New York die erste amerikanische Stadt, die ein solches System anbot. Bald folgten Philadelphia und Boston. Um 1840 hatten auch Städte wie Baltimore und Pittsburgh regelmäßig verkehrende Buslinien.[438] Omnibusse wurden überwiegend zum Transport im inneren Siedlungsbereich verwendet. Ehemals kleine Siedlungen und Städte waren durch den Omnibus erstmals miteinander verbunden. In New York verließen 1833 16 von 80 lizenzierten Omnibussen die Stadtgrenzen und erschlossen Siedlungen wie Harlem, Manhattanville und Yorkville. 1848 verkehrten fast 50 % aller Bostoner Omnibusse zwischen dem Gründungsbereich und den Siedlungen Roxbury, Cambridge und Charleston regelmäßig.[439] Sie sollten zu den ersten Wohngebieten außerhalb des Siedlungskerns avancieren. Der Omnibus sprach vor allem den *Business Man* an, der „auf das Land” ziehen wollte und gleichzeitig sein innerstädtisches Geschäft betrieb. Für breitere Bevölkerungsschichten war das Medium zu teuer.

437 Ebda., S. 3.

438 *G. Taylor*, The Beginning of Mass Transportation in Urban America: Part I, in: The Smithsonian Journal of History, 1966, S. 35 ff.

439 Ebda., S. 44.

Steam Railway *Eisenbahn (Steam Railway)* – Ab 1830 verbreitete sich die Eisenbahn zunächst nur bis an den Rand bestehender Siedlungen.[440] Deshalb war sie überwiegend auf interstädtischen Transport beschränkt. Mit fortschreitendem Ausbau entwickelten sich entlang der Bahnlinien an den Haltepunkten neue Ansiedlungen. Später erschloss sie suburbane Wohnareale und so genannte *Exurbs* oder *Railroad Towns*, deren Entstehung scheinbar maßgeblich durch die Eisenbahn katalysiert wurde. Dieser Transportmodus verkehrte nicht regelmäßig und zuverlässig genug, um in größerem Umfang von Geschäftsleuten genutzt zu werden.

Horsecar *Horsecar* – Ab 1850 wurde das erste schienenbezogene Transportmittel in den USA eingeführt, das sowohl intrastädtisch fungierte als auch bei der Erschließung neuer Flächen eingesetzt wurde. Gegenüber dem pferdebetriebenen Omnibus bot das *Horsecar* größeren Komfort, doppelte Geschwindigkeit und höhere Fahrgastkapazitäten. Es etablierte sich schnell. Die Linien führten vom Siedlungskern je nach Topographie radial über bestehende Hauptstraßen in das Umland.[441] Erstmals konnten durch sinkende Kosten, steigende Geschwindigkeit und weiteren Routenausbau Bevölkerungsteile mittlerer Einkommen das neue Beförderungsmittel nutzen.[442] Joel Tarr (1978) schätzt das *Horsecar* wie folgt ein: „The running of cars on rails through city streets was a major technological breakthrough."[443] 1863 sind in Pittsburgh 3.960.000 Millionen Passagiere befördert worden. Das entspricht 40 Fahrten pro Einwohner und Jahr.[444]

Streetcar *Straßenbahn (Streetcar)* – Die elektrische Straßenbahn interferierte wie kein anderes Vorläufersystem mit der Veränderung amerikanischer Siedlungsform hinsichtlich demographischer Struktur und topologischer Ausdehnung. Das erste umfassend intrastädtische Straßenbahnnetz wurde 1888 in Richmond, Virginia, eröffnet.[445] In den nächsten drei Jahren wurden über 100 solcher Systeme in unterschiedlichen Städten Nordamerikas gebaut oder in Auftrag gegeben. Bis 1902 waren 97 % aller Fahrtstrecken elektrifiziert. Ihre privaten Betreiber konnten das System wirtschaftlich zu relativ günstigen Tarifen anbieten. So wurde es zum ersten Massenverkehrsmittel für Pendler vom *Suburb* in die *City*. Die bereits be-

440 *J. Vance (Jr.)*, The American City: Workshop for a National Culture, in: Contemporary Metropolitan America 1. Cities of the Nation's Historic Metropolitan Core, John Adams (Hrsg.), Association of American Geographers, Cambridge 1976, S. 20.

441 *G. Taylor*, a. a. O., S. 40.

442 *K. Jackson*, Crabgrass Frontier. The Suburbanization of the United States, New York/Oxford 1985, S. 39.

443 *J. Tarr*, Transportation Innovation and changing spatial Patterns in Pittsburgh. 1850-1934, Chicago 1978, S. 4.

444 Ebda., S. 4.

445 *S. Warner (Jr.)*, The urban Wilderness. A History of the American City, New York/San Francisco/London 1972, S. 39.

schriebenen suburbanen Erschließungen nahmen noch nie da gewesene Umfänge an.[446] Sam Warner spricht von *Streetcar Suburbs*, die entlang der Linien entstanden sind, häufig in enger Kooperation von Landspekulanten und Bahnbetreibern. Der Prozess der Aufteilung der Stadtbevölkerung, wie ihn Muller in „Contemporary Suburban America" (1981) beschrieb, und zwar nach Klasse, Einkommen, nach ethnischer und rassischer Zugehörigkeit, hatte einen nicht nur unerheblichen Verstärker erfahren.[447]

Automobile

Automobile – 1908 lautet eine Autoreklame: „The Sears is the car for the businessman who has tired of home life in congested neighborhoods and yearns for a cottage in the suburb for his family."[448] Unter Bezug auf Berton (1990) kann die Nutzung des Automobils als die Fortsetzung amerikanischer Siedlungskultur mit anderen Mitteln interpretiert werden, hätte doch diese Werbung bereits für den Omnibus Verwendung finden können. Ebenfalls spiegelt sich in dieser Werbung genau jenes Leitbild und jener Lebensstil schon sehr frühzeitig ganz deutlich wider, der sich zwischen der zentralisierten *City* und den dezentralisierten *Suburbs* abspielt.

In den USA endeten um 1900 in der Regel alle befestigten Straßen an der politischen Grenze einer Stadt. Eine europäische Straßentradition, die bis in das Römische Reich zurück geht, gab es nicht. Ab 1916 schaltete sich der Kongress mit dem *Federal Aid Road Act* in den Ausbau des Straßennetzes ein.[449] Schon 1906, als in den USA 105.000 Automobile registriert waren, wurde in New York die erste nur für Autos zugelassene Straße angelegt *(Bronx River Parkway)*.[450] Anders als die Schienen der Straßenbahn waren die Straßen der Autos öffentlich finanziert. Für den Landspekulanten entfielen dadurch aufwendige Erschließungskosten *per* Schiene.[451] Ab 1920 wurde die Beliebtheit des Autos zu einer ernsthaften Konkurrenz für die Straßenbahn. 1929 verkehrten bereits 26,5 Mio. Autos in den USA.[452] Henry Fords *5-Dollar-8-Hours-Day* steht beispielhaft für die Förderung der so genannten Mittelkasse und brachte zahllose kaufkräftige Interessenten in den *Suburban Dream*.[453]

Mit dem wirtschaftlichen Aufschwung nach der Depression in den 40er Jahren des letzten Jahrhunderts setzte die zweite Welle der

446 Vgl. *G. Smerk*, The Streetcar: Shaper of American Cities, in: Traffic Quarterly, Nr. 21, 1967, S. 569 ff.

447 *P. Muller*, Contemporary Suburban America, New Jersey 1981, S. 33 ff.

448 *P. Berton*, The Car as a cultural Driving Force, in: Canadian Geographic, Dezember 89/Januar 90, S. 46.

449 Vgl. zum Beispiel: *S. Warner (Jr.)*, a. a. O., S. 37 f. oder *E. Monkkonen*, a. a. O., S. 167-176.

450 *L. Holzner*, Stadtland USA: Die Kulturlandschaft des American Way of Life, Gotha 1996, S. 65.

451 Vgl. *E. Monkkonen*, a. a. O., S. 179.

452 *S. Goddard*, The Road to Now, in: The Annals of the American Academy of Political & Social Science, Bd. 553, September 1997, S. 37.

453 *P. Berton*, a. a. O., S. 49.

„Stadtflucht" bzw. Suburbanisierung ein. Die Einwohnerzahlen der Siedlungskerne nahmen deutlich ab, während die *Metropolitan Areas* selbst in den heutigen Tagen Zuwachs verzeichnen können. War die Siedlungsform zunächst sternförmig entlang der Straßenbahnen ausgerichtet, verdichtete sich die Fläche zwischen den Strahlen mit dispersen Straßen und suburbaner Bebauung. Die topologische Dichte in den Gründungsbereichen nahm ab ca. 1940 stetig ab. Der *Federal Aid Highway Act* (1956), mit dem 66.000 Highway-Kilometer realisiert werden sollten, stellt in dieser Chronologie einen weiteren Meilenstein dar.[454] Die geographische Trennung durch die *Beltways*, die Mitte der 70er als Highway-Ringe entstanden sind, unterteilt die *Suburbs* in *Inner Suburb* und *Outer Suburb*.[455] Das Straßennetz und das Einzelhaus sind zum dominierenden Muster amerikanischer Siedlungsform geworden. Eine über Jahrzehnte steigende Zahl von Autonutzern lässt Amerika als eine Nation von Autoenthusiasten erscheinen. Der Journalist Michael Massing beschreibt diese Erscheinung in seinem Artikel „Stalled in Paradise" (2000) wie folgt:

„From New York, where 80 000 more cars a day enter the city than did it two years ago, to Los Angeles, where it takes an average of 20 minutes to negotiate the interchange of interstates 10 and 405; from Miami, where the forever-clogged U.S.1 has been dubbed ‚Useless 1' to Chicago, where a spaghetti-like section of I-290 is known as the ‚Hillside Strangler', Americans are spending more and more time trapped in their cars. (...) It's not just the cars that are coming under attack, but the whole culture built on them. The endless strip malls that line the nation's roadways; the ever-expanding housing subdivisions, where one must get into car to buy a quart of milk; the voracious devouring of farmland and green fields by real estate developers; and all the other noxious manifestations of urban sprawl are galvanizing communities across the country."[456]

In der Gesamtschau sollte anhand des vorgestellten Themenschwerpunktes der Bedeutung von Leitbildern in Bezug auf die räumlich-materielle Entwicklung weiter Vorschub geleistet werden. Entgegen einem rein technologischen Determinismus war die Erschließung der Fläche eng an die Bedienung von Leitbildern, sprich Handlungsorientierungen, geknüpft. Die Wichtigkeit der Transporttechnologie wird nicht geleugnet. Gemäß handlungstheoretischer

454 *P. Hall*, Cities in Civilization. Culture, Innovation and Urban Order, London 1998, S. 831.

455 *J. Jakle*, Landscape redesigned for the automobile, in: The Making of the American Landscape, Michael Conzen (Hrsg.), New York 1994, 293-310.

456 *M. Massing*, Stalled in Paradise, in: American Prospect, 22. Mai 2000, S. 22.

Perspektive ist sie – einmal sehr schematisch gesagt – jedoch erst Teil der Handlungsrealisierung, sodass nunmehr über die hohe Bedeutung der hier verhandelten Leitbilder im Prozess des „Geographie-Machens“ nicht mehr hinweggesehen werden kann. Ganz generell könnte an vielen Merkmalen der Entwicklung der Transporttechnologie die Wirksamkeit der protestantisch-calvinistischen Leitbilder weiter vertieft werden, so z. B. daran, dass man heute mit 16 Jahren in den USA Auto fahren, mit 20 aber noch keinen Alkohol konsumieren darf, oder an der eindrucksvoll hohen Geschwindigkeit, mit der die schienbezogenen Transportsysteme zugunsten des Individualverkehrs zurückgebaut wurden. Noch in den 1920er Jahren verfügte Los Angeles über ein dichtes Straßenbahnnetz. Heute scheint es immer noch nicht zum Selbstverständnis der Bürger von Los Angeles zu gehören, dass ihre Millionenmetropole über ein leistungsfähiges Nahverkehrsnetz verfügt. So können Städte des „Umlandes“, wie Beverly Hills und Santa Monica, erfolgreich durchsetzen, dass die neu gebauten U-Bahnlinien an der Stadtgrenze von Los Angeles enden und nicht bis zu den wichtigen Arbeitsplatzzentren und bis zu den Wohnstandorten im Westen der Agglomeration weitergeführt werden. Auch hierin liegt ein weiterer Hinweis dafür, dass in der amerikanischen Entwicklung der Stadt zumeist der Lebensstil idealisiert und letztlich verstärkt worden ist und wird, der sich in der Topologie der *City* und der *Suburbs* bewegt.

5.4 Topologische und industrielle Tendenzen

Zahlreiche Stadtgründungen in den USA sind nicht nur geographisch durch ihre Lage zu natürlichen Ressourcen, dem Ausbau der Eisenbahnen und ihren Haltestellen, sondern auch zeitlich durch das Zusammentreffen mit der Industrialisierung geprägt. Die Industrialisierung versinnbildlicht die ökonomische Zentralisation in baulich-räumlicher Hinsicht auf besondere Weise. Der Wolkenkratzer ist die wohl bekannteste Gebäudetypologie, die diesen Prozess symbolisiert.[457] Ihre Bedeutung kann aber auch durchaus ambivalent betrachtet werden, und zwar sowohl auf demographischer als auch auf topologischer Ebene. Denn modellhaft war der Kernbereich einer amerikanischen Siedlung für lange Zeit zumeist ein Ort des wirtschaftlichen Wachstums und der Verdichtung, ein Ort der Immigrantenankunft sowie nahebei auch Wohnort der Arbeiter – also der Zentralisierung.

Andererseits folgen viele amerikanische Stadttheoretiker der These, dass mit fortschreitender Industrialisierung gerade die schlechten Lebensbedingungen viele Bewohner veranlasst hätten, die Innenstadt – die *City* – so bald wie möglich zu verlassen und sich getreu dem dominanten Leitbild in den *Suburbs* niederzulassen.[458] Damit wäre es in der Phase der Industrialisierung gleichzeitig zu einer demographischen und topologischen Dezentralisierung gekommen.

Hieraus wird ersichtlich, dass gerade in dieser Phase der amerikanischen Stadtentwicklung das Spannungsfeld zu Tage tritt, das zu Beginn als die City-Suburb-Struktur beschrieben wurde. Auf die Bedeutung der protestantisch-calvinistischen Arbeitsethik hinsichtlich der ökonomischen Zentralisation ist bereits aufmerksam gemacht worden. Überdies wird hier die These gehalten, dass gerade die Lebensstile des *Business Man* und des *Self-Made Man* auf zentrale Orte zur Befriedigung ökonomischer Bedürfnisse angewiesen sind. „Calvinism", bestätigt Arthur Schlesinger in „Ideas and economic Development" (1963), „had instilled in them [most Americans] the determination to work and to save; democracy was developing in

457 Hierzu ausführliche Beschreibungen der Verdichtung durch Wolkenkratzer im Zeitalter der Industrialisierung u. a. am Beispiel Manhattan sind zu finden in: *P. Hall*, Cities in Civilization. Culture, Innovation and Urban Order, London 1998, S. 770-778.

458 Zur weiteren Differenzierung des vorbezeichneten Spannungsfeldes anhand zahlreicher empirischer Bezüge kann herangezogen werden: *R. Lewis*, Running Rings around the City: North American Industrial Suburbs. 1850-1950, in: Changing Suburbs: Foundation, Form and Function, Richard Harris und Peter J. Larkham (Hrsg.), London 1999, S. 147 ff.

them the capacity to consume and to enjoy."[459] Die Kombination, so der Autor weiter, machte ökonomischen Fortschritt nahezu unwiderstehlich.

In den USA entstanden städtische Siedlungen ohne den direkten Einfluss Jahrhunderte langer Traditionen eines städtischen Bürgertums, ohne hemmende nationale Grenzen und in wesentlichen Phasen auch ohne direkte staatliche Eingriffe in den kapitalistischen Marktmechanismus. Der räumlich-materielle Maßstab der Industrialisierung und die marktwirtschaftliche Arbeitsteilung separierte frühzeitig Wohn- und Arbeitsbereiche und verhinderte z. T. sehr deutlich die aus den Städten Europas vertrauten kleinteiligen Nutzungsmischungen. Einen Gegenpart zum Zentrum in demographischer als in topologischer Hinsicht nach europäischem Abbild konnte es kaum geben. Eine Aufgliederung nach europäisch feudalem Muster in „Stadt und Land", wie in Webers „Stadt" (1921) beschrieben, war zu keinem Zeitpunkt amerikanischer Geschichte möglich. Selbst wenn von einem „ländlichen Ideal" in Amerika gesprochen wird, geschieht das immer in einem Spannungsfeld zwischen Wildnis und einer Imagination, die an europäisch tradierte Lebens- und Siedlungsweisen erinnert.[460]

Im 17. Jahrhundert gliedert sich der amerikanische Siedlungsraum in einige Handelszentren und in eine von Indianern belebte Landschaftsform, die von den ersten Siedlern sprachlich als *Wilderness* bzw. *Hinterlands* identifiziert wurde. Zunächst einmal stellte die amerikanische Landschaftsform für die Puritaner aber schlicht „the good land" dar (etwa ab 1620). Erst die äußeren Umstände (bspw. Wasserknappheit, ungünstiges Klima etc.), so recherchiert Alan Heimert in „Puritanism, the Wilderness, and the Frontier" (1953), modifizierten die Ziele der Siedler. Ab etwa 1640 tauchen Zitate auf, die den neuen geographischen Kontext als „wild and overgrowne with woods" zu erfassen suchten.[461] Mitte des 19. Jahrhunderts verwaltete das *U.S. Bureau of Census* die unerschlossenen Flächen offiziell als *Frontier Territory*. Die Demographen benutzten die *Two-Person-per-Square-Mile-Rule*, um eine Nordsüdlinie über das U.S. Territorium zu ziehen. Die Linie zeigte die jährliche Erschließung Amerikas in westliche Richtung. 1890 erklärte das *Bureau of Census* den Vorgang für abgeschlossen.[462]

459 *A. Schlesinger (Jr.)*, Ideas and economic Development, in: Paths of American Thought, Arthur M. Schlesinger (Jr.) und Morton White (Hrsg.), Boston 1963, S. 107.

460 Vgl. *M. Hardinghaus*, Amerikanische Stadt und europäische Stadt im Entwicklungsvergleich, in: Forum Europäische Urbanistik. Jahrbuch 2000, Wolfgang Christ und Dieter Hassenpflug (Hrsg.), Weimar 2001, S. 116 ff.

461 *A. Heimert*, Puritanism, the Wilderness, and the Frontier, in: The New England Quarterly, Nr. 26, 1953, S. 362.

462 *B. Edmondson et al.*, The Frontier is still here, in: American Demographics, Juli 1991, S. 50.

Frühe Wirtschaft

Die ersten Ansiedlungen an der amerikanischen Ostküste gingen aus europäischen Kolonialhäfen hervor. Sie entwickelten sich zu Distributions- und Handelszentren, deren Organisation zunächst Kolonialmächte und zugeordnete Handelsgesellschaften übernahmen. Hier kamen die Schiffe mit Menschen, Waren und Rohstoffen aus Europa und später aus Afrika an, die erst die eigene Stadt und dann weiter westlich liegende Flächen versorgten. Hier wurde die Besiedlung des Landes organisiert und das wirtschaftliche Wachstum beschleunigt. Um 1790 waren vier Fünftel der amerikanischen Arbeitskräfte in der Landwirtschaft tätig. Das Kapital, die Technologie und die gefertigten Güter kamen überwiegend aus Europa.[463] Die vorherrschende wirtschaftliche Vision sah die Zukunft der USA als eine vornehmlich statische agrarische Gesellschaft. Thomas Jeffersons Konzept des *Laisser-Faire – government governs best which governs least* – bezog sich auf eine landwirtschaftliche Ökonomie und nicht, wie bei den Anhängern von Adam Smith, auf Kategorien wie Kommerz und Industrienation.[464] Ein einflussreicher politischer Widersacher Jeffersons war Alexander Hamilton (1755-1804). Sein Traum war es, das rurale Amerika in eine große Industrienation zu verwandeln. Ihm zufolge war es Aufgabe der Regierung, die ökonomische Entwicklung zu leiten und individuelle Energien diesbezüglich zu initiieren.[465]

Bis 1840 bestand die ökonomische Distribution überwiegend in einer punktuellen agrarischen Erschließung und Ausbreitung.[466] In dieser Zeit konnte New York eine besondere Position im amerikanischen Stadtvergleich einnehmen. Es war das einzige ehemals koloniale Zentrum, das eine gute Verbindung sowohl für Import als auch für Export bot. Boston und Charleston konnten sich aus geographischen Gründen vergleichsweise schlecht ausbreiten. Philadelphia und Baltimore waren gut zugängliche Importhäfen. Nach Berry und Horton in „Geographic Perspectives on urban Systems" (1970) stellt sich der Prototyp einer frühen amerikanischen Ansiedlung als ein strategisch gelegener Hafen und Handelsplatz dar. Er war für die transatlantische Schifffahrt leicht zugänglich und lag idealer Weise an einer Wasserstraße, die in das Hinterland führte.[467]

Zwischen 1830 und 1850 ist der größte Teil der Amerikaner in der Land- und Transportwirtschaft beschäftigt.[468] Das produzierende Gewerbe fertigte Textilien in Neuengland, Eisenwaren in Penn-

463 *A. Schlesinger (Jr.)*, a. a. O., S. 105.

464 Ebda., S. 105.

465 Ebda., S. 110 f.

466 *B. Berry et al.*, Geographic Perspectives on urban Systems, New Jersey 1970, S. 22.

467 Ebda., S. 22 f.

468 Vgl. *C. Fish*, The Rise of the Common Man. 1830-1850, Westport/Connecticut 1983, S 88.

sylvania und bspw. Uhren und Gewehre in Connecticut.[469] Beim Ausbau der technischen Infrastruktur, d. h. im Kanal-, Straßen, Brücken-, Hafen- und Eisenbahnbau engagierten sich überwiegend die Nationalregierung und ausländische Investoren, vor allem aus England, als Hauptkapitalgeber. Es sei also ein Mythos, so betont Schlesinger (1963), dass die nationale Ökonomie „through the unassisted workings of rugged individualism and free competition" entschieden wurde.[470] Die erste Stufe des Überganges von einer agrarischen zu einer industriellen Ökonomie bestand auch in den USA in einer infrastrukturellen Grundlegung.

Die beginnende Industrialisierung und die damit verbundenen gesellschaftlichen Veränderungen, z. B. die allmähliche Herausbildung der so genannten *Middle Class* und der Arbeiterschaft, schufen den Nährboden, so stellt Nagler (1998) heraus, für ein Bedürfnis nach politischer Partizipation, das in der so genannten *Jacksonian Democracy* (1828-1848) seinen Ausdruck fand.[471] Andrew Jackson (1767-1845) selbst vertrat die Auffassung, dass in einer freien Gesellschaft der demokratische Staat privater und wirtschaftlicher Konzentration an Macht und Einfluss immer überlegen sein müsste.[472]

Industrielle Revolution

Auch diese Grundhaltung veränderte das Verhältnis von Regierung und freiem Unternehmertum. Denn nun kam es der Wirtschaft nicht mehr primär auf den Ausbau der Infrastruktur an, sondern auf die Maximierung von Produktion und Innovation. Unter den Vorzeichen des industriellen Wachstums wurde die Idee des *Laisser-Faire* bevorzugt, also die weitgehende Zurückhaltung der Politik zu Gunsten einer nahezu unregulierten Marktwirtschaft im Sinne von Herbert Spencer und Adam Smith.[473]

Die industrielle Revolution, das erläutern Avery und Steinisch in „Industrialisierung und ihre sozialen und politischen Folgen" (1998), setzte in den USA vergleichsweise verspätet ein, seit 1850 dann aber um so zügiger. Durch den Sezessionskrieg (1861-1865) wurde das Tempo der Industrialisierung beschleunigt.[474] Als Schrittmacher der industriellen Entwicklung erwiesen sich zum einen die Eisenbahnen, zum anderen die Grundstoffindustrien (Stahl, Kohle, Petroleum, Elektrizität etc.). Dadurch waren Impulse für den

469 Ebda., S. 91.

470 *A. Schlesinger (Jr.)*, a. a. O., S. 110.

471 Vgl. *J. Nagler*, Territoriale Expansion, Sklavenfrage, Sezessionskrieg, Rekonstruktion. 1815-1877, in: Länderbericht USA, Willi Paul Adams und Peter Lösche (Hrsg.), Bonn 1998, S. 54.

472 *A. Schlesinger (Jr.)*, a. a. O., S. 114.

473 Ebda., S. 115 und S. 118.

474 *D. Avery et al.*, Industrialisierung und ihre sozialen und politischen Folgen. 1877-1914, in: Länderbericht USA, Willi Paul Adams und Peter Lösche (Hrsg.), Bonn 1998, S. 76.

Aufbau von Großunternehmen und für eine beschleunigte Konzentrationsbewegung gegeben, die zum Ende des 19. Jahrhunderts in die „korporative Revolution" mündete.[475] Großkonzerne in Form von *Trusts* wurden zum Wahrzeichen des amerikanischen Kapitalismus. In diesen Jahrzehnten kam es in immer schnellerem Maße zur Ausbildung von topologisch sehr heterogenen industriellen Ballungszentren, denn der industrielle Fortschritt und die demographische und topologische Verdichtung waren Entwicklungen, die sich gegenseitig verstärkten. Während neue industrielle Zentren aus dem Boden gestampft wurden, beschleunigte das wiederum die Verdichtung und den Trend der wirtschaftlichen Zentralisation durch Massennachfrage nach Waren und Dienstleistungen. Insgesamt verdoppelte sich zu dieser Zeit die Bevölkerung in den USA, jedoch wuchs die Stadtbevölkerung gleichzeitig um das Siebenfache.[476] Das demographische und wirtschaftliche Schwergewicht verlagerte sich von ruralen in städtische Gebiete. So muss festgehalten werden, dass mit fortschreitender Industrialisierung auch die *Family Farm* als Ausdruck eines Lebensmodells des *Common Man* an einer gewissen Autarkie verlor und in ihrer vertrauten Form zunehmend von der ökonomischen Agenda verschwand.

Zwischen 1860 und 1880 kamen über die Hälfte der Investitionen aus Europa, hier wiederum überwiegend vom Londoner Kapitalmarkt.[477] Überall in den USA kam es zu Stadtgründungen entlang der Eisenbahnlinien. Schon allein die Vermutung, in der Nähe eines künftigen Bahnhofes angesiedelt zu sein, reichte oft für eine Neugründung aus. In der Regel waren jedoch die Nähe zu Rohstoffen und der Zugang zu billigen Transportmitteln die ausschlaggebenden Faktoren. Dank reichhaltiger Kohlevorkommen entwickelte sich nach „The new industrial Order" (1990) von Meyer der Staat Pennsylvania zum wichtigsten Zentrum der Eisen- und Stahlindustrie und die Stadt Pittsburgh zur bedeutendsten schwerindustriellen Metropole in den USA. Die Stadt Detroit in Michigan dagegen, wo Henry Ford seine Werke baute, wuchs mit der Bedeutung des Automobils und entwickelte sich zum Zentrum der Automobilindustrie.[478] Der Eisenbahnbau zog die Spekulanten an. Ihr Interesse zielte oft nicht nur auf den Gewinn ab, der mit dem Bahnbetrieb zu erwirtschaften war, sondern auch auf den Profit, der sich bspw. aus der Manipulation von Eisenbahnobligationen, dem spekulativen Ankauf von Land entlang der Transportlinien oder aus künstlich inflationierten Baukosten beim Gleisbau machen ließ. Nicht umsonst, so bemerkt Raeithel in seiner „Geschichte der nordamerikanischen Kultur" (1997), haftete den Eisenbahnunternehmern und

475 Ebda., S. 76.

476 Ebda., S. 80.

477 *A. Schlesinger (Jr.)*, a. a. O., S. 111.

478 *D. Meyer*, The new industrial Order, in: The Making of the American Landscape, Michael Conzen (Hrsg.), New York 1994, S. 253.

Spekulanten schon sehr früh der Ruf an, zum Stand der modernen „Raubritter" *(robber barons)* zu gehören.[479]

Kultureller Wandel

In den inneren Siedlungsbereichen sorgte die unmittelbare Nähe der Industrie zu Wohnbereichen für eine Beeinträchtigung der Lebensverhältnisse. Jackson kleidet in „Crabgrass Frontier" (1985) seinen Eindruck jener Zeit in die folgenden Worte:

„(...) Most of these larger organizations – refineries, machine tool industries, iron and steel mills, and chemical plants - created offensive odors or noises (...).“[480]

Die Entwicklung von einer landwirtschaftlich geprägten Ökonomie, wie sie topologisch noch mit der *Family Farm* charakterisiert werden konnte, zu großindustriellen Konzentrationen am Ende des 19. Jahrhunderts verstärkte den Bedarf an Arbeitskräften. Dieser Prozess verlief ebenfalls zu Ungunsten der Transportwirtschaft, wie z. B. dem Eisenbahnbau. Die neuen Industrien, hierzu zählten vor allem Herstellung und Fertigung, benötigten nach der Darstellung von R. Lewis in „Running Rings around the City" (1999) eine Vielzahl ungelernter Arbeiter.[481] Hier boten die Massen an Immigranten bestes Potenzial. Zeitgleich erforderten Organisation und Spezialisierung gelerntes Führungs- und Verkaufspersonal. Diese Gruppe sollte nach Fluck (1998) zur ersten „kulturtragenden und geschmacksbildenden bürgerlichen Schicht"[482] werden und in Amerika vielfach als die so genannte *Middle Class* idealisiert werden.

Im Bereich der Alltagskultur, der Unterhaltung und Freizeitgestaltung waren die Auswirkungen der Industrialisierung sowie der Einwanderung aus den verschiedensten Ländern Europas ebenfalls sichtbar. Bestätigt durch Avery und Steinisch (1998) vollzog sich dieser kulturelle Wandel in der Innenstadt, der *City*. Herkömmliche Formen der Freizeitgestaltung und Geselligkeit verschwanden damit jedoch nicht. Die Kneipe, traditioneller Treffpunkt im Leben der Arbeiter, blieb nach wie vor Mittelpunkt informeller Geselligkeit und Zufluchtsstätte. In der Kneipe wurde gefeiert, getrunken und gesungen, aber auch politisch debattiert, hier konnte Protest artikuliert und organisiert und solidarische Hilfe für in Not geratene Kollegen und deren Familien eingefordert werden. Fast jede ethnische Gruppe verfügte über eigene Gasthäuser, wo irische, deutsche,

479 *G. Raeithel*, Geschichte der nordamerikanischen Kultur. Vom Puritanismus bis zum Bürgerkrieg. 1600-1860, Bd. 1, Frankfurt a. M. 1997.

480 *K. Jackson*, Crabgrass Frontier. The Suburbanization of the United States, New York/Oxford 1985, S. 87-89.

481 *R. Lewis*, a. a. O., S. 153.

482 Vgl. *W. Fluck*, ‚The American Dream': Gründungsmythen der Kultur, in: Länderbericht USA, Willi Paul Adams und Peter Lösche (Hrsg.), Bonn 1998, S. 723.

polnische, italienische oder jüdische Arbeiter mit ihresgleichen verkehrten und in der Muttersprache Erfahrungen und Neuigkeiten aus der Neuen und Alten Welt austauschten.[483]

Nach Avery und Steinisch (1998) fungierten Gasthäuser und Kneipen daher auch als ein Stück Heimatersatz, zugleich aber auch als Orientierungshilfe, und boten einen Rahmen, in dem sich Arbeiterkultur entfalten konnte.[484] Im Blickwinkel puritanischer und bürgerlicher Reformer besaßen Gasthäuser und Kneipen jedoch keinerlei positive Eigenschaften. Für Gegner des Alkoholgenusses, den so genannten Prohibitionisten, sowie für die so genannten Suffragetten, die Alkoholausschank mit Prostitution assoziierten, waren Gasthäuser und Kneipen nichts anderes als Orte der moralischen Versuchung und Verseuchung, die den häuslichen Frieden und die gesellschaftliche Moral gefährdeten.[485] Der „genuin" fühlende Amerikaner mochte in dieser extremen kulturellen Dichte nicht nur europäisches Teufelswerk entdecken, sondern sich als Fremder am eigenen Ort fühlen, sodass schließlich ein Wunsch nach Homogenität aufkommen konnte. *Par exellence* mag dieses „Gefühl" in der Figur des *Common Man* vorgekommen sein, sofern er überhaupt einmal in die Stadt geraten war.

Melting Pot

Die Vision des *Melting Pot* erlebte sodann nur eine kurze Konjunktur. Denn im Bild des Schmelztiegels ist impliziert, dass beide Seiten ihre alte Identität aufgeben, um gemeinsam eine neue zu bilden.[486] Tatsächlich aber, so Fluck (1998), stießen insbesondere die neuen Einwanderungsgruppen aus Ost- und Südeuropa um die vorletzte Jahrhundertwende auf wachsenden gesellschaftlichen Anpassungsdruck. Hohe Bevölkerungsdichte, Lärm und Luftverschmutzung waren nicht nur Stressfaktor für die häufig armen Immigranten und Arbeiter, sondern belasteten auch die Lebensqualität derjenigen – *of the well to do* – wie es Joel Tarr in „Transportation Innovation and changing spatial Patterns" (1978) sagt, die sich auf Grund ihres Einkommens eine höhere Lebensqualität hätten leisten können.[487] Der Autor schildert seinen Eindruck dieser Zeit:

„(...) the willingness of the city's more affluent classes to live in crowded conditions under a pall of smoke and soot created by the adjacent industries was explained primarily by the absence of a transportation system that gave them alternative living choices (...).“[488]

483 Am Beispiel New Yorks ist diese Entwicklung ausführlicher beschrieben in: *P. Hall*, a. a. O., S. 749 f.

484 Vgl. *D. Avery et al.*, a. a. O., S. 95.

485 Ebda., S. 95.

486 *W. Fluck*, a. a. O., S. 732.

487 *J. Tarr*, Transportation Innovation and changing spatial Patterns in Pittsburgh. 1850-1934, Public Works Historical Society, Chicago 1978, S. 3.

488 Ebda., S. 3.

Mit der Einführung entsprechender Transportmedien war es der so genannten Mittelschicht möglich, den widrigen Umständen der *City* zu entfliehen und sich auch geographisch von Arbeitern und Einwanderern exklusiv zu distanzieren, um sich entsprechend der fortgeschriebenen protestantischen Siedlungsideale schließlich in eine pastorale Nähe zur Natur und in den *Suburban Dream* zu begeben.

Technologischer Wandel

Zudem verknappte sich in den städtischen Industriezentren der Grund und Boden. „In these expanding urban centres", so Robert Lewis (1999), „industrial capitalism initiated a rationalization of urban space."[489] Die Industrialisierung intensivierte nicht nur die Suburbanisierung der Wohnbevölkerung *(residential suburbs)*, sondern verstärkte ebenso die Verlagerung großteiliger industriell genutzter Topologie *(industrial suburbs)* und zwar, so erklärt der Autor weiter, „at greenfield sites on the city edge."[490] Architekten und Ingenieure versuchten durch intensive Bebauung einen Ausgleich für hohe Grundstückspreise zu schaffen. Die Erfindung der Stahlträger und die Entwicklung des Stahlbaus machten den Bau immer höherer Wolkenkratzer möglich, deren Funktionalität wiederum auf dem technischen Fortschritt im Maschinenbau, wie bspw. dem Aufzug und der Rolltreppe, basierte. Die Wolkenkratzer wurden zum Symbol der amerikanischen Städte und nach Ansicht von Avery und Steinisch (1998) zum Wahrzeichen dafür, dass sich die Probleme des modernen Stadtlebens durch technische Innovationen meistern ließen.[491]

Edge City

Ein abschließender Blick auf die Edge-City-Diskussion der 1990er bestätigt eben jenes topologische Spannungsfeld auch als eine aktuelle Erscheinung besonders in den USA. Ebenso soll hierdurch der Eindruck weiterhin verhindert werden, es handele sich bei dem City-Suburb-Phänomen um eine zu starre geometrische, geschweige denn eine konzentrische Auffassung der räumlich-materiellen Entwicklung. Der Journalist Joel Garreau eröffnete die Diskussion in seiner Veröffentlichung „Edge City. Life on the Frontier" (1991). Er prägt den Namen *Edge Cities* mit folgender Begründung:

„Cities, because they contain all the functions a city ever has (...). Edge, because they are a vigorous world of pioneers and immigrants, rising far from the old downtowns, where little save villages of farmland lay only thirty years before."[492]

Als Motiv für die Verlagerung der Job-Zentren gibt Garreau an, dass, nachdem bereits außerhalb der *City* gewohnt wurde, nun auch

489 *R. Lewis*, a. a. O., S. 152.
490 Ebda., S. 153.
491 *D. Avery et al.*, a. a. O., S. 80.
492 *J. Garreau*, Edge City. Life on the Frontier, New York/London 1991, S. 4.

außerhalb der *City* eingekauft werde. Das wiederum läge daran, dass sich nunmehr auch die „essence of urbanism –our jobs-“ an den Rand verschoben hätte.[493]

Unter Einbezug von Robert Beauregards „Edge Cities: Peripheralizing the Center” (1996) prognostiziert Andrew Jonas in seinem Aufsatz „Making Edge City“ (1999), dass, wenn es denn so sei, wie zahlreiche Wissenschaftler behaupteten, nämlich Südkalifornien gewissermaßen das Paradigma der „contemporary urban condition” bilde, damit gerechnet werden könne, dass die Middle-Class-Amerikaner in Zukunft ein ebenso ambivalentes Verhältnis zur *Edge City* entwickelten, wie sie es der Zeit bereits gegenüber der *Central City* hegten.[494] Mit Bezug auf Mike Davis' „City of Quartz“ (1990) verweist Jonas auf das Leben und die Politik über die Grenzen von Los Angeles hinaus auf San Bernadino County. Eben dort, in der City of Fontana, sah Davis Anzeichen einer neuen Krise.[495] Für Jonas ist nun entscheidend, dass es sich hierbei nicht um eine Krise der innerstädtischen *Barrios* oder *Ghettos* handelt, sondern vielmehr um, und diese These unterstreicht die Gültigkeit der hier verhandelten Leitbilddiskussion mit Nachdruck, um eine Krise „of residential subdivision and the suburban employment center“ mithin, wie er es auf den Punkt bringt, um eine Krise der *Edge City*.[496] Die hier vorgelegte Leitbilddiskussion mag sodann einen Beitrag zum weiteren Verständnis der von Jonas erwarteten Krise liefern, stellt doch die *Edge City* letztlich völlig anders als der *Residential Suburb* eine hochgradig zentralisierte Topologie dar, die dem Grunde nach vollständig durch ökonomische Nutzungsmuster belegt ist.

Auch unter Berücksichtigung des theoretischen Bezugsrahmens hat ohne Frage auch der technologische Wandel Konsequenzen auf die topologische Entwicklung einer Stadt. Bedeutsam aber, das möchte die vorliegende Arbeit veranschaulichen, sind entsprechende Siedlungsideale, die im Prozess des „Geographie-Machens“ stets mit einwirkten. Sei es die Entwicklung der Eisenbahn, des Telefons oder des Autos, alle haben eben ganz bestimmte Lebensstile gefördert, die bereits ihrerseits wiederum von bestimmten normativen Orientierungen und Motiven geleitet waren. Unter handlungstheoretischen Gesichtspunkten sind hier insbesondere die Leitbilder als Teil der Handlungsorientierungen der Akteure relevant, durch die die Anwendung des technologischen Wandels sozial konstituiert

493 Ebda., S. 4.

494 *A. Jonas*, Making Edge City: Post-Suburban Development and Life on the Frontier in Southern California, in: Changing Suburbs: Foundation, Form and Function, Richard Harris und Peter J. Larkham (Hrsg.), London 1999, S. 218.

495 *M. Davis* nach *A. Jonas*, a. a. O., S. 218.

496 Ebda., S. 218.

wurde. Die dabei entstehende Topologie ist Handlungsfolge und Verstärker. Zu Beginn des Unterkapitels ist die der Industrialisierung inhärente Ambivalenz erwähnt worden. Sie liegt insbesondere im Arrangement eines eher statischen Leitbildes einer agrarischen Ökonomie, für das das Lebensmodell des *Common Man* steht, und dem Leitbild einer fortschrittsgläubigen Ökonomie, für das symbolisch das Lebensmodell des *Business Man* herangezogen wird. In der topologischen Konsequenz wird hierin das Spannungsfeld der räumlich-materiellen Zentralisierung und der Dezentralisierung sichtbar, wie es anfänglich in dieser Arbeit als das City-Suburb-Phänomen sprachlich gefasst wurde und wie es ebenfalls im Verhältnis der *Edge City* zu deren umliegenden *Residential Suburbs* aufgefunden wurde.

6. SCHLUSSWORT

Protestantisch-calvinistische Leitbilder waren bei der Aneignung des amerikanischen Kontinents durch die Siedler von hoher Bedeutung und hatten in ihrer Kontinuität und ihrem Wandel nachhaltigen Einfluss, so die hier verhandelte These, auf die amerikanische Entwicklung der Stadt. Unter Berücksichtigung des theoretischen Bezugsrahmens erweisen sich die religiösen Leitbilder als Motivation, zugleich Befähigung der Realisierung der Handlungsentwürfe der Siedler und der nachfolgenden amerikanischen Generationen, durch die die topologische Entwicklung in den USA generiert, verstärkt und reproduziert wurde. Die Bedeutung der autoritativen Ressourcen für die politische Dimension und die der allokativen Ressourcen für die ökonomische Dimension konnte ebenfalls thematisiert werden. Die Leitbilder als wesentliche Bestandteile der Bezugsrahmen der Handlungsorientierungen sind Teil von Lebensstilen mithin auch integraler Bestandteil des Kulturmodells *American Way of Life*.

Querbezüge zu typisch „amerikanischen" Idealfiguren und Lebensmodellen haben dabei die Einbindung der ideellen Handlungsmotive in die sozialen Praktiken, sprich in den Siedlungsprozess veranschaulicht. Zusammenfassend kann deshalb herausgestellt werden, dass der *Common Man* eher für ein agrarisches und statisches Lebens- und Siedlungsideal steht. Der *Business Man* symbolisiert hingegen der Tendenz nach eine evolutionistische Haltung, die er, bezogen auf den ökonomischen Fortschritt, oft nur topologisch zentral umsetzen kann. Die Figur des *Self-Made Man* nimmt eine herausragende Mittlerrolle ein. Denn er ist es, der seinen Lebensstil vorzugsweise in der Topologie der *City* und der *Suburbs* praktizieren kann.

Im dritten Kapitel erfolgte die Überprüfung der These zunächst, indem religiöse Deutungsmuster für die Interpretation des neuen Kontinents thematisiert wurden. Insbesondere der Garten Eden als irdisches Paradies sowie die moralische Wildnis und der Frontier-Mythos als Orte des Exzeptionalismus erwiesen sich als ergiebige Verhandlungsgegenstände.

Im vierten Kapitel war es die politische Dimension der protestantischen Stadt-Land-Vorstellungen, die im Mittelpunkt der Diskussion stand. Die Idealisierung der Natur, deren religiöse Verflechtung und der Glaube an die Tugendhaftigkeit einer ruralen Lebens- und Siedlungsform mündeten schließlich in die Vision der demokratischen *Suburbs*. Es muss betont werden, dass gerade die politische Dimension im Suburb-Ideal das Jefferson'sche Farm-Ideal kontinuiert. Der Wandel lässt sich im Zeitalter der industriellen und postindustriellen Gesellschaft dadurch begreifen, dass die *Suburbs*, ganz gleich welcher sozialen Schicht sie zum Wohnen dienen, der ökonomischen Zentralisierung als topologisch beigeordnet gelten können. Sie sind nicht mehr ökonomisch autark, wie es vergleichsweise noch die *Farm* war, sondern bilden gewissermaßen eine „Lebensstil-Einheit" mit der *City*, verstanden als jedwede ökonomisch verdichtete Topologie, dies vor allem wohl auch deshalb, weil die ökonomische Dimension der protestantischen Ethik primär eben nur zentral, wenn man so möchte, „Face to Face", umgesetzt werden konnte.

Abschließend wurden daher im fünften Kapitel die dem Protestantismus inhärenten ökonomischen Leitgedanken hinsichtlich ihrer topologischen Konsequenzen befragt. Der calvinistische Glaube an die göttliche Gnadenwahl wandelte sich zu einer säkularisierten Verhaltensethik, in der das Streben nach materiellem und sozialem Erfolg zur moralischen Verpflichtung wurde. Hierfür benötigte die Leitfigur des erfolgreichen *Business Man* die ökonomisch zentralisierte *City*, die in Adaption des Frontier-Motives einen Ort der ökonomischen Bewährung darstellt.

In der Gesamtschau zeigt sich, dass die amerikanische Stadt im ökonomischen Sinne vergleichbar mit der Weber'schen Darstellung der mittelalterlichen Stadt im Okzident als eine zentralisierte Ansiedlung, in der Sprache eines Geographen als ein zentraler Ort, begriffen werden kann. Hierfür steht die *City*. Anders verhält es sich auf der politischen Ebene. Webers Analyse zeigt die Stadt als ein territorial fest gebundenes Gebiet mit zentralörtlicher politischer Funktion, dokumentiert zumeist durch Burg und Festungsmauer. Die amerikanische Entwicklung der Stadt stellt sich demgegenüber in politischer Hinsicht als vergleichsweise dezentral dar. Hierfür steht die disperse Topologie der *Suburbs*. Die protestantisch-calvinistischen Leitbilder, haben sie sich auch im Laufe der Zeit gewandelt, zeigen sich in ihrer kontinuierlichen Wirkung für die Kulturgenese der „amerikanischen Stadt" als besonders relevant. Im Folgenden werden nun die drei bestimmenden Themen der Diskussion zusammengefasst.

1. Der neue geographische Kontext:

Eine Unterscheidung von „Stadt und Land", wie es für Webers Stadtbegriff fundamental ist, ist in den USA zu keinem Zeitpunkt der Geschichte möglich. Hieraus ergibt sich ein Spannungsfeld, in dem zwar der neue Kontinent durch die protestantischen Siedler als ländlich idealisiert wird, es aber einen politisch städtischen Gegenpart nach europäisch feudalem Muster nicht geben kann. Die Erinnerung an die europäisch tradierte Stadt als einen negativen Ort, also bspw. als einen Ort der Korruption und des Selbstverlustes, stellen zahlreiche Autoren als ein protestantisches Erbe dar. Dieses mag auch als eine Antithese zum Alten Europa zu verstehen sein. Denn wollte man eine Neue Welt sein, musste man sich von der Alten Welt unterscheiden. Die amerikanische Interpretation des europäischen Herkunftskontextes erwies sich deshalb für die Generierung einer amerikanischen Identität als besonders gewichtig. Hierbei spielen wiederum protestantische Werte eine anleitende Rolle. War der Blick auf die europäisch tradierte Stadt bei Jonathan Edwards, Hector Crèvecoeur und Thomas Jefferson religiös und statisch veranlagt, wird bei Benjamin Franklin, Alexander Hamilton und Frederick Turner eine eher entwicklungsgewandte bzw. evolutionistische Deutung sichtbar.

Schon in einer frühen Phase der Siedlungsentwicklung wird ein agrarisches Leben auf dem „Land" zu dem idealisierten und bestimmenden Leitbild in Amerika, das dem Grunde nach auch bei Frank Lloyd Wright noch nicht an Wirkkraft verloren hat.

Insbesondere die sinnliche Verarbeitung und Aneignung des „freien weiten Landes" als Neue Welt geschieht großenteils über Paradiesvorstellungen als Deutungsmuster, welche die protestantischen Siedler aus dem europäischen Mutterland mitbrachten. Der Garten Eden bedeutete die glückselige Arbeit auf Erden und die Befreiung von den Zwängen und der Mühsal der Alten Welt. Die *Frontier* war der symbolische Ort der Demokratisierung und der Amerikanisierung, also der Ort, den der Siedler als Europäer betrat und in einer Wiedergeburt als Amerikaner verließ. Im Sinne einer protestantischen Kontinuität war sie ein Ort, an dem sich der *Business Man* in Übertragung auf die *City* ökonomisch behaupten und durchschlagen musste.

In der Rechtfertigung der Unternehmung als solcher – unabhängig von den räumlichen Bedingungen – griffen die Siedler, stellvertretend sei hier John Winthrop genannt, auf den calvinistischen Exzeptionalismus zurück. Überdies entwickelte der Theologe Winthrop eigens die Theorie der Exklusion. Mit dieser verknüpft, wird der durch Arbeit erreichte materielle Erfolg insofern wichtig, als dass sich nach der Religionslehre der Einzelne nur durch ihn der göttlichen Gnadenwahl vergewissern und sich zum Kreis der Auserwählten zählen konnte. Der Bezug zum Besitzindividualismus, sprich die Besitzbezogenheit des Individuums, hat einen Hinweis zur materiellen Ausprägung eben jenes sozialen Prestiges gegeben, das die protestantisch-calvinistischen Werte kontinuiert.

Charakterisiert Weber die Kaufleute, Händler und Handwerker als die Protagonisten des Stadtbürgertums, zeichnen Crèvecoeur und Turner den *Common Man* im großen Garten und den *Pioneer* in der Wildnis als den genuinen Amerikaner.

2. Die politische Dezentralisierung:

Nach Webers Darstellungen war die originäre Entstehung des „Bürgerverbandes" das Ergebnis einer politischen „Vergesellschaftung der Bürger gegen die ‚legitimen' Gewalten." Die Stadt als Ort der politischen Zentralisierung war ein Ort der Emanzipation, denn, so betont Weber insbesondere für die mitteleuropäischen Städte, nur Stadtluft mache frei. Wer sich emanzipieren wollte, den zog es in das Zentrum, der kam in die Stadt.

Eine vergleichbare politische Emanzipation ist in den USA seit der Unabhängigkeitserklärung von 1776 prinzipiell nicht mehr nötig. In ihrer Präambel wird das Recht auf Widerstand gegen „illegitime Herrschaft" aus den so genannten *Laws of Nature* abgeleitet. Seitdem herrscht ein in der amerikanischen Verfassung verankerter Konsens über Demokratie. Vielmehr sprechen Historiker davon, dass die Auswanderung nach Amerika selbst für zahlreiche Siedler und Immigranten aus Europa mit der Hoffnung auf eine Verbesserung ihrer religiösen, politischen und wirtschaftlichen Situation verbunden war.

In seinen Demokratievorstellungen entwirft Thomas Jefferson sein Community-Ideal. In puritanischer Kontinuität lehnt er die europäisch tradierte Stadt offen ab und glaubt daran, dass ein ländliches und auf Grundbesitz basierendes Leben den demokratischen und tugendhaften Bürger hervorbringt. Bei ihm, im Grunde aber bereits seit Jonathan Edwards, ist es nicht mehr primär der Garten Eden, sondern ein religiöser Naturbegriff, mit dem die Landschaftsform des neuen Kontinents als Deutungsmuster interpretiert wird. Der dominante Siedlungstyp um 1800 war eine rural orientierte Einzelhausanlage. Als ein raumplanerisches Instrument wird das *Grid* vorgesehen, um die Erschließung und Aufteilung des Landes voranzutreiben. Jeffersons politische Vision einer dezentralisierten Gesellschaft mag auch Bezüge zur Country-Ideologie erlauben, gleichwohl ihre Einbeziehung protestantischer Werte ebenfalls nicht zu übersehen ist. Denn die in der Natur arbeitenden Menschen sind nach Jefferson das auserwählte Volk Gottes.

Donald Meinigs Beschreibungen der *Communities* dokumentieren die Entwicklung von einer religiös motivierten Dorfsiedlung zum modernen *Suburb*. Hierbei zeigen sich die kontinuierliche Bedeutung von Privateigentum und die Tendenz zu einer dispersen und ruralen Siedlungsweise als bedeutsam. Hauseigentum wird von zahlreichen Autoren als Zeichen einer individualistischen, besitzorientierten und demokratischen Lebensform gedeutet. Meinig beschreibt das *New England Village* und die *California Suburbs*. In der verdichteten Topologie der *Main Street* spiegeln sich vor allem ökonomische Bedürfnisse wider.

Der Konflikt, der sich aus statischen Leitbildern einer agrarischen und pastoralen Lebens- und Siedlungsform sowie aus evolutionistischen Bedürfnissen der ökonomischen Behauptung und Selbstverwirklichung entwickelte, war in einem suburbanen Siedlungsarrangement eingeebnet. Die ruralen Motive transformierten in suburbane Vorstellungen. Das demokratische Ideal wird nach Darstellung von James Vance auf die suburbane Lebensform projiziert. Robert Fishman versteht diese Projektion als den Wunsch nach und zugleich den Mythos der Mittelklasse. Kenneth Jackson spricht vom suburbanen Leitbild als ein „shift" von „Gesellschaft" zu „Gemeinschaft". Einen Immigranten, wollte er seinen materiellen Erfolg dokumentieren und sich gemäß Besitzbezogenheit als Amerikaner definieren und integrieren, zog es in ein Einzelhaus in die *Suburbs*. Wer sich emanzipieren wollte, wohnte nicht in der *City*. Sollte sich das protestantisch-puritanische Prinzip von Auserwähltsein und Ausschluss in weiteren Entwicklungsphasen auch säkularisiert haben, aber dennoch spürbar sein, unterstreicht das den Integrationsdruck, der auf die Neuankömmlinge gewirkt haben mag und der sicherlich den Umzug von der *City* in die *Suburbs* stark motivierte haben konnte. In den USA wird die Transformation der *Farm* hin zu einem städtischen Siedlungstyp auch stadttheoretisch vollzogen. Frank Lloyd Wright ließ sich nachweislich vom Naturbegriff der Transzendentalisten inspirieren, sodass sich eine Kontinuitätslinie vom Garten Eden, über Naturvorstellungen von Edwards, Jefferson, Emerson bis zum Stadttheoretiker aufweisen lässt.

3. Die ökonomische Zentralisierung:

Im ökonomischen Sinne ist die Stadt für Weber ein zentraler Marktort, auf dem die umliegende Bevölkerung ihre Bedürfnisse zum überwiegenden Teil deckt. Durchaus vergleichbar stellt sich die amerikanische Stadtentwicklung dar. Der Prototyp einer frühen amerikanischen Ansiedlung war ein strategisch gelegener Hafen und Handelsplatz. Er war für die transatlantische Schifffahrt leicht zugänglich und lag idealer Weise an einer Wasserstraße, die in das Hinterland führte. Von dort wurde nicht nur die umliegende Bevölkerung versorgt, sondern auch die Besiedlung des Kontinents organisiert.

Viele Stadtgründungen in den USA sind nicht nur geographisch durch ihre Lage zu natürlichen Ressourcen, dem Ausbau der Eisenbahnen und ihren Haltestellen, sondern auch zeitlich durch das Zusammentreffen mit der Industrialisierung geprägt. Der räumlich-materielle Maßstab der Industrialisierung und die marktwirtschaftliche Arbeitsteilung separierte frühzeitig Wohn- und Arbeitsbereiche und verhinderte z. T. sehr deutlich die aus europäischen Städten vertrauten kleinteiligen Nutzungsmischungen der Händler und Handwerker.

Die protestantische Arbeitsethik wandelte sich zu einem säkularisierten Verhaltensmuster, sodass das Streben nach materiellem und sozialem Erfolg zur moralischen Verpflichtung werden konnte, der man erfolgreich wohl am ehesten in der zentralen *City* nachkam. War es nicht mehr unbedingt der Glaube an die göttliche Gnadenwahl, stand zunehmend das soziale Prestige und die Besitzbezogenheit des Individuums im Mittelpunkt. Die protestantische Kontinuität kann hier in den Leitfiguren des *Business Man* und des *Self-Made Man* beobachtet werden, verkörpert z. B. durch Benjamin Franklin. Beide Figuren arbeiten in der *City*. Bei aller moralischer Skepsis gegenüber der *City* war sie dennoch bedeutsame Wirkungsstätte. Warner bezeichnet ihren Zweck der Bestimmung nach gar als Gemeinschaft privater „Money Makers". Um die vorletzte Jahrhundertwende beschreibt William Howells den erfolgreichen Geschäftsmann und den Millionär als amerikanisches Ideal. Ihr Lebensmodell und ihre Handlungen sind fest mit dem Stadtzentrum verbunden. Selbst Frank Lloyd Wright, ein erklärter Gegner großer verdichteter Städte, benötigte die „Bühne", respektive die Topologie der *City*, um im Rockefeller Center in New York 1935 seine Vision der *Broadacre City* zu präsentieren.

Die Schlussfolgerungen vieler amerikanischer Stadttheoretiker, wie sie sich der *Chicago School of Sociology* zuordnen ließen, kontinuieren nicht weniger als die Ideen und Werte Thomas Jeffersons, gewandelt jedoch in eine soziologische Sprache und angereichert mit evolutionistisch biologistischen Orientierungen. Stadtmodelle wie das *Zonal Model* von Burgess sind selbst Träger jener kulturellen Leitbilder und Zeugnis von Werthaltungen über die Stadt. Die *City* liegt im Mittelpunkt der Ansiedlung. Burgess selbst beschreibt die Transporttechnologie „as the pulse of the community." Die Entwicklung der Transporttechnologie ist als ein vergleichsweise anschauliches Beispiel für die Genese des City-Suburb-Phänomens zu illustrieren. Hier zeigt sich die Bedeutung von Leitbildern entgegen einem technologischen Determinismus, ohne jenen völlig leugnen zu wollen. Ein ebenfalls bedeutender Parameter für das kulturelle Verständnis der amerikanischen Entwicklung der Stadt stellt die Industrialisierung dar. Ihre Bedeutung ist in räumlich-materieller Hinsicht ambivalent zu beurteilen. Zum einen steht sie für eine signifikante Suburbanisierung und zum anderen für eine weitere Verdichtung der *City*. Das Stadtzentrum war in der Regel nicht nur der Ort mit den meisten Geschäften und Fabriken, sondern auch der Ort der Immigrantenankunft. Weiter kontinuiert, ist diese Ambivalenz im Verhältnis der *Edge City* zum *Residential Suburb*. Hieran wurde ebenfalls ganz deutlich, dass das City-Suburb-Phänomen nicht als ein streng konzentrisches Bild, wie z. B. das *Zonal Model*, interpretiert werden darf, sondern eben vielmehr als ein topologisches Arrangement der Zentralisierung und der Dezentralisierung aufgefasst wird.

Die mittelalterliche Stadt im Okzident nach Weber stellt sich sowohl in politischer als auch in ökonomischer Hinsicht als ein zentraler Ort dar. Er ist für das Handeln der bürgerlichen Leitfiguren, der Kaufleute und Handwerker, von essentieller Bedeutung. Kontrastierend und gemessen am Lebensstil, wie ihn der *Self-Made Man* beschreitet, zeigt sich in der amerikanischen Entwicklung der Stadt ein Auseinanderfallen politischer Visionen und ökonomischen Handelns. Während die dispersen *Suburbs* vor allem das politische Ideal einer dezentralisierten Gesellschaft kontinuieren sollen und ihre Grundlage darstellen, ist die verdichtete *City* zentraler Mittelpunkt des geschäftlichen Geschehens, ja ein Ort der ökonomischen Behauptung.

Protestantisch-calvinistischen Leitbildern kommt hierbei eine besondere Bedeutung zu. In ihnen spiegelt sich zum einen der Wunsch einer agrarisch motivierten Siedlungsweise und Lebensführung sowie zum anderen das Bedürfnis einer zentralen Ansiedlung für ökonomische Zwecke wider. Zum Beispiel die *Family Farm* steht einerseits für einen ländlichen und pastoralen Lebensstil, andererseits wird sie, das wird in Wrights *Broadacre City* ganz deutlich, als ein städtischer Siedlungstyp ausgelegt. Die Leitbilder sind wesentlicher Bestandteil der Bezugsrahmen der Handlungsorientierungen der Siedler und damit auch integraler Bestandteil des *American Way of Life*. Um ihn zu praktizieren, stellt die Topologie der *City* und der *Suburbs* eine notwendige Bedingung dar und ist insofern zugleich Ausdruck desselben.

7. LITERATURVERZEICHNIS

1. **Abbott, Carl:**
Introduction to Urban History, in: Exploring Urban America. An introductory Reader, Roger W. Caves (Hrsg.), Sage Publications, Thousand Oaks/London/New Dehli 1995, S. 53-63.

2. **Adams, John S.:**
The Meaning of Housing in America, in: Annals of the Association of American Geographers, 74 (4), 1984, S. 515-526.

3. **Adams, John S.:**
Residential Structure of Midwestern Cities, in: Annals of the Association of American Geographers, 60, 1970, S. 37-62.

4. **Adams, Willi Paul und Lösche, Peter (Hrsg.):**
Länderbericht USA, BPB Schriftenreihe, Bd. 357, Bonn 1998.

5. **Agnew, John, Mercer, John und Sopher, David:**
The City in cultural Context, Allen & Unwin, Boston/London/ Sydney 1984.

6. **Alonso, William:**
A Theory of the Urban Land Market, in: Papers and Proceedings of the Regional Science Association, 6:1, 1960, S. 49-58.

7. **Ames, David L.:**
Understanding Suburbs as Historic Landscapes through Preservation, in: Changing Suburbs: Foundation. Form and Function, Richard Harris und Peter J. Larkham (Hrsg.), E & FN Spon, London 1999, S. 222-238.

8. **Apel-Birnbaum, Gudrun:**
Protestantismus oder Pluralismus? Religion in Amerika, in: Amerikanische Mythen. Zur inneren Verfassung der Vereinigten Staaten, Frank Unger (Hrsg.), Campus Verlag, Frankfurt a. M./New York 1988, S. 159-214.

9. **Appleby, Joyce:**
Capitalism and a New Social Order. The Republican Vision of the 1790s, New York University Press, New York/London 1984.

10. **Appleman Williams, William:**
The Roots of the modern American Empire. A Study of the Growth and Shaping of Social Consciousness in a Marketplace Society, Anthony Blond, London 1970.

11. **Arnold, Heinz:**
Kritik der sozialgeographischen Konzeption von Benno Werlen, in: Geographische Zeitschrift, Bd. 86, Nr. 3, 1998, S. 135-157.

12. **Avery, Donald und Steinisch, Irmgard:**
Industrialisierung und ihre sozialen und politischen Folgen. 1877-1914, in: Länderbericht USA, Willi Paul Adams und Peter Lösche (Hrsg.), BPB Schriftenreihe, Bd. 357, Bonn 1998, S. 73-101.

13. **Badde, Paul:**
Die himmlische Stadt. Der abendländische Traum von der gerechten Gesellschaft, Luchterhand Literaturverlag, München 1999.

14. **Bailyn, Bernard:**
The ideological Origins of the American Revolution, Havard University Press, Cambridge/London 1967.

15. **Beauregard, Robert:**
Edge Cities: Die Peripherisierung des Zentrums, in: Peripherie ist überall, Walter Prigge (Hrsg.), Campus Verlag, Frankfurt a. M./New York 1998, S. 52-61.

16. **Beauregard, Robert und Haila, Anne:**
The unavoidable Incompleteness of the City, in: American Behavioral Scientist, Bd. 41, Nr. 3, Nov./Dez. 1997, S. 327-341.

17. **Beauregard, Robert:**
Edge Cities: Peripheralizing the Center, in: Urban Geography, Bd. 16, 1996, S. 708-721.

18. **Beauregard, Robert:**
Voices of Decline, Blackwell, Oxford/Cambridge 1993.

19. **Beck, Ulrich:**
Das Zeitalter der Nebenfolgen und die Politisierung der Moderne, in: Reflexive Modernisierung. Eine Kontroverse, Ulrich Beck, Anthony Giddens und Scott Lash (Hrsg.), Suhrkamp Verlag, Frankfurt a. M. 1996, S. 19-112.

20. **Beck, Ulrich, Giddens, Anthony und Lash, Scott (Hrsg.):**
Reflexive Modernisierung. Eine Kontroverse, Suhrkamp Verlag, Frankfurt a. M. 1996.

21. **Behrens, John F.:**
Providence & Patriotism in Early America. 1640-1815, University Press of Virginia, Charlottesville 1978.

22. **Bellah, Robert:**
Civil Religion in America, in: Daedalus, Journal of the American Academy of Arts and Sciences, Bd. 96, Nr. 1, 1967, S. 1-21.

23. **Benevolo, Leonardo:**
Die Stadt in der europäischen Geschichte, Limitierte Sonderauflage, Verlag C. H. Beck, München 1999 [1993].

24. **Berry, Brian und Horton, Frank:**
Geographic Perspectives on urban Systems, Englewood Cliffs, New Jersey 1970.

25. **Berton, Pierre:**
The Car as a cultural Driving Force, in: Canadian Geographic, Dezember 89/Januar 90, S. 44-54.

26. **Binder Johnson, Hildegard:**
Towards a national Landscape, in: The Making of the American Landscape, Michael Conzen (Hrsg.), Routledge, New York 1994 [1990], S. 127-145.

27. **Blanke, Gustav:**
Origin and early Developments of Americas Mission and of its universalist Rhetoric, in: Mission, Myth, Rhetoric, and Politics in American History, Gustav Blanke und Knud Krakau (Hrsg.), Arbeitspapier Nr. 54/1992, John F. Kennedy Institut, Freie Universität Berlin 1992, S. 1-24.

28. **Blanke, Gustav:**
Das amerikanische Sendungsbewußtsein: Zur Kontinuität rhetorischer Grundmuster im öffentlichen Leben der USA, in: Gott und die Politik in den USA. Über den Einfluß des Religiösen, Klaus Kodalle (Hrsg.), Athenäum, Frankfurt a. M. 1988, S. 186-215.

29. **Blanke, Gustav:**
Die Anfänge des amerikanischen Sendungsbewußtseins: Massachusetts-Bay. 1629-1659, in: Archiv für Reformationsgeschichte, Heft 59, 1967, S. 171-211.

30. **Bodenschatz, Harald:**
Europäische Stadt, Zwischenstadt und New Urbanism, in: Planerin, Nr. 3, 2001, S. 24-26

31. **Bodenschatz, Harald:**
New Urbanism. Die Neuerfindung der amerikanischen Stadt, in: Stadtbauwelt, Nr. 145, 2000, S. 22-31.

32. **Boorstin, Daniel J.:**
The Americans. The colonial experience, Random House, New York 1958.

33. **Borst, Renate und Krätke, Stefan et. al. (Hrsg.):**
Das neue Gesicht der Städte, Birkhäuser Verlag, Basel/Boston/ Berlin 1990.

34. **Bourdieu, Pierre:**
Soziologie als Beruf. Wissenschaftstheoretische Voraussetzungen soziologischer Erkenntnis, Walter de Gruyter, Berlin/New York 1991 [1968].

35. **Breuer, Stefan:**
Die archaische Stadt, in: Die Alte Stadt, Jg. 25 (1998), Nr. 2, S. 105-120.

36. **Bruhns, Hinnerk und Nippel, Wilfried (Hrsg.):**
Max Weber und die Stadt im Kulturvergleich, Vandenhoeck & Ruprecht, Göttingen 2000.

37. **Burgess, Ernest:**
The Growth of the City: An Introduction to a Research Project, [1925] in: The City Reader, Richard LeGates und Frederic Stout (Hrsg.), Routledge, London/New York 2000, S. 153-161.

38. **Burgess, Ernest:**
The Growth of the City: An Introduction to a Research Project, in: The City, Robert Park, Ernest Burgess und Roderick McKenzie (Hrsg.), University Chicago Press, Chicago 1984 [1925], S. 47-62.

39. **Calthorpe, Peter:**
The next American Metropolis: Ecology, Community, and the American Dream, Princeton architectural press, New York 1993.

40. **Cary, Francine C. (Hrsg.):**
Urban Odyssey. A Multicultural History of Washington, D. C., Smithsonian Institution Press, Washington/London 1995.

41. **Case Scheer, Brenda und Petkov, Mintcho:**
Edge City Morphology. A Comparison of Commercial Centers, in: Journal of American Planning Association, Bd. 64, Nr. 3, Sommer 1998, S. 298-310.

42. **Castells, Manuel:**
The Rise of the Network Society, Blackwell Publisher, Oxford 2001 [1996].

43. **Cavanagh, Gerald F.:**
American Business Values, Prentice Hall, New Jersey 1990 [1976].

44. **Caves, Roger W. (Hrsg.):**
Exploring Urban America. An introductory Reader, Sage Publications, Thousand Oaks/London/New Dehli 1995.

45. **Caves, Roger W.:**
An Historical Analysis of Federal Housing Policy from the Presidential Perspective: An Intergovernmental Focus, in: Urban Studies, Bd. 26, Heft 1, 1989, S. 59-76.

46. **Cervero, Robert und Gorham, Roger:**
Commuting in Versus Automobile Neighborhoods, in: Journal of the American Planning Association, Bd. 61, Nr. 2, 1995, S. 210-225.

47. **Choko, Marc und Harris, Richard:**
The Local Culture of Property: A Comparative History of Housing Tenure in Montreal and Toronto, in: Annals of the Association of American Geographers, 80, (1), 1990, S. 73-95.

48. **Christ, Wolfgang und Hassenpflug, Dieter (Hrsg.):**
Forum Europäische Urbanistik. Jahrbuch 2000, Universitätsverlag Weimar 2001.

49. **Conzen, Michael (Hrsg.):**
The Making of the American Landscape, Routledge, New York 1994 [1990].

50. **Cook, Jeffrey:**
Nineteenth Century Idealist Sources for the 21st Century. Organic American Origins and Sustainability, in: Thesis. Wissenschaftliche Zeitschrift der Bauhaus-Universität Weimar, Heft 6, 1997, S. 16-27.

51. **Corboz, André:**
Non City Revisted, in: Werk, Bauen + Wohnen, Bd. 77, Heft 7/8, 1990, S. 68-73.

52. **Cullingworth, Barry:**
Planning in the USA. Policies, Issues and Processes, Routledge, London/New York 1997.

53. **Daniels, Roger:**
Coming to America. A History of Immigration and Ethnicity in American Life, Harper Collins Publisher, New York 1990.

54. **Davidson, James:**
Religion among America's Elite: Persistence and Change in the Protestant Establishment, in: Sociology of Religion, 1994, 55:4, S. 419-440.

55. **Davidson, James, Pyle, Ralph und Reyes, David:**
Persistence and Change in the Protestant Establishment. 1930-1992, in: Social Forces, September 1995, 74 (1), S. 157-175.

56. **Davis, James:**
The NORC general social Survey, Sage Publications, Newsbury Park 1992.

57. **Davis, Mike:**
City of Quartz: Excavating the Future in Los Angeles, Verso, London/New York 1990.

58. **Descartes, René:**
Die Prinzipien der Philosophie, Artur Buchenau (Übers.), Leipzig 1922.

59. **de Crèvecoeur, Hector J. John:**
What is an American?, [1782] in: The Character of Americans. A Book of Readings, Michael McGiffert (Hrsg.), The Dorsey Press, Homewood/Illinois 1970, S. 41-46.

60. **De Gruchy, John W.:**
Christianity, Art and Transformation, Cambridge University Press, Cambridge 2001.

61. **de Long, David G.:**
Frank Lloyd Wright. Designs for an American Landscape 1922, Thames and Hudson, New York 1996.

62. **den Tandt, Christophe:**
The urban Sublime in American Literature, University of Illinois Press, Urbana/Chicago 1998.

63. **de Tocqueville, Alexis:**
Über die Demokratie in Amerika, J. Mayer (Hrsg.), Reclam, Stuttgart 1997 [Bd. 1 1835, Bd. 2 1840].

64. **de Tocqueville, Alexis:**
Democracy in America, [Bd. 1 1835, Bd. 2 1840] in: The Character of Americans. A Book of Readings, Michael McGiffert (Hrsg.), The Dorsey Press, Homewood/Illinois 1970, S. 47-70.

65. **Deutsches Institut für Urbanistik (Hrsg.):**
Suburbanisierung, Informationen zur modernen Stadtgeschichte, 2/2002.

66. **Dewey, Richard:**
Das Stadt-Land-Kontinuum, [1960] in: Materialien zur Siedlungssoziologie, Peter Atteslander und Bernd Hamm (Hrsg.), Verlag Kiepenhauer und Witsch, Köln 1974, S. 45-54.

67. **Dewey, Richard:**
The Rural-Urban Continuum: Real but Relatively Unimportant, in: The American Journal of Sociology, LXVI, Juli 1960, S. 60-66.

68. **Dilcher, Gerhard:**
Max Webers Stadt und die historische Stadtforschung der Mediävistik, in: Historische Zeitschrift, Bd. 267 (1998), Nr. 1, S. 91-125.

69. **Dodd, Donald:**
Historical Statistics of the United States: Two Centuries of the Census. 1790-1990, Washington D.C. 1993.

70. **Duany, Andres, Plater-Zyberk, Elizabeth und Speck, Jeff:**
Suburban Nation. The Rise of Sprawl and the Decline of the American Dream, North Point Press, New York 2000.

71. **Eckardt, Frank und Hassenpflug, Dieter (Hrsg.):**
Consumption and the Post-Industrial City, (Bd. 1) The European City in Transition, Peter Lang Verlag, Frankfurt a. M. (u. a.) 2003.

72. **Edmondson, Brad und Fost, Dan:**
The Frontier is still here, in: American Demographics, Juli 1991, S. 50-52.

73. **Ellul, Jacques:**
The Meaning of the City, Eerdmans, Grand Rapids 1970.

74. **Eysberg, Cees D.:**
The Origins of the American Urban System. Historical Accident and initial Advantage, in: Exploring Urban America. An introductory Reader, Roger W. Caves (Hrsg.), Sage Publications, Thousand Oaks/London/ New Dehli 1995, S. 64-71.

75. **Emerson, Ralph Waldo:**
Nature and other Writings, Peter Turner (Hrsg.), Shambhala, Boston 1994 [1836].

76. **Falke, Andreas:**
Großstadtpolitik und Stadtteilbewegung in den USA. Die Wirksamkeit politischer Strategien gegen den Verfall, Birkhäuser Verlag, Basel/Boston 1987.

77. **Fehl, Gerhard:**
Fordismus und Städtebau um 1930, in: Wissenschaftliche Zeitung der Hochschule für Architektur und Bauwesen – Weimar 36 (1990) 1-3, S. 61-66.

78. **Findlay, John F.:**
Magic Lands. Western Cityscapes and American Culture after 1940, University of California Press, Berkeley/Los Angeles/Oxford 1992.

79. **Finney, Paul C. (Hrsg.):**
Seeing beyond the Word: Visual Arts and the Calvinist Tradition, W. B. Erdmans, Grand Rapids 1999.

80. **Firey, Walter et al.:**
The Fusion of Urban and Rural, in: Cities and Society. The revised Reader in urban Sociology, Paul K. Hatt und Albert J. Reiss (Jr.) (Hrsg.), The Free Press, Illinois 1957, S. 214-222.

81. **Fish, Carl Russel:**
The Rise of the Common Man. 1830-1850, Greenwood Press, Westport/Connecticut 1983 [1950].

82. **Fishman, Robert:**
Die befreite Megalopolis: Amerikas neue Stadt, in: Arch Plus, Nr. 109/110, 1991, S. 73-83.

83. **Fishman, Robert:**
Bourgeois Utopias: The Rise and Fall of Suburbia, New York 1987.

84. **Fishman, Robert:**
Bourgeois Utopias: The Rise and Fall of Suburbia, [1987] in: The City Reader, Richard LeGates und Frederic Stout (Hrsg.), Routledge, London/ New York 2000, S. 77-86.

85. **Fishman, Robert:**
American Suburbs/English Suburbs. A transatlantic Comparison, in: Journal of urban History, Bd. 13, Nr. 3, Mai 1987, S. 237-251.

86. **Fix, Michael und Passel, Jeffrey:**
Immigration and Immigrants. Setting the Record straight, The Urban Institute Press, Washington D.C. 1994.

87. **Fluck, Winfried:**
‚The American Dream‘: Gründungsmythen der Kultur, in: Länderbericht USA, Willi Paul Adams und Peter Lösche (Hrsg.), BPB Schriftenreihe, Bd. 357, Bonn 1998, S. 719-803.

88. **Flynn, Raymond L.:**
America's Cities. Centers of Culture, Commerce, and Community – or Collapsing Hope?, in: Urban Affairs Review, Bd. 30, Nr. 5, 1995, S. 635-640.

89. **Freese, Peter:**
The American Dream and the American Nightmare, Rektorat der Universität-Gesamthochschule Paderborn, Paderborn 1987.

90. **Gandelsonas, Mario:**
X-Urbanism: Architecture and the American City, Princeton Architectural Press, New York 1999.

91. **Garreau, Joel:**
Edge Cities in Profile, in: American Demographics, Februar 1994, S. 24-33.

92. **Garreau, Joel:**
Edge City. Life on the Frontier, Doubleday, New York/London/Toronto/Sydney/Auckland 1991.

93. **Giddens, Anthony:**
Die Konstitution der Gesellschaft. Grundzüge einer Theorie der Strukturierung, Campus Verlag, Frankfurt a. M./New York 1997 [1984].

94. **Glaab, Chales und Brown, Theodore:**
A History of urban America, Collier Macmillan. New York/London 1983.

95. **Gottdiener, Mark:**
Krisentheorie und räumliche Umstrukturierung: Das Beispiel USA, in: Das neue Gesicht der Städte, Renate Borst und Stefan Krätke et. al. (Hrsg.), Birkhäuser Verlag, Basel/Berlin 1990, S. 150-169.

96. **Gottdiener, Mark und Feagin, Joe R.:**
The Paradigm Shift in urban Sociology, in: Urban Affairs Quarterly, Sage Publications, Bd. 24, Nr. 2, Dezember 1988, S. 163-187.

97. **Goddard, Stephen B.:**
The Road to Now, in: The Annals of the American Academy of Political & Social Science, Bd. 553, September 1997, S. 30-41.

98. **Grabow, Stephen:**
Frank Lloyd Wright and the American City: The Broadacre Debate, in: Journal of the American Institute of Planners, Bd. 43, Heft 2, 1977, S. 115-124.

99. **Guggisberg, Hans Rudolf:**
Geschichte der USA, Verlag W. Kohlhammer, Stuttgart/Köln 1992.

100. **Guggisberg, Hans Rudolf:**
Das europäische Mittelalter im amerikanischen Geschichtsdenken des 19. und des frühen 20. Jahrhunderts, Basler Beiträge zur Geschichtswissenschaft, Bd. 92., Basel/Stuttgart 1964.

101. **Guttandin, Friedhelm:**
Einführung in die „Protestantische Ethik" Max Webers, Westdeutscher Verlag, Opladen 1998.

102. **Hadden, Jeffrey und Barton, Josef:**
An Image that will not die: Thoughts on the History of Anti-Urban Ideology, in: The Urbanization of the Suburbs, Louis H. Massotti und Jeffrey K. Hadden (Hrsg.), Sage Publications, Beverly Hills/London 1973, S. 79-116.

103. **Hahn, Roland:**
USA. Klett Verlag. Stuttgart 1990.

104. **Hall, Dewey W.:**
From Edwards to Emerson: A Study of the Teleology of Nature, in: Studies in puritan American Spirituality. Early Protestantism and American Culture, Michael Schuldiner (Hrsg.), The Edwin Mellen Press, Lewiston 1996, S. 123-147.

105. **Hall, Peter:**
Cities in Civilization. Culture, Innovation and Urban Order, Weidenfeld & Nicolson, London 1998.

106. **Hall, Peter:**
Cities of Tomorrow. An Intellectual History of Urban Planning and Design in the Twentieth Century, Blackwell, Oxford 1996.

107. **Hall, Peter:**
Enterprise Zones: British Origins, American Adaptions, in: Built environment, Bd. 7, Heft 1, 1981, S. 5-12.

108. **Hamm, Bernd und Neumann, Ingo:**
Siedlungs-, Umwelt- und Planungssoziologie, Ökologische Soziologie Bd. 2, Leske + Buderich, Opladen 1996.

109. **Hamm, Bernd:**
Soziale Segregation im internationalen Vergleich, Schwerpunkt Stadt- und Regionalplanung, Universitätsverlag Trier 1987.

110. **Hamp, Vinzenz und Stenzel, Meinhard et. al.:**
Die heilige Schrift des Alten und Neuen Testamentes (Die Bibel), Paul Pattloch Verlag, Aschaffenburg 1978.

111. **Hard, Gerhard:**
Disziplinbegegnung an einer Spur, in: Notizbuch 18 der Kasseler Schule, Arbeitsgemeinschaft Freiraum und Vegetation (Hrsg.), Mauersberger, Marburg 1990, S. 6-56.

112. **Hardinghaus, Matthias:**
Amerikanische Stadt und europäische Stadt im Entwicklungsvergleich, in: Forum Europäische Urbanistik. Jahrbuch 2000, Wolfgang Christ und Dieter Hassenpflug (Hrsg.), Universitätsverlag Weimar 2001, S. 110-117.

113. **Harpur, James und Westwood, Jennifer:**
Legendäre Stätten der Menschheit, Frederking und Thaler, München 1996.

114. **Harries, Karsten:**
The ethical Function of Architecture, MIT Press, Cambridge 1997.

115. **Harris, Richard und Larkham, Peter J. (Hrsg.):**
Changing Suburbs: Foundation, Form and Function, E & FN Spon, London 1999.

116. **Harris, Richard:**
The Making of American Suburbs, 1900-1950s: A Reconstruction, in: Changing Suburbs: Foundation, Form and Function, Richard Harris und Peter J. Larkham (Hrsg.), E & FN Spon, London 1999, S. 91-110.

117. **Harris, Richard und Lewis, Robert:**
Constructing a Fault(y) Zone: Misrepresentations of American Cities and Suburbs. 1900-1950, in: Annals of the Association of American Geographers, 88 (4), 1998, S. 622-639.

118. **Harris, Richard:**
Residential Segregation and class formation in the capitalist city: a review and directions of research, in: Progress in Human Geography, Bd. 8, Heft 1, 1984, S. 26-49.

119. **Harvey, David:**
Flexible Accumulation through Urbanization: Reflections on ‚Post-Modernism' in the American City, in: Antipode, 19:3, 1987, S. 260-286.

120. **Harvey, David:**
The Urbanization of Capital. Studies in the History and Theory of capitalist Urbanization, John Hopkins, Baltimore 1985.

121. **Hassenpflug, Dieter:**
City and Consumption, in: Consumption and the Post-Industrial City, (Bd. 1) The European City in Transition, Frank Eckardt und Dieter Hassenpflug, (Hrsg.), Peter Lang Verlag, Frankfurt a. M. (u. a.) 2003.

122. **Hassenpflug, Dieter (Hrsg.):**
Die Europäische Stadt. Mythos und Wirklichkeit, LIT Verlag. Münster/Hamburg/London 2001.

123. **Hassenpflug, Dieter:**
Die europäische Stadt als Erinnerung, Leitbild und Fiktion, in: Die Europäische Stadt. Mythos und Wirklichkeit, Dieter Hassenpflug (Hrsg.), LIT Verlag, Münster/Hamburg/London 2001, S. 11-48.

124. **Hassenpflug, Dieter:**
Sozialökologie. Ein Paradigma, Westdeutscher Verlag, Opladen 1993.

125. **Häußermann, Hartmut und Siebel, Walter:**
Stadt und Urbanität, in: AKP-Fachzeitschrift für Alternative Kommunal-Politik, Nr. 1, 1998, S. 54-59.

126. **Häußermann, Hartmut (Hrsg.):**
Großstadt. Soziologische Stichworte, Leske + Buderich, Opladen 1998.

127. **Häußermann, Hartmut:**
Amerikanisierung der deutschen Städte. Divergenz und Konvergenz, in: Jahrbuch für Architektur und Stadt. 1997-1998, Peter Neitzke, Carl Steckeweh und Reinhart Wustlich (Hrsg.), Vieweg und Sohn, Braunschweig/Wiesbaden 1997, S. 92-96.

128. **Häußermann, Hartmut und Siebel, Walter:**
Schlagwort: Urbanität, in: Der Architekt, Nr. 6, 1993, S. 326-329.

129. **Häußermann, Hartmut und Siebel, Walter:**
Neue Urbanität, Suhrkamp Verlag, Frankfurt a. M. 1987.

130. **Heideking, Jürgen:**
Geschichte der USA. A. Francke Verlag. Tübingen/Basel 1999.

131. **Heideking, Jürgen:**
Revolution, Verfassung und Nationalstaatsgründung. 1763-1815, in: Länderbericht USA, Willi Paul Adams und Peter Lösche (Hrsg.), BPB Schriftenreihe, Bd. 357, Bonn 1998, S. 18-41.

132. **Heimert, Alan:**
Puritanism, the Wilderness, and the Frontier, in: The New England Quarterly, Nr. 26, 1953, S. 361-382.

133. **Hengartner, Thomas:**
Forschungsfeld Stadt. Zur Geschichte der volkskundlichen Erforschung städtischer Lebensform, Dietrich Reimer Verlag. Berlin/Hamburg 1999.

134. **Herget, Winfried und Ortseifen, Karl (Hrsg.):**
The Transit of Civilization from Europe to America, Gunter Narr Verlag, Tübingen 1986.

135. **Hershberg, Theodore:**
Philadelphia: Work, Space, family, and group experience in nineteenth Century, Oxford University Press, New York 1981.

136. **Hines, Thomas S.:**
The City Beautiful Movement in American urban planning. 1890-1920, in: Transactions. Royal Institute of British Architects, Bd. 4, Heft 6, 1985, S. 29-43.

137. **Hofmeister, Burkhard:**
Stadtgeographie, Westermann Verlag, Braunschweig 1999.

138. **Hofmeister, Burkhard:**
Die Stadtstrukturen. Ihre Ausprägung in den verschiedenen Kulturräumen der Erde, Wissenschaftliche Buchgesellschaft, Darmstadt 1996.

139. **Hofmeister, Burkhard:**
Stadt und Kulturraum Angloamerika, Verlag Vieweg + Sohn, Braunschweig 1971.

140. **Holzer, Harry J., Ihlanfeldt, Keith R. und Stoll, Michael:**
Within Cities and Suburbs. Racial residential Concentration and the Spatial Distribution of Employment Opportunities across submetropolitan Areas, Institute for Research on Poverty, Diskussionspapier Nr. 1189-99, Michigan State University März 1999.

141. **Holzer, Harry J.:**
The Spatial Mismatch Hypothesis: What has the Evidence shown?, in: Urban Studies, Bd. 28, Nr. 1, 1991, S. 105-122.

142. **Holzner, Lutz:**
Stadtland USA: Die Kulturlandschaft des American Way of Life, Justus Perthes Verlag, Gotha 1996.

143. **Holzner, Lutz:**
Washington D.C.: Hauptstadt einer Weltmacht und Spiegelbild einer Nation, in: Geographische Rundschau, Jg. 44, Heft 6, 1992, S. 352-358.

144. **Holzner, Lutz:**
Die kultur-genetische Forschungsrichtung in der Stadtgeographie. Eine nicht-positivistische Auffassung, in: Die Erde, Bd. 112, Jg. 1981, S. 173-184.

145. **Holzner, Lutz, Dommisse, Edwin und Mueller, Jerry:**
Toward a Theory of cultural-genetic City Classification, in: Annals of the Association of American Geographers, 1967, S. 367-381.

146. **Hornung, Esther:**
Bibelpolitik. Das Verhältnis des protestantischen Fundamentalismus zur nationalen Innenpolitik der USA von 1980 bis 1996. Ein Fallbeispiel, Lang, Frankfurt a. M. (u. a.) 2002.

147. **Horton, Lois E.:**
The Days of Jubilee. Black Migration during the Civil War and Reconstruction, in: Urban Odyssey. A Multicultural History of Washington D. C., Cary, Francine C. (Hrsg.), Smithsonian Institution Press, Wash-ington/London 1995, S. 65-78.

148. **House of Representatives (USA):**
Mass Transportation in the District of Columbia. Conference Report (Harris), (Vor-) Bericht zum Beschluss vom 24. Juli 1956, Nr. 2751, 17. Juli 1956, Martin Luther King Memorial Library, Washington D. C.

149. **Howard, Ebenezer:**
Garden Cities of To-morrow, F. J. Osborn (Hrsg.), M.I.T. Press, Cambridge 1965 [1898/1902].

150. **Jackson, John B.:**
The Order of a Landscape. Reason and Religion in Newtonian America, in: The Interpretation of ordinary Landscape, Donald Meinig (Hrsg.), Oxford University Press 1979, S. 153-162.

151. **Jackson, Kenneth:**
Crabgrass Frontier. The Suburbanization of the United States, Oxford University Press, New York/Oxford 1985.

152. **Jacobs, Jane:**
Cities and the wealth of nations. Principles of economic life, Penguin Books, Harmondsworths 1986 [1961].

153. **Jacobs, Jane:**
Tod und Leben großer amerikanischer Städte, Bauwelt Fundamente 4, Vieweg Verlag, Braunschweig/Wiesbaden 1993 [1963].

154. **Jakle, John A.:**
Landscape redesigned for the automobile, in: The Making of the American Landscape, Michael Conzen (Hrsg.), Routledge, New York 1994 [1990], S. 293-310.

155. **Jargowsky, Paul:**
Poverty and Place: Ghettos, Barrios, and the American City, Russell Sage Foundation, New York 1997.

156. **Jefferson, Thomas:**
Notes on the States of Virginia, Frank Shuffelton (Hrsg.), Penguin Books, New York 1999 [1782].

157. **Jessen, Johann:**
Amerikanische Stadt – Europäische Stadt, Städtebau Institut der Universität Stuttgart, Fachgebiet Grundlagen der Orts- und Regionalplanung, Stuttgart 1997.

158. **Joestel, Volkmar:**
1517. Luthers 95 Thesen: Der Beginn der Reformation. (Das Tagebuch Europas), Brandenburgisches Verlagshaus, Berlin 1995.

159. **Johnson, Thomas H. und Miller, Perry (Hrsg.):**
The Puritan: A sourcebook of their writing, Dover, Mineola 2001.

160. **Jonas, Andrew E. G.:**
Making Edge City: Post-Suburban Development and Life on the Frontier in Southern California, in: Changing Suburbs: Foundation, Form and Function, Richard Harris und Peter J. Larkham (Hrsg.), E & FN Spon, London 1999, S. 202-221.

161. **Jordan, Terry:**
Preadaptation and European Colonization in rural North America, in: Annals of the Association of American Geographers, 79 (4), 1989, S. 489-500.

162. **Jostmann, Christian:**
Aus intimer Distanz. Die ‚Christliche Rechte' und ihr Einfluss auf die US-Politik, in: Süddeutsche Zeitung, Deutschland-Ausgabe vom 08.04.2003, Jg. 59, Nr. 82, S. 15.

163. **Jung, Thomas:**
Geschichte der modernen Kulturtheorie, Wissenschaftliche Buchgesellschaft, Darmstadt 1999.

164. **Junker, Detlef (Hrsg.):**
Transatlantische historische Studien (Bd. 6), Franz Steiner Verlag, Stuttgart 1996.

165. **Kant, Immanuel:**
Über die Form und die Prinzipien der Sinnen- und Geisteswelt, Dissertation (deutsch/lateinische Ausgabe), Hamburg 1958 [1770].

166. **Kant, Immanuel:**
Kritik der reinen Vernunft, Ingeborg Heidemann (Hrsg.), Reclam Verlag, Stuttgart 1975 [1781].

167. **Kaesler, Dirk:**
Max Weber. Einführung in Leben, Werk und Wirkung, Campus Verlag, Frankfurt a. M. 1998.

168. **Kegler, Harald:**
Städtebaureform auf Amerikanisch: Projekte des New Urbanism, in: Stadtbauwelt, Nr. 145, 2000, S. 42-59.

169. **Kegler, Harald:**
Mehr als Sehnsucht nach der alten Stadt: New Urbanism in den USA, in: Die alte Stadt, Jg. 25, Nr. 4, 1998, S. 335-346.

170. **Keil, Roger:**
Die Entdeckung Amerikas in der Stadt, in: Peripherie ist überall, Walter Prigge (Hrsg.), Campus Verlag, Frankfurt a. M./New York 1998, S. 62-75.

171. **Keller, Reiner et al.:**
Handbuch Sozialwissenschaftlicher Diskursanalyse Bd. 1. Theorien und Methoden, Leske und Buderich, Opladen 2001.

172. **Kleger, Heinz:**
Politische Urbanität, in: Planerin, Nr. 4, 1995, S. 41-50.

173. **Knox, Paul:**
The restless urban landscape: Economic and sociocultural change and the transformation of metropolitan Washington, D.C., in: Annals of the Association American Geographers, Nr. 81, 1991, S. 181-209.

174. **Kocka, Jürgen:**
Wider die Idealisierung der historischen Stadt, in: Stadtgesellschaft, Michael Mönninger (Hrsg.), Suhrkamp Verlag. Frankfurt a. M. 1999, S. 97-100.

175. **Kodalle, Klaus (Hrsg.):**
Gott und die Politik in den USA. Über den Einfluß des Religiösen, Athenäum Verlag, Frankfurt a. M. 1988.

176. **Kodalle, Klaus:**
Zivilreligion in Amerika: Zwischen Rechtfertigung und Kritik, in: Gott und die Politik in den USA. Über den Einfluß des Religiösen, Klaus Kodalle (Hrsg.), Athenäum, Frankfurt a. M. 1988, S. 19-73.

177. **Kostof, Spiro:**
Das Gesicht der Stadt: Die Geschichte städtischer Vielfalt, Verlag Neue Zürcher Zeitung, Zürich 1992.

178. **Kostof, Spiro:**
Die Anatomie der Stadt: Die Geschichte städtischer Strukturen, Verlag Neue Zürcher Zeitung, Zürich 1993.

179. **Krakau, Knud:**
Critical Reflections upon an old Theme: The Topoi of chosen People and Mission in American History, in: Mission, Myth, Rhetoric, and Politics in American History, Gustav Blanke und Knud Krakau (Hrsg.), Arbeitspapier Nr. 54/1992, John F. Kennedy Institut, Freie Universität Berlin 1992, S. 24-39.

180. **Lefèbvre, Henri:**
Die Revolution der Städte, Athenäum, Frankfurt a. M. 1990 [1970].

181. **Lefèbvre, Henri:**
Kritik des Alltagslebens, Athenäum, Kronberg 1977 [1968].

182. **LeGates, Richard und Stout, Frederic (Hrsg.):**
The City Reader, Routledge, London/New York 2000.

183. **Lehmann, Hartmut:**
Protestantisches Christentum im Prozeß der Säkularisierung, Vandenhoeck und Ruprecht, Göttingen 2001.

184. **Leibniz, Gottfried Wilhelm:**
Hauptschriften zur Grundlegung der Philosophie, E. Cassirer (Hrsg.), Dürr Verlag, Leipzig 1904.

185. **Levy, Anneli Mouka:**
Washington D. C. and the Growth of its early Suburbs: 1860-1920. Master-Arbeit am Fachbereich Geographie der Universität Maryland 1980.

186. **Lewis, Merrill:**
Organic Metaphor and Edenic Myth in George Bancroft's History of the United States, in: Journal of the History of Ideas, Nr. 26, 1965, S. 587-592.

187. **Lewis, Richard W. B.:**
The American Adam, Innocence, Tragedy, and Tradition in the nineteenth Century, University of Chicago Press, Chicago 1955.

188. **Lewis, Robert:**
Running Rings around the City: North American Industrial Suburbs. 1850-1950, in: Changing Suburbs: Foundation, Form and Function, Richard Harris und Peter J. Larkham (Hrsg.), E & FN Spon, London 1999, S. 146-167.

189. **Löw, Martina:**
Raumsoziologie, Suhrkamp Verlag, Frankfurt a. M. 2001.

190. **Lütke, Alf, Marßolek, Inge und von Saldern, Adelheid:**
Amerikanisierung: Traum und Alptraum im Deutschland des 20. Jahrhunderts, in: Transatlantische historische Studien (Bd. 6), Detlef Junker (Hrsg.), Franz Steiner Verlag, Stuttgart 1996, S. 7-33.

191. **Lynch, Kevin:**
Das Bild der Stadt, Bauwelt Fundamente, Vieweg & Sohn, Braunschweig/Wiesbaden 1989 [1960].

192. **MacDonald, William und McNally Bushman, Jeff:**
The American pastoral Paradox, in: Architectural Design, Bd. 56, Heft 9, 1986, S. 10-13 und 38-40.

193. **Macpherson, Crawford B.:**
Die politische Theorie des Besitzindividualismus, Suhrkamp Verlag, Frankfurt a. M. 1980 [1962].

194. **Marcuse, Ludwig:**
Amerikanisches Philosophieren. Pragmatisten, Polytheisten, Tragiker, Diogenes Verlag, Zürich 1994 [1959].

195. **Marcuse, Peter:**
On the Ambiguities of Self-Help in Housing in the U.S.A., in: Mitteilungen der Deutschen Akademie für Städtebau und Landesplanung, Heft 2, 1984, S. 189-218.

196. **Marcuse, Peter:**
Wohnungsversorgung in den USA, in: Bauwelt, Bd. 73, Heft 31/32, 1982, S. 1290-1292.

197. **Marx, Leo:**
The Machine in the Garden. Technology and the pastoral Ideal in America, Oxford University Press, New York 2000 [1964].

198. **Massey, Douglas und Denton, Nancy:**
American Apartheid. Segregation and the Making of the Underclass, Harvard University Press, Cambridge/London 1993.

199. **Massing, Michael:**
Stalled in Paradise, in: American Prospect, 22. Mai 2000, S. 22-27.

200. **McGiffert, Michael (Hrsg.):**
The Character of Americans. A Book of Readings, The Dorsey Press, Homewood/Illinois 1970 [1964].

201. **McKenzie, Roderick:**
Konzepte der Sozialökologie, [1925] in: Materialien zur Siedlungssoziologie, Peter Atteslander und Bernd Hamm (Hrsg.), Verlag Kiepenhauer und Witsch, Köln 1974, S. 101-112.

202. **McKenzie, Roderick:**
The Rise of Metropolitan Communities, in: Cities and Society. The revised Reader in urban Sociology, Paul K. Hatt and Albert J. Reiss (Jr.) (Hrsg.), The Free Press, Illinois 1957, S. 201-213.

203. **Meinig, Donald:**
The Shaping of America. A geographical Perspective on 500 Years of History. 1492-1800, Bd. 1, Yale University Press, New Haven/London 1986.

204. **Meinig, Donald (Hrsg.):**
The Interpretation of ordinary Landscape. Geographical Essays, Oxford University Press 1979.

205. **Meinig, Donald:**
Symbolic Landscapes. Some Idealizations of American Communities, in: The Interpretation of ordinary Landscape, Donald Meinig (Hrsg.), Oxford University Press 1979, S. 167-192.

206. **Meyer, David R.:**
The new industrial order, in: The Making of the American Landscape, Michael Conzen (Hrsg.), Routledge, New York 1994.

207. **Meyer Rogg, Eleanor:**
American Immigration and Ethnicity. Filling Gaps in the Literature and Reconceptualizing Critical Issues (Review Essay), in: International Migration Review, Bd. XXVII, Nr. 4, S. 886-892.

208. **Miller, Charles A.:**
Jefferson and Nature. An Interpretation, The John Hopkins University Press, Baltimore/London 1988.

209. **Monkkonen, Eric:**
America becomes urban. The Development of U.S. Cities & Towns. 1780-1980, University of California Press, Berkeley 1988.

210. **Moore, James R.:**
The post-darwinian Controversies. A study of the Protestant struggle to come to terms with Darwin in Great Britain and America. 1870-1900, Cambridge University Press, Cambridge/London 1979.

211. **Müller, Kai und Löffler, Markus:**
Washington und St. Petersburg, in: Amerikanische Stadt – Europäische Stadt, Johann Jessen (Hrsg.), Städtebau Institut der Universität Stuttgart, Fachgebiet Grundlagen der Orts- und Regionalplanung, Stuttgart 1997.

212. **Müller, Wolfgang und Rohr-Zänker, Ruth:**
Neue Zentren in den Verdichtungsräumen der USA, in: Raumforschung und Raumordnung, Heft 6, Jg. 53, 1995, S. 436-443.

213. **Muller, Peter:**
Contemporary Suburban America, University of Miami, Englewood Cliffs, New Jersey 1981.

214. **Mumford, Lewis:**
The Culture of Cities, Harcourt, Brace & World, New York 1938.

215. **Murin, William J.:**
Mass Transit Policy in Washington, D.C.: Incremental Policy Making and Ghetto Isolation, Dissertation (Doctor of Philosophy), Universität Maryland 1970.

216. **Murphy, Raymond:**
The American City. An Urban Geography, McGraw-Hill, New York 1966.

217. **Nagler, Jörg:**
Territoriale Expansion, Sklavenfrage, Sezessionskrieg, Rekonstruktion. 1815-1877, in: Länderbericht USA, Willi Paul Adams und Peter Lösche (Hrsg.), BPB Schriftenreihe, Bd. 357, Bonn 1998, S. 42-72.

218. **Nedderhut-Heeschen, Wolf:**
Schule von Chicago. Ein architekturgeschichtlicher Essay, Deutsche Bauzeitschrift DBZ, Bd. 38, Heft 5, 1990, S. 685-692.

219. **Newton, Isaac:**
Opticks, or a treatise of the reflections, refractions, inflections & Colours of light, Dover Publication, New York 1952 [1730].

220. **Newton, Isaac:**
Mathematische Principien der Naturlehre, Jakob Philipp Wolfers (Hrsg.), Oppenheim Verlag, Berlin 1872.

221. **Niebuhr, H. Richard:**
The Kingdom of God in America, Wesleyan University Press, Hanover 1988.

222. **o. A.:**
Prototypical Suburbs, in: Architectural Design, Bd. 51, Heft 10/11, 1981, S. 13–19 und S. 95-96.

223. **o. A.:**
Railroad Suburbs, in: Architectural Design, Bd. 51, Heft 10/11, 1981, S. 20–31 und S. 95-96.

224. **Olmstedt, Frederick Law:**
Public Parks and the Enlargement of Towns, [1870] in: The City Reader, Richard LeGates und Frederic Stout (Hrsg.), Routledge, London/New York 2000, S. 314-320.

225. **Park, Robert, Burgess, Ernest und McKenzie, Roderick (Hrsg.):**
The City, The University of Chicago Press. Chicago/London 1984 [1925].

226. **Park, Robert:**
Die Stadt als räumliche Struktur und sinnliche Ordnung, [1925] in: Materialien zur Siedlungssoziologie, Peter Atteslánder und Bernd Hamm (Hrsg.), Verlag Kiepenhauer und Witsch, Köln 1974, S. 90-100.

227. **Pirenne, Henri:**
Sozial- und Wirtschaftsgeschichte Europas, Francke Verlag, Tübingen/Basel 1994 [1933].

228. **Popper, Karl:**
Logik der Forschung, Mohr Verlag, Tübingen 1994 [1935/1969].

229. **Pohl, Jürgen:**
Geographie als hermeneutische Wissenschaft, (Geographisches Institut der Technischen Universität München), Münchener Geographische Hefte, Nr. 52, 1986.

230. **Posener, Julius:**
School of Chicago, in: Arch +, Zeitschrift für Architektur und Städtebau, Heft 48, Jg. 1979, S. 26-31.

231. **Prahl, Sigrun:**
Der öffentliche Raum der Stadt. Parallelen zwischen nordamerikanischen Main Streets und der Berliner Friedrichstraße, Dissertation (Dr.-Ing.) an der Fakultät Architektur, Bauhaus-Universität Weimar 1999.

232. **Prigge, Walter (Hrsg.):**
Peripherie ist überall, Campus Verlag, Frankfurt a. M. (u. a.) 1998.

233. **Prigge, Walter (Hrsg.):**
Die Materialität des Städtischen. Stadtentwicklung und Urbanität im gesellschaftlichen Umbruch, Birkhäuser Verlag, Basel/Boston 1987.

234. **Raeithel, Gert:**
Geschichte der nordamerikanischen Kultur. Vom Puritanismus bis zum Bürgerkrieg. 1600-1860, Bd. 1, Verlag Zweitausendeins, Frankfurt a. M. 1997.

235. **Reckwitz, Andreas:**
Die Transformation der Kulturtheorien. Zur Entwicklung eines Theorieprogramms, Velbrück Wissenschaft, Weilerswist 2000.

236. **Reckwitz, Andreas:**
Kulturtheorie, Systemtheorie und das sozialtheoretische Muster der Innen-Außen-Differenz, in: Zeitschrift für Soziologie, Jg. 26, Heft 5, Oktober 1997, S. 317-336.

237. **Reese-Schäfer, Walter:**
Was ist Kommunitarismus?, Campus Verlag, Frankfurt/New York 1995.

238. **Reps, John William:**
The Making of urban America. A History of City Planning in the United States, Princeton University Press, Princeton/New Jersey 1965.

239. **Rotenberg, Robert und McDonogh, Gary (Hrsg.):**
The cultural Meaning of urban Space, Bergin & Garvey, Westport (Connecticut)/London 1993.

240. **Rowe, Colin und Koetter, Fred:**
Collage City, Birkhäuser Verlag, Basel/Boston/Berlin 1997 [1978].

241. **Rusk, David:**
Cities without Suburbs, The Woodrow Wilson Center Press, o. O. 1995.

242. **Sassen, Saskia:**
The global City: New York, London, Tokyo, Princeton University Press, New York 1991.

243. **Schlesinger (Jr.), Arthur M. und White, Morton (Hrsg.)**:
Paths of American Thought, Houghton Mifflin Company, Boston 1963.

244. **Schlesinger (Jr.), Arthur M.:**
Ideas and economic Development, in: Paths of American Thought, Arthur M. Schlesinger (Jr.) und Morton White (Hrsg.), Houghton Mifflin Company, Boston 1963, S. 105-119.

245. **Schlögel, Karl:**
Im Raume lesen wir die Zeit. Über Zivilisationsgeschichte und Geopolitik, Carl Hanser Verlag, München 2003.

246. **Schmitz, Stefan:**
Raumstruktur, Verkehr und Umwelt in den USA, in: Raumforschung und Raumordnung, Heft 2, Jg. 53, 1995, S. 112-123.

247. **Schneider, Herbert W.:**
Geschichte der amerikanischen Philosophie, Verlag Felix Meiner, Hamburg 1957.

248. **Schneider-Kuszmierczyk, Hannelore:**
Urbanität und Ideologie. Zur kritischen Rekonstruktion eines funktionalisierten Begriffs, Fachbereich 13, Heft 55, Gesamthochschule Kassel 1984.

249. **Schneider-Sliva, Rita:**
Politisch-kulturelle und Planungstraditionen in den USA, in: Raumforschung und Raumordnung, Heft 6, Jg. 53, 1995, S. 425-435.

250. **Schuldiner, Michael (Hrsg.):**
Studies in puritan American Spirituality. Early Protestantism and American Culture, The Edwin Mellen Press, Lewiston 1996.

251. **Schulz-Schaeffer, Ingo:**
Sozialtheorie der Technik, Campus Verlag, Frankfurt a. M. (u. a.) 2000.

252. **Schweizerische Vereinigung für Politische Wissenschaft (Hrsg.):**
Städte und Agglomerationen, Schweizerisches Jahrbuch für politische Wissenschaft, Basel 1985.

253. **Schwyn, Katja:**
Territorialität und Regionalisierung am Beispiel der Amerikanischen Reservatspolitik, Diplomarbeit am Geographischen Institut der Universität Zürich 1996.

254. **Senatsverwaltung für Bau und Wohnungswesen Berlin (Hrsg.):**
Hauptstädte im Vergleich. London. Paris. Rom. Wien. Washington. Canberra, Städtebau und Architektur Bericht 13, 1992.

255. **Sewing, Werner:**
Zwischen Hochkultur und Populärkultur: Neotraditionalismus in den USA und Großbritannien, in: Die alte Stadt, Jg. 25, Heft 4, 1998, S. 359-371.

256. **Shevky, Eshref und Bell, Wendell:**
Sozialraumanalyse, in: Materialien zur Siedlungssoziologie, Peter Atteslånder und Bernd Hamm (Hrsg.), Verlag Kiepenhauer und Witsch, Köln 1974, S. 125-139.

257. **Siebel, Walter:**
Urbanität, in: Großstadt, Soziologische Stichworte. Hartmut Häußermann (Hrsg.) Leske + Budrich, Opladen 1998.

258. **Simmel, Georg:**
Die Gross-Städte und das Geistesleben, in: Das Individuum und die Freiheit, Essays des Philosophen, Michael Landmann (Hrsg.), Fischer Verlag, Frankfurt a. M. 1993 [1903], S. 192-204.

259. **Simmel, Georg:**
Soziologie. Untersuchungen über die Formen der Vergesellschaftung, Ottheim Rammstedt (Hrsg.), Suhrkamp, Frankfurt a. M. 1992 [1908].

260. **Singleton, Gregory H.:**
The Genesis of Suburbia. A Complex of historical Trends, in: The Urbanization of the Suburbs, Louis H. Massotti und Jeffrey K. Hadden (Hrsg.), Sage Publications, Beverly Hills/London 1973, S. 29-47.

261. **Sirjamaki, John:**
The Sociology of the City, Random, New York 1964.

262. **Sjoberg, Gideon:**
The preindustrial City, in: Cities and Society. The revised Reader in urban Sociology, Paul K. Hatt und Albert J. Reiss (Jr.) (Hrsg.), The Free Press, Illinois 1957, S. 179-188.

263. **Sklar, Martin J.:**
The Corporate Reconstruction of American Capitalism. 1890-1916. The Market, the Law, and Politics, Cambridge University Press. Cambridge/New York/Sydney 1988.

264. **Smerk, George M.:**
The Streetcar: Shaper of American Cities, in: Traffic Quarterly, Nr. 21, 1967, S. 569-584.

265. **Smith, Henry Nash:**
Virgin Land. The American West as Symbol and Myth, Harvard University Press, Cambridge 1950.

266. **Soja, Edward:**
Während des Diskussionsabends „Die Zukunft des Urbanen" im Rahmen des Weimarer Kulturstadtjahres bezieht sich Soja in seinen „Ten Trends" ausdrücklich auf die *Chicago School of Sociology* und auf das Zitat Wirths „Urbanism is a Way of Life", Weimar 03. Juni 1999.

267. **Soja, Edward und Scott, Allen:**
The City: Los Angeles and Urban Theory at the End of the twentieth Century, University of California Press, Berkeley 1996.

268. **Soja, Edward:**
Postmodern Geographics: The Reassertion of Space in Critical Social Theory, Verso, London/New York 1989.

269. **Southall, Aidan:**
The City in Time and Space, Cambridge University Press, Cambridge 1998.

270. **Southworth, Michael und Ben-Joseph, Eran:**
Streets and the Shaping of Towns and Cities, McGraw Hill, New York 1997.

271. **Störig, Hans Joachim:**
Kleine Weltgeschichte der Philosophie, Fischer Verlag, Frankfurt a. M. 1991 [1987].

272. **Sugrue, Thomas:**
The Origins of the urban Crisis: Race and Inequality in postwar Detroit, Princeton University Press, Princeton N. J. 1996.

273. **Sullivan, Louis:**
Kindergarten Chats and other writings, Dover Publication, New York 1979 [1902].

274. **Summers, Anita:**
Urban America and urban Western Europe: Are they different?, in: Urban Change in the United States and Western Europe, Anita A. Summers, Paul A. Summers und Lanfranco Senn (Hrsg.), The Urban Institute Press, Washington D.C. 1993, S. 1-11.

275. **Sutton, Silvia B. (Hrsg.):**
Civilizing American Cities. A Selection of Frederick Law Olmsted's Writings on City Landscapes, MIT Press, o. O. 1979.

276. **Tarr, Joel Arthur:**
Transportation Innovation and changing spatial Patterns in Pittsburgh. 1850-1934, Public Works Historical Society, Chicago 1978.

277. **Taylor, George R.:**
The Beginning of Mass Transportation in Urban America: Part I, The Smithsonian Journal of History, 1966, S. 35-50.

278. **Taylor, George R.:**
The Beginning of Mass Transportation in Urban America: Part II, The Smithsonian Journal of History, 1966, S. 31-54.

279. **Thoreau, Henry:**
Walden, Time inc., New York 1962 [1854].

280. **Thornton, Russell:**
American Indian Holocaust and Survival. A Population History since 1492, University of Oklahoma Press, Norman/London 1987.

281. **Tönnies, Ferdinand:**
Gemeinschaft und Gesellschaft. Grundbegriffe der reinen Soziologie, Wissenschaftliche Buchgesellschaft, Darmstadt 1991 [8. Aufl. 1935].

282. **Turner, Frederick J.:**
The Frontier Experience, [1893] in: The Character of Americans. A Book of Readings, Michael McGiffert (Hrsg.), The Dorsey Press, Homewood/Illinois 1970, S. 96-101.

283. **Tyrell, Hartmann:**
Worum geht es in der ‚protestantischen Ethik'? Ein Versuch zum besseren Verständnis Max Webers, in: Saeculum, Jahrbuch für Universalgeschichte, Bd. 41, 1990, S. 130-177.

284. **Unger, Frank (Hrsg.):**
Amerikanische Mythen. Zur inneren Verfassung der Vereinigten Staaten, Campus Verlag, Frankfurt a. M./New York 1988.

285. **Vance (Jr.), James:**
Democratic Utopia and the American Landscape, in: The Making of the American Landscape, Michael Conzen (Hrsg.), Routledge, New York 1994 [1990], S. 204-220.

286. **Vance (Jr.), James:**
The American City: Workshop for a National Culture, in: Contemporary Metropolitan America 1. Cities of the Nation's Historic Metropolitan Core, John Adams (Hrsg.), Association of American Geographers, Ballinger Publishing, Cambridge 1976, S. 1-49.

287. **Vaugham, Alden T. (Hrsg.):**
The Puritan Tradition in America. 1620-1730, University Press of New England, Hanover/London 1972.

288. **Vergara, Camilo J.:**
The new American Ghetto, Rutgers University Press, Press, New Brunswick 1999.

289. **Venturi, Robert, Brown, Denise Scott und Izenour, Steven:**
Lernen von Las Vegas. Zur Ikonographie und Architektursymbolik der Geschäftsstadt, Bauwelt Fundamente, Vieweg & Sohn, Braunschweig 1997 [1972].

290. **von Saldern, Adelheid:**
Stadt und Öffentlichkeit in urbanisierten Gesellschaften, in: Informationen zur modernen Stadtgeschichte, Difu (Hrsg.), 2/2000, S. 3-15.

291. **von Scheliha, Arnulf und Schröder, Markus:**
Das protestantische Prinzip: historische und systematische Studien zum Protestantismusbegriff, Verlag W. Kohlhammer, Stuttgart/ Berlin/Köln 1998.

292. **Vorländer, Hans:**
Das kapitalistische Ethos. Politische und ökonomische Einstellungen, in: Länderbericht USA, Willi Paul Adams und Peter Lösche (Hrsg.), BPB Schriftenreihe, Bd. 357, Bonn 1998, S. 291-297.

293. **Waechter, Matthias:**
Die Erfindung des amerikanischen Westens. Die Geschichte der Frontier-Debatte, Rombach Verlag, Freiburg i. B. 1996.

294. **Warner (Jr.), Sam:**
Streetcar Suburbs. The Progress of Growth in Boston. 1870-1900, Harvard University Press and the M.I.T. Press, Cambridge/ Massachusetts 1962.

295. **Warner (Jr.), Sam.**:
The private City. Philadelphia in three Periods of its Growth, University of Pennsylvania Press, Philadelphia 1968.

296. **Warner (Jr.), Sam:**
The urban Wilderness. A History of the American City, Harper & Row Publisher, New York/Evangston/San Francisco/London 1972.

297. **Webber, Melvin M.:**
Order in Diversity: Community without Propinquity, in: Cities and Space, The future Use of urban Land, Lowdon Wingo (Jr.) (Hrsg.), The John Hopkins University Press, Baltimore 1963, S. 23-54.

298. **Weber, Adna:**
The Growth of Cities in the Nineteenth Century. Study in Statistics, Cornell University Press, Ithaca/New York 1963 [1899].

299. **Weber, Max:**
Die Stadt, Teilbd. 5 (Studienausgabe), aus: Wirtschaft und Gesellschaft. Die Wirtschaft und die gesellschaftlichen Ordnungen und Mächte (Nachlaß), Wilfried Nippel (Hrsg.), J.C.B. Mohr Verlag (Paul Siebeck), Tübingen 2000 [1921].

300. **Weber, Max:**
Die protestantische Ethik und der ‚Geist‘ des Kapitalismus, Klaus Lichtblau und Johannes Weiß (Hrsg.), Beltz Athenäum Verlag, Weinheim 2000 [1905/1920].

301. **Weber, Max:**
Soziologische Grundbegriffe (Sonderausgabe), aus: Wirtschaft und Gesellschaft. Die Wirtschaft und die gesellschaftlichen Ordnungen und Mächte, UTB, Tübingen 1984 [1921].

302. **Welter, Volker M. und Lawson, James (Hrsg.):**
The City after Patrick Geddes, Peter Lang, New York (u. a.) 2000.

303. **Werlen, Benno:**
Sozialgeographie: Eine Einführung, UTB für Wissenschaft, Verlag Paul Haupt, Bern/Stuttgart/Wien 2000.

304. **Werlen, Benno:**
Alltägliche Regionalisierungen unter räumlich-zeitlich entankerten Lebensbedingungen, in: Informationen zur Raumentwicklung, Heft 9/10, 2000, S. 611-622.

305. **Werlen, Benno:**
Zur Ontologie von Gesellschaft und Raum. Sozialgeographie alltäglicher Regionalisierungen Bd. 1, Franz Steiner Verlag, Stuttgart 1999.

306. **Werlen, Benno:**
Gibt es eine Geographie ohne Raum? Zum Verhältnis traditioneller Geographie und zeitgenössischen Gesellschaften, in: Erdkunde: Archiv für wissenschaftliche Geographie, Bd. 47, Nr. 4, 1993, S. 241-255.

307. **Werlen, Benno:**
Gesellschaft, Handlung und Raum: Grundlagen handlungstheoretischer Sozialgeographie, Franz Steiner Verlag, Stuttgart 1988.

308. **White, Morton und White, Lucia:**
The Intellectual versus the City. From Thomas Jefferson to Frank Lloyd Wright, Harvard University Press, Cambridge 1962.

309. **Whitman, Walt:**
Leaves of Grass, Rome Brothers, New York 1855.

310. **Wingo (Jr.), Lowdon (Hrsg.):**
Cities and Space, The future Use of urban Land, The John Hopkins University Press, Baltimore 1963.

311. **Winthrop, John**
Christian Charity. A Model hereof, [1630] in: The Puritan Tradition in America. 1620-1730, Alden T. Vaugham (Hrsg.), University Press of New England, Hanover/London 1972, S. 138-146.

312. **Wirth, Louis:**
Urbanism is a Way of Life, [1938] in: Cities and Society. The revised Reader in urban Sociology, Paul K. Hatt und Albert J. Reiss (Jr.) (Hrsg.), The Free Press, Illinois 1957, S. 46-63.

313. **Wirz, Hansjörg M.:**
Die britischen „New Towns": Eine Alternative zur Megalopolis?, in: Städte und Agglomerationen, Schweizerische Vereinigung für Politische Wissenschaft (Hrsg.), Schweizerisches Jahrbuch für politische Wissenschaft, Basel 1985, S. 275-290.

314. **Wolff, Hans:**
Das Weltbild am Vorabend der Entdeckung Amerikas, in: America: Das frühe Bild der Neuen Welt, Hans Wolff (Hrsg.), Prestel Verlag, München 1992, S. 10-15.

315. **Wolff, Hans (Hrsg.):**
America: Das frühe Bild der Neuen Welt, Prestel Verlag, München 1992.

316. **Wright, Frank Lloyd:**
Broadacre City: A new Community Plan, [1935] in: The City Reader, Richard LeGates und Frederic Stout (Hrsg.), Routledge, London (u. a.) 2000, S. 344-349.

317. **Wright, Frank Lloyd:**
The Living City, New American Library, New York 1963 [1958].

318. **Wright, Frank Lloyd:**
Schriften und Bauten. Mit einem Nachwort zur Neuausgabe von Bernd Nicolai, Edgar Kaufmann (Hrsg.), Gebr. Mann Verlag, Berlin 1997.

319. **Zelinsky, Wilbur:**
The cultural Geography of the United States, Englewood Cliffs, New York 1973.

320. **Zellner, Peter:**
Die Großstadt ist nicht mehr modern. Broadacre City von Frank Lloyd Wright, in: Daidalos, Heft 69/70, 1999, S. 68-75.

321. **Zukin, Sharon:**
Socio-Spatial Prototypes of a new Organization of Consumption: The Role of real cultural Capital, in: Sociology, Bd. 24, Nr. 1, Februar 1990, S. 37-56.

322. **Zukin, Sharon:**
The Cultures of Cities, Blackwell Publishers, Cambridge/ Massachusetts 1995.

323. **Zukin, Sharon:**
From Coney Island to Las Vegas in the urban Imaginary. Discursive Practices of Growth and Decline, in: Urban Affairs Review, Bd. 33, Nr. 5, Mai 1998, S. 627-654.

8. ANHANG

8.1 Register

8.2 Abkürzungsverzeichnis

a. a. O.	am angegebenen Ort
Abb.	Abbildung
Abs.	Absatz
Anm.	Anmerkung
Bd.	Band
bspw.	beispielsweise
bzw.	beziehungsweise
D. C.	District of Columbia
d. h.	das heißt
diesbezügl.	diesbezüglich
div.	divers
ebda.	ebenda
et al.	et alii
etc.	et cetera
e. V.	eingetragener Verein
f.	und folgende Seite
ff.	und folgende Seiten
ggf.	gegebenenfalls
Hrsg.	Herausgeber
i. d. R.	in der Regel
Jg.	Jahrgang
Jr.	Junior
o. A.	ohne Autorenangabe
o. g.	oben genannt
o. J.	ohne Jahresangabe
o. O.	ohne Ortsangabe
Nr.	Nummer
vgl.	vergleiche
S.	Seite
s. u.	siehe unten
s. o.	siehe oben
Teilbd.	Teilband
u.	und
u. a.	unter anderem
Übers.	Übersetzer
u. g.	unten genannt
u. U.	unter Umständen
u. v. a. m.	und vieles andere mehr
usw.	und so weiter
WASP	White-Anglo-Saxon-Protestant
z. B.	zum Beispiel
z. T.	zum Teil

Danksagung

Ich allein zeichne verantwortlich für die vorgelegte Publikation, dazu zählt auch die Verantwortung für möglicherweise darin enthaltene Fehler. Jedoch haben viele Persönlichkeiten zum Gelingen dieses Buches beigetragen. Allen voran möchte ich nennen:

Franziska Backhaus, Holger Gertel, Matthew Gilmore, William Gorham, Bernhard Hardinghaus, Hildegard Hardinghaus, Dieter Hassenpflug, Johann Jessen, Anett Krause, Everett Madden, King Meusel, Joseph Passonneau, St. Tarzisius, Michael Volkmer, Jörn Weinhold und Benno Werlen.

Alle haben mir – sei es als Lehrer, Kollege, Freund oder Familie – auf unvergessliche Art und Weise geholfen. Ich bin Ihnen persönlich dankbar für Rat, Inspiration und moralischer Unterstützung.

Kennzeichnung gem. § 13 Abs. 2 der Promotionsordnung der Fakultät Architektur der Bauhaus-Universität Weimar (i. d. F. v. 01/2001):

Das vorliegende Buch ist die überarbeitete Fassung einer Dissertation, die 2003 im Rahmen der Europäischen Urbanistik an der Fakultät Architektur der Bauhaus-Universität Weimar eingereicht wurde. Gutachter waren:

- Prof. Dr. phil. habil. Dieter Hassenpflug, Lehrstuhl für Soziologie und Sozialgeschichte der Stadt, Bauhaus-Universität Weimar
- Prof. Dr. rer. pol. habil. Johann Jessen, Lehrstuhl für Grundlagen der Orts- und Regionalplanung, Universität Stuttgart
- Prof. Dr. rer. nat. habil. Benno Werlen, Lehrstuhl für Sozialgeographie, Friedrich-Schiller-Universität Jena

Autor

Dr.-Ing. Matthias Hardinghaus, MSc, Architekt und Stadtplaner, geb. 1972 in Georgsmarienhütte bei Osnabrück, 1993-2001 Studium der Architektur und der Europäischen Urbanistik an der Bauhaus-Universität Weimar und der ETH Zürich, längere Auslandstätigkeiten 1997 als stud. Mitarbeiter bei Building Design Partnership, London, und 2000 als Visiting Fellow am Urban Institute, Washington D.C., 2003 Promotion, ab 2001 Projektleiter Städtebau bei der SALEG Magdeburg Sachsen-Anhaltinische Landesentwicklungsgesellschaft.

Barbara Zibell (Hrsg.)

Zur Zukunft des Raumes

Perspektiven für Stadt – Region – Kultur – Landschaft

Frankfurt am Main, Berlin, Bern, Bruxelles, New York, Oxford, Wien, 2003.
249 S., zahlr. Abb. u. Tab.
Stadt und Region als Handlungsfeld. Herausgegeben vom Kompetenzzentrum für Raumforschung und Regionalentwicklung in der Region Hannover. Bd. 1
ISBN 3-631-50220-6 · br. € 35.00*

Dieser Band entspricht der Dokumentation einer Vortragsreihe, die im Sommer 2002 an der Universität Hannover stattgefunden hat. Dabei handelte es sich um die erste öffentliche Veranstaltung, die von der Arbeitsgruppe für Raumplanung und Regionalentwicklung an der Universität Hannover gemeinsam mit dem Kompetenzzentrum für Raumforschung und Regionalentwicklung in der Region Hannover durchgeführt wurde. Gemeinsamer Bezugspunkt der einzelnen Beiträge ist die Region als Handlungsfeld, vor deren Hintergrund Stadt, Kultur und Landschaft sowie mögliche Perspektiven für deren weitere Entwicklung in die Zukunft ausgeleuchtet werden. Den Abschluss bildet eine Auseinandersetzung der Herausgeberin mit dem Ertrag der Reihe und den aufgeworfenen bzw. offen gebliebenen Fragen.

Aus dem Inhalt: Michael Braum: Ist weniger mehr? Städtebau und Stadtplanung unter veränderten Vorzeichen · Dietrich Fürst: Aufwertung der Region als Ebene gesellschaftlicher Selbststeuerung · Heiko Geiling: Die Stadt in der Region – Probleme sozialer Integration in Hannover · Carl-Hans Hauptmeyer: Zukunft aus der Vergangenheit. Stadt, Region, Kultur und Landschaft aus der Sicht der Regionalgeschichte · Jörg Knieling: Stadt-regionale Entwicklung durch Großprojekte, Festivalisierung und neue Leitbilder. Planungsstrategien in der Metropolregion Hamburg · Hansjörg Küster: Die Stadt in der Landschaft: Das Beispiel Hannover · Axel Priebs: Regionale Konsensstrategien am Beispiel des Einzelhandelskonzeptes des Großraumes Hannover · Dietmar Scholich: Flächenverbrauch – ohne öffentliches Interesse? · Hille von Seggern: Gestaltung urbaner Landschaft. Oder: zur Qualifizierung urbaner Landschaft. Beispiel Abwasser